亜寒帯植民地樺太の移民社会形成

周縁的ナショナル・アイデンティティと植民地イデオロギー

中山大将 著

口絵1：亜寒帯・樺太の領有

上：「国境線露國作業班の光景」（秋山審五郎『樺太写真帖』藤本兼吉，1911年）
中：「幌内川ツンドラ凍原」（樺太庁中央試験所『樺太庁中央試験所創立十年記念集』
　　樺太庁中央試験所，1941年，129頁）
下：「金沢市主催産業と観光の大博覧会樺太特設館」（1932年）
　　（樺太庁編『樺太庁施政三十年史』樺太庁，1936年，886頁）

　日露戦争後の1905年に結ばれたポーツマス条約により，サハリン島南部は「樺太」として日本帝国に編入された。日本帝国が初めて手に入れた亜寒帯植民地であった。新たな日露国境となった北緯50度線一帯は当時無人地帯に近い状態で，国境標石が設置されただけではなく，国境線に沿って幅10mの森林が切り拓かれた。この国境を北辺とする樺太北部には森林やツンドラ地帯が手つかずで広がっていた。
　領有時，樺太アイヌを中心とした先住民族は約2,000人，日露戦争以前からすみ続けていた残留露人は約300人であった。しかし，これらの人々と移住者との交流は初期の入殖者以外にはごく限られたものに過ぎなかった。日本人や朝鮮人などの移住は沿岸部や南部を中心に進み，水産資源，森林資源開発が興隆し，商業者や役人は市街地に居を構え，やがて現地の新聞や雑誌が出版されるようになり，植民地エリートたちの言論活動が始まる。ここから樺太移民社会が形成されていくのである。

口絵2：樺太の農業と森林資源開発

上：「楠山作業所ノ崖下」（京都大学フィールド科学教育センター所蔵，以下同）
中：「楠山農耕地遠景」
下：京都帝国大学樺太演習林内の冬山造材

　京都帝国大学樺太演習林は林内に楠山農耕地と呼ばれた林内殖民地を擁していた。林内殖民地と言っても実際には，林業労働者が土地を拓き定住化することで形成された山村であった。樺太庁は内地から集団的に移住した農業移民が村落を形成し定着することを理想として考えていたが，実際にはこの楠山農耕地のように，他業種からの個別の転業入殖や兼業農家経営が，樺太における農業開発の大きな部分を占めていたと考えられる。
　森林資源開発は，樺太に豊富な賃金市場を生み出したが，これはまた拓殖の阻害要因と考えられた。なぜならば，労働力がこうした資源開発に割かれ農地開墾が進まないだけでなく，その開墾農地も自給販売用の飼料燕麦の栽培に用いられてしまうからだと樺太庁は考えたからである。しかし，亜寒帯である樺太では米が作れず，樺太の住民は移入米を購入するためには現金収入が必要だったのである。

口絵3：樺太庁による農業拓殖の推進

上：「樺太庁中央試験所本館（小沼）」（樺太庁編『樺太庁施政三十年史』樺太庁，1936年，960頁）
中：『樺太農家の苦心談』（樺太庁農林部，1929年）
下：太田農場のコンバイン（「樺太の農業法を変革する完成した太田農場の展望」『樺太』第4巻第11号，1932年，39頁）

　1920年代末，樺太庁はそれまで不振であった農業拓殖の再振興を図る。樺太庁は移民をいかに招来するかではなく，いかに定着させるかを重要視するようになり，島内入殖農家の成功事例を"篤農家"と称し顕彰するとともに，皇太子時代に樺太行啓を行っていた昭和天皇の即位式である1928年の昭和の大礼に関連づけて，彼らを樺太拓殖の功労者として演出した。篤農家のひとり佐久間喜四郎はもっとも樺太の現地メディアに多く登場した篤農家であるとともに，"模範農村"富内岸澤集落の中心的人物であった。
　1929年には樺太庁中央試験所が統合設立され，農畜産業を中心に樺太拓殖のための新たな科学技術の開発普及が図られた。前身である農事試験所の施設の規模と比べても，その役割と期待の大きさが理解できる。1930年代初頭には，無畜機械化農業を目指す企業家・太田新五郎と樺太庁との間で"樺太農業論争"が繰り広げられたが，樺太庁は食料飼料自給型農業モデルに固執し続け，農家には米食を廃し自家生産できる麦，燕麦などへの主食転換を期待した（植民論的米食撤廃論）。

口絵4：亜寒帯植民地・樺太のアイデンティティ求めて

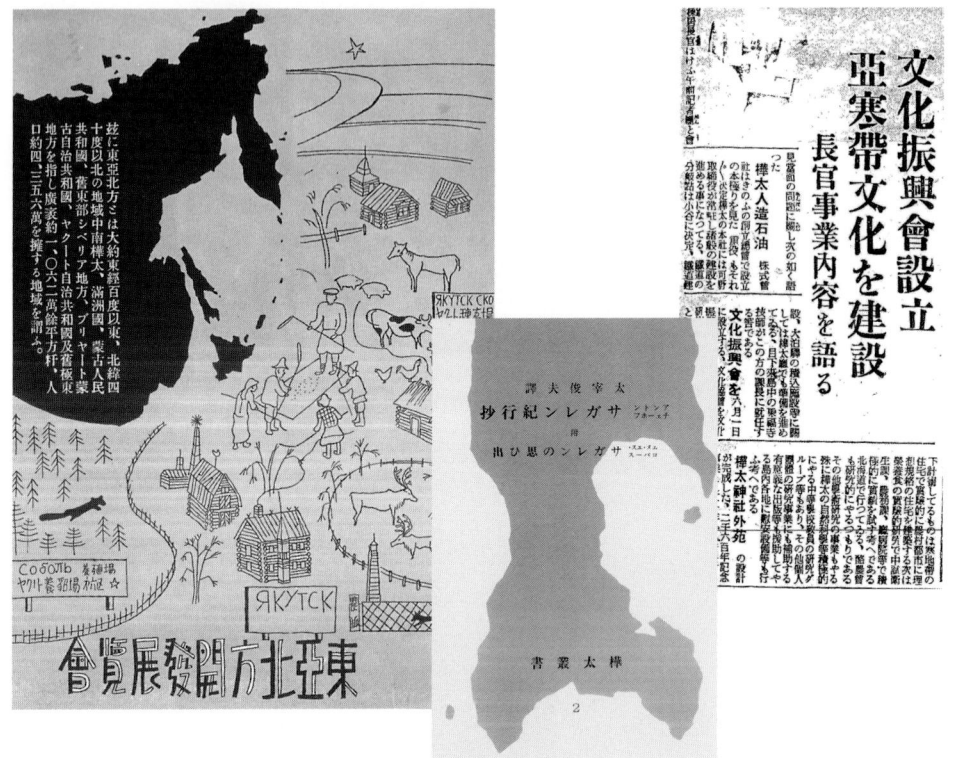

左：東亜北方開発展覧会告知ポスター（1939年）（樺太庁中央試験所『樺太庁中央試験所創立十年記念集』樺太庁中央試験所，1941年，23頁）
中：樺太叢書『サガレン紀行抄』（1939年）
右：樺太文化振興会設立前日の現地紙記事（「文化振興会設立　亜寒帯文化を建設　長官事業内容を語る」『樺太日日新聞』1939年5月31日号）

　1930年代中葉から，在樺期間の長い植民地エリートや樺太生まれの移民第二世代の増加により，樺太独自のアイデンティティが模索されるようになる。その結実のひとつが1939年6月に「文化長官」とも呼ばれた棟居俊一・樺太庁長官の主導で設立された樺太文化振興会であった。樺太文化振興会は，"北進根拠地樺太"，"亜寒帯文化建設"という二大テーゼを掲げ，樺太叢書発行など様々な文化運動を行った。
　同年8月には中央試験所で東亜北方開発展覧会が開催され，樺太文化振興会の二大テーゼ同様に北進主義，亜寒帯主義を中央試験所も表明したのであった。この展覧会の企画部長を任されていた技師・菅原道太郎は，すでに『樺太農業の将来と農村青年』(1935年）などを執筆していたほか，1943年の樺太内地編入後には大政翼賛会樺太支部事務局長を務めるなど，拓殖体制，総力戦体制の両面にわたって，イデオローグとして活動した人物である。
　奇しくもこの1939年の秋には朝鮮や西日本での米不作により帝国全体の食料事情が逼迫し，樺太では単なる食料問題からだけではなく文化論も交えて再度主食転換が叫ばれるようになる（文化論的米食撤廃論）。

プリミエ・コレクションの創刊にあたって

「プリミエ」とは，初演を意味するフランス語の「première」に由来した「初めて主役を演じる」を意味する英語です．本コレクションのタイトルには，初々しい若い知性のデビュー作という意味が込められています．

いわゆる大学院重点化によって博士学位取得者を増強する計画が始まってから十数年になります．学界，産業界，政界，官界さらには国際機関等に博士学位取得者が歓迎される時代がやがて到来するという当初の見通しは，国内外の諸状況もあって未だ実現せず，そのため，長期の研鑽を積みながら厳しい日々を送っている若手研究者も少なくありません．

しかしながら，多くの優秀な人材を学界に迎えたことで学術研究は新しい活況を呈し，領域によっては，既存の研究には見られなかった溌剌とした視点や方法が，若い人々によってもたらされています．そうした優れた業績を広く公開することは，学界のみならず，歴史の転換点にある 21 世紀の社会全体にとっても，未来を拓く大きな資産になることは間違いありません．

このたび，京都大学では，常にフロンティアに挑戦することで我が国の教育・研究において誉れある幾多の成果をもたらしてきた百有余年の歴史の上に，若手研究者の優れた業績を世に出すための支援制度を設けることに致しました．本コレクションの各巻は，いずれもこの制度のもとに刊行されるモノグラフです．ここでデビューした研究者は，我が国のみならず，国際的な学界において，将来につながる学術研究のリーダーとして活躍が期待される人たちです．関係者，読者の方々ともども，このコレクションが健やかに成長していくことを見守っていきたいと祈念します．

第 25 代　京都大学総長　松本　紘

目　次

はじめに　1

第1章　亜寒帯植民地樺太　7

1　国家史や帝国主義史から疎外される樺太　9
   1）サハリン島と樺太　9／2）日本戦後歴史学と樺太　11
2　樺太を歴史学的に位置づける　15
   1）国民帝国論から見た樺太　15／2）「植民地」をいかに再定義すべきか　17／3）多数エスニック社会という新たな視点からサハリン島近現代史を見る　23／4）移民社会としての樺太　25／5）樺太移民社会の特質をとらえるために　27／6）ブローデル歴史学「長期持続」としての「亜寒帯」　32
3　歴史社会学的分析概念の再検討　34
   1）ナショナル・アイデンティティ　34／2）文化　40／3）植民地エリート　41／4）国民国家・日本と米　44／5）総力戦・イデオロギー　48
4　亜寒帯植民地樺太の移民社会を研究するための理論的枠組みと課題　49
   1）論点の整理　49／2）本書の構成　51

第2章　樺太農業への眼差し　55

1　樺太の産業と移民社会　57
   1）なぜ農業に注目するのか　57／2）サハリン島の近代史　59／3）樺太の人口と産業　62
2　北大植民学派による樺太農業の同時代的観察　70
   1）北大植民学派と樺太　70／2）中島九郎の同時代的観察　72／3）高倉新一郎の同時代的観察と歴史的叙述　76
3　近年の樺太農業史研究の到達点　77
   1）1930年代の樺太農業　77／2）1930年代末以降の樺太農業　81
4　検証されるべき樺太農業拓殖の諸側面　84

第3章　樺太の農業拓殖と村落形成の実像　89

1　樺太農業と森林資源開発　91
   1）樺太の農業移民と村落　91／2）日本帝国圏への日本人農業移民　95／3）非典型的

農業移民と移民兼業世帯 97 ／ 4) 樺太の森林資源開発と労働力 99

 2 富内岸澤 —— 模範農村 101
  1) 資料と村落の沿革 101 ／ 2) 入殖者間の社会的関係 104 ／ 3) 富内岸澤の経済的構造 107

 3 楠山農耕地 —— 林内殖民地 112
  1) 資料と村落の沿革 112 ／ 2) 村落内の社会的関係 118 ／ 3) 楠山農耕地の経済的性格 121 ／ 4) 林業労働者の定住化 128

 4 農業拓殖プランから乖離する樺太"農家"群 130

第4章　視覚化する拓殖イデオロギー 135

 1 近代天皇制と農政 137
  1)「昭和の大礼」と篤農家顕彰事業 137 ／ 2) 近代天皇制における「巡幸啓」と「式典」 138 ／ 3) 内地農政と近代天皇制 139 ／ 4) 植民地農政と近代天皇制 141

 2 行啓から大礼へ 143
  1) 樺太と皇族 143 ／ 2) 昭和の大礼の中の植民地 144

 3 樺太篤農家顕彰事業 147
  1) 樺太農政における「篤農家」 147 ／ 2) 樺太農政と近代天皇制 151

 4 成功者から功労者へ —— 拓殖イデオロギーの視覚化 156

第5章　形成される周縁的ナショナル・アイデンティティ 159

 1 小農的植民主義 161
  1) 樺太植民地イデオロギーとしての小農的植民主義と樺太文化論 161 ／ 2) 樺太農政の方針 162 ／ 3) 樺太農業論争 166 ／ 4) 寒帯農業論 171

 2 樺太文化論 173
  1) 移民第二世代の登場 173 ／ 2) 豊原中学校校長・上田光曦による国家主義的樺太文化論 174

 3 樺太文化振興会 176
  1) 樺太文化振興会の設立 176 ／ 2) 豊原中学校教諭・市川誠一の「亜寒帯文化建設論」 179 ／ 3) 雑誌『樺太』記者・荒澤勝太郎と移民第二世代の精神的欲求 181

 4 樺太文化論と周縁的ナショナル・アイデンティティ 183

第6章　東亜北方開発展覧会の亜寒帯主義と北進主義 187

 1 樺太庁中央試験所の沿革と研究 189

1) 亜寒帯に向き合う農学　189 ／ 2) 樺太庁中央試験所の沿革と背景　192 ／ 3) 中試の各部門の試験研究と刊行物　195 ／ 4) 樺太庁中央試験所の技術　202

　2　樺太移民社会の中の樺太庁中央試験所　202
　　　1) メディアの中の中試　202 ／ 2)「科学」と「文化」── 中試スタッフと樺太文化論　205 ／ 3) 東亜北方開発展覧会　208 ／ 4) 樺太文化論との同調　209

　3　拓殖から総力戦へ　210
　　　1) 中試の新設部門　210 ／ 2) 樺太庁博物館叢書　214 ／ 3) 技術と人事　215 ／ 4) 孤島化と内地編入　216 ／ 5) 針葉油　218 ／ 6) 総力戦体制イデオローグ・菅原道太郎　219

　4　農学と植民地イデオロギー　222

第7章　樺太米食撤廃論　　　　　　　　　　　　　　　　　　　　　　227

　1　植民論的米食撤廃論　229
　　　1) 帝国の周縁と文化ナショナル・アイデンティティの疎外　229 ／ 2) 農政から見た農業移民の米食問題　231 ／ 3) 主食転換とナショナル・アイデンティティの疎外　232

　2　文化論的米食撤廃論　235
　　　1) 帝国の食糧事情の悪化と樺太　235 ／ 2)「亜寒帯」── 特殊樺太的な政治ナショナル・アイデンティティの源泉　239

　3　中央の代理人か，住民の代弁者か　240
　　　1) 帝国エリートと植民地エリート　240 ／ 2) 樺太移民社会の米食の実態　240

　4　遊離する二つの樺太 ── 植民地エリートと植民地住民　244

第8章　亜寒帯植民地樺太における周縁的ナショナル・
　　　　　アイデンティティの軌跡　　　　　　　　　　　　　　　　　247

引用文献　261
あとがき　279
索引　287

はじめに

　北海道の北にはほぼ同じ面積のサハリン島がある。このサハリン島[1]に縁のある最も有名な人物のひとりに帝政ロシアの文豪アントン・チェーホフ（1860-1904）の名を挙げることができる[2]。

　　女や子供のゐるところは，それでも兎に角，世帯らしいところや，農民生活らしいところがあるが，しかし，そこもやはり，何かしら重要なものの缺けてゐることが感じられる。爺さん婆さんといふものが居ず，古い聖像がなく，家に傳はる家具というものがない。つまり，こゝの生活には，過去とか，傳統とかいふものが缺けてゐるのである。聖像を安置する場所もなく，よしあつたとしても，貧弱で，薄暗く，お燈明もなければ，飾りつけもない，――要するに習慣というものがないのである。住居の様子が偶然的の性質を帯びてゐて，ちやうどこの家族は自分の家に住んでゐるのではなく，宿屋にでもゐるか，それとも，まだ到着早々で，落ち着く間がないといつたような恰好である。猫もゐなければ，冬の夜毎にすだく，蟋蟀の音も聞かれない……だが，最も重要なことは，故郷がないといふことである[3]。

　19世紀末にサハリンへの旅の中で経験した風景をチェーホフはこのように記している。ここにあるのは，貧困の風景ではなく，「辺境」の風景である。チェー

---

[1] サハリン島の総面積は約76,400 km² であり，北海道（約76,800 km²：本島東方の千島列島部分は含まない）より若干小さく，日本領であった樺太（サハリン島の北緯50度線以南）の面積は約36,000 km² で台湾（約35,800 km²）より若干大きい（山本1937: 641, 764, 838頁）。

[2] チェーホフは，30歳の時にサハリン旅行を行っており，この旅行が彼の作風に大きな影響を与えたと言われている。チェーホフのサハリン旅行後とサハリン旅行以前の作品を比較して，ロシア文学者の浦雅春は「彼が生活の根拠としてきたモスクワという地以外に，もう一つの中心があること，あるいは，中心が一つではないことを発見したのである。」と論じている。サハリン旅行以前は，ある一人の主人公を主軸として，一つの価値観によって秩序付けられていた作品が，サハリン旅行以後になると，中心的人物の間に序列付けは行えなくなり「主人公の消失」が生じ，台詞の配置にしても主題的な価値観に基づく台詞のために他の台詞が存在しているのではなく，それぞれの台詞がかみ合わずに進行するという「中心の拡散，遍在」が起きており，こうした変化は「このサハリンでの発見の延長上に可能となった。それはまた，一つの中心から物語られた19世紀の「大きな物語」，ドストエフスキーやトルストイの長篇に対するチェーホフなりの回答でもあった」と浦は位置づけている（浦1994: 182-183頁）。

[3] チェーホフ（1953a: 75頁）。

ホフが著した紀行『サハリン島』[4] はいまなおサハリン州の人々にとっては郷土の文学として認識され，2010 年には来島 120 周年を祝う各種イベントも行われ，国立サハリン総合大学歴史学部ミハイル・ヴィソコフ教授が膨大な注釈を付けた『サハリン島』[5] も新たに刊行された。

これに先立つ 70 年前，日本帝国にもチェーホフ来島 50 周年を祝う人々がいた。それが「樺太」の人々である。

サハリン島の南部北緯 50 度線以南は，1905 年から 1945 年にかけて日本帝国の版図を構成する一地方であり，「樺太」と呼ばれた。この樺太に生まれた荒澤勝太郎[6] が編んだ『樺太文学史』[7] の第 1 章のタイトルは，「チェーホフからの出発」である。樺太においても，チェーホフの『サハリン島』に関心と愛着と敬意を抱く人々が存在していた。

樺太島民に最初に『サハリン島』を紹介したのは，『サハリン島』を日本語訳し，『樺太日日新聞』に連載した秋元義親という通訳官である[8]。その後，内地の大日本文明協会が，『サハリン島』の原著をハルピン（現・哈爾濱）の書店経由でペテログラード（現・サンクトペテルブルグ）のマルクス出版社旅行記叢書の中から見つけ出し，その訳本を 1925 年に出版する[9]。樺太では，1929 年に東京でこ

---

4) 原著《Остров Сахалин》は，サハリン島来島の 5 年後に当たる 1895 年に出版された。
5) М.С. Высоков, 2010, *Комментарий к книге А. П. Чехова "Остров Сахалин"*, Владивосток: Рубеж，およびА．П．Чехов, 2010, *Остров Сахалин: из путевых записок*, Владивосток: Рубеж．
6) 荒澤勝太郎は 1913 年に真岡（現・ホルムスク）に生まれ，東京の学校を卒業後は，雑誌『樺太』記者などの形で樺太の言論界で活躍した。引揚げ後は，北海道を中心に著述業やマスメディアで活躍し，樺太関連の著作も多い。中でも，『樺太文学史』全 4 巻（1986-1987 年）は偉大な労作である。網羅的な樺太文学史として，木原直彦『樺太文学の旅』(木原 1994a, b) も挙げられる。木原は，1930 年に北海道に生まれ，北海道で文学に関する事業に従事していた人物である。木原の文学史の特徴は，樺太出身者に限らず，樺太に旅行した内地の文学者などの作品を取り上げている点である。また，荒澤の文学史の特徴は，当時を生きた当事者として樺太の現地の人々の文学活動を記述している点である。荒澤の文学史はその点でとりわけ貴重な文献となっている。
7) 荒澤（1986）。
8) 藤井（1938: 69 頁）。秋元は，領有後に樺太の「残留露国人」の状況を調査し詳細な報告書（秋元 2004 [1910]）を残しているほか，ロシア革命後には当時政治的混乱にあったシベリアや極東地域の政治状況を伝えるパンフレット（秋元 1920）を編集するなど，樺太および日本がサハリン島や極東ロシアを知るための重要な役割を果たした人物であった。
9) この経緯は，松田（1930: 86 頁）も述べているが，文明協会版にも記されているので，これを引き写したものと思われる。文明協会版の翻訳者・三宅賢や発行元の文明協会による前書きでは，1920 年の北樺太保障占領や，1925 年の日ソ基本条約締結などの国際情勢が本書訳出の意義と関連付けられており（チェーホフ 1925），これらの時期がサハリン島が日本国内の関心を集めた時期とであることがうかがえる。

の訳本を入手した豊原高等女学校校長[10]の萩野素助がこれを松田清作[11]に貸し与え[12]、この松田が雑誌『樺太』の1930年4月号と5月号に「サガレン紀行から」という記事でこの訳本の第14章を掲載した。第14章は、日本人も含めた当時のサハリンのマイノリティについて書かれた章である。大日本文明協会の訳本は第14章までしか訳出されておらず、その後の章では「樺太[13]の監獄及び囚人生活の事が極めて詳細に」書かれているらしいということを松田は記している[14]。この1930年においてなお、樺太の人々は『サハリン島』の全貌を知らなかったのである。

樺太庁警察部の太宰俊夫は、東京外国語学校図書館から『サハリン島』の原著を借り出し、「南樺太に最も関係深い部分」として第12章から第14章までを翻訳、1939年に樺太庁から樺太叢書第2巻として『サガレン紀行抄』を出版する[15]。雑誌『樺太』の1940年1月号と2月号にイヴァン・フェドロヴィッチ・クルーゼンシュテルン（1770-1846）[16]「亜庭湾紀行」の翻訳が掲載され、3月号と5月号には「樺太紀行」が続いて掲載され、この5月号には太宰俊夫訳の「サガレン島」が掲載された。チェーホフの『サハリン島』の抄訳である。連載は、チェーホフ来島50周年を記念して開始され[17]、1941年5月号まで続いた。大日

---

10) 豊原は、当時の樺太庁所在地であり樺太の政治経済文化の中心地であった（現在のユジノ・サハリンスク）。したがって、豊原高等女学校は、当時の樺太における最高女子教育機関と言える。
11) 松田清作は、のちに財団法人樺太恩賜財団附属人事相談所所長を務めることになる人物で、「樺太の労働事情標に其の特殊性と調整の要務」（『樺太庁報』第4号、1937年）、「事変下島民の生活合理化」（『樺太庁報』第16号、1938年）など、労働問題、生活改善等に関する記事を『樺太庁報』に寄せている。
12) 藤井（1938: 69頁）。
13) この場合の樺太とは、ロシア帝政期のサハリンのことである。この時点で樺太では、書名を『サガレン島』と呼ぶものの、本文中の地名ではロシア領についても「樺太」という呼称を一貫させていた。
14) 松田（1930: 86頁）。そして、この記事のすぐ後ろには太宰俊夫「樺太の囚人」が掲載され、帝政ロシア期のサハリンにおける流刑制度などについて解説を加えている。太宰は、直接ロシア語の資料にあたってこの記事を書いていた。なお、文明協会版の翻訳者・三宅によれば、頁数の制限と未訳出の後半部分が監獄に関しての細かい記述ばかりであることから、今回は訳出をしなかったと記している（チェーホフ 1920）。
15) チェーホフ（1939: 1頁）。
16) エストニア出身のロシア海軍提督で、1803年から1806年にかけてナデジュダ号による世界一周航海を決行し、このナデジュダ号の艦長を務めた。クルーゼンシュテルンは、結局サハリンが島であると断定する充分な根拠をこの航海では見つけ出せなかった。クルーゼンシュテルンの航海のヨーロッパの地理学界への貢献とその限界については秋月俊幸（1999）に詳しい。この「亜庭湾紀行」「樺太紀行」は、彼の世界一周紀行の中のサハリンに関わる部分の訳出である。
17) チェーホフ（1940: 133頁）。

本文明協会版では訳出されていなかった第 15 章から連載は始まり，第 21 章で終わっている。6 月号の編集後記によれば[18]，残りの 2 章も含めた，15 章-23 章までを翻訳した本を出版することになったことがこの理由である。実際に，1941年の 12 月に太宰の抄訳が，樺太文化振興会を通じ，樺太叢書第 7 巻として，樺太庁より出版された。このように，1941 年の末に至り樺太島民の前に和訳された『サハリン島』の全貌が示されることとなった[19]。

太宰はチェーホフの作品の文学的価値を認めながらも，『サハリン島』について，翻訳者として「ロシヤ時代の樺太を知るには価値が大きい」[20]と述べている。『サハリン島』の翻訳の需要も供給も，帝政ロシア期のサハリンの状況，なかでも後に樺太となる南部の状況の情報を目的としていた。このことは同時期にクルーゼンシュテルンの著作が翻訳され紹介されていることからも理解できる。ここには樺太庁の警察部特別高等警察課で「白系ロシア人」担当の任にあった太宰[21]の立場が現われている。

樺太島民への『サハリン島』の紹介は通訳官などの手によってなされたが，このような保安上あるいは国際情勢を背景とした理由だけから，『サハリン島』やチェーホフが樺太島民の間で受け容れられたわけでは決してない。先述の荒澤勝太郎は 1940 年当時は雑誌『樺太』の記者であり，樺太文学研究会の一員であった。荒澤は 1940 年の『樺太時報』8 月号に「懐疑のチェーホフとサガレン島」，『樺太』9 月号に「サガレンから還ったチェーホフ」，11 月号に「チェーホフの妻」（ペンネーム：花澤耶恵子）を寄稿する[22]。

1912 年に樺太に生まれ，新聞記者をしていた阿部悦郎は 1939 年に逝去したが，遺稿「チェーホフの眼」が，1940 年に樺太庁のメディアである『樺太時報』に

---

18) 「編集後記」『樺太』第 13 巻第 6 号，1941 年，160 頁。
19) なお，それまで『サハリン島』の本文中に出てくる「サハリン」という語は，「樺太」と翻訳されていたのが，このころには「サガレン」というロシア式の地名に翻訳するようにもなっていた。
20) チェーホフ（1941：2 頁）。
21) 荒澤（1986：9 頁）はこのように記しているが，太宰は白系ロシア人以外の在樺太外国人管理も担当していたようである。たとえば，1937 年に行われた在樺太華僑団体である樺太中華商会の発足式にも列席している（菊池 2011：77 頁）。
22) 「懐疑のチェーホフとサガレン島」は，チェーホフ文学におけるサハリン旅行の影響を検証する一種のチェーホフ論である。Ｉ・Ｓ・エジョーフ『手紙に現はれた作家チェーホフ』，『チェーホフ書簡集』，シエトフ『アントン・チェーホフ論』，メレジコーフスキィ『文芸論』などの翻訳を参照している。「サガレンから還ったチェーホフ」では，サハリン旅行以後のチェーホフの苦悩を，書簡を紹介しながら批評している。「チェーホフの妻」では，チェーホフと妻との書簡から二人の関係について論じている。

掲載される。阿部のこの遺稿は、「"サガレン島"という土地との血縁的つながりに置いて、我々がチェーホフから、その遺産を一部でも継承したいという希望はあながち無意味ではないと思う」[23]という言葉でとじられている。

荒澤と阿部は、チェーホフに魅了された樺太の文学青年の代表格であると言える。樺太島民、とりわけ樺太生まれの青壮年層にはチェーホフがどんな存在であったのか。荒澤は後にこのように述べている。

> 文学志向の「樺太人」の多くはチェーホフを読み、かつ彼への畏敬の念を熱っぽく語った。彼を「樺太人」扱いしたのだ[24]。

そして、『サハリン島』の評価については次のように述べている。

> 囚人生活の実態を曝いているが安易な感傷ではなく、周到に光りを求め続けている。だから『サハリン島』はありふれた流刑地サハリン島調査報告ではないのである。
> 樺太生まれの若い世代の評価は、そうであった。そしてチェーホフに好感を持ち、昭和前期の文学青年は、生命の脈動と情熱とを、故郷樺太に注いだのである[25]。

彼らにとって、『サハリン島』、そしてチェーホフは、ロシア人だけのものではなく、「樺太人」[26]にとっても「遺産」の継承権を主張し得る存在であった。

1940年に樺太のメディア上にチェーホフ関連の記事や翻訳が掲載され、その前後の年には樺太で『サハリン島』の抄訳が出版されたことは、この年がチェーホフ来島50周年にあたることと無関係ではない。興味深いのは、官民で外国人であるチェーホフの来島50周年を記念したということである。

1940年にこのように樺太のメディア上でチェーホフ来島50周年記念が行われたことは、日本帝国の、あるいは北東アジアの歴史を知る者には疑問が残るであろう。1937年に日本帝国は中国大陸での戦争を拡大し、それ以降国内のナショナリズムが高まると言われている。また、1939年には満洲国[27]とモンゴル人民

---

23) 阿部（1940: 65頁）。
24) 荒澤（1986: 4頁）。
25) 荒澤（1986: 11-12頁）。
26) ここで言う「樺太人」とは、先住民族ではなく、樺太（あるいはサハリン島）に定着した移住者や樺太生まれの人々を念頭にしている。
27) 満洲国は日本帝国の傀儡国家であったことから、日本の研究者の間では括弧付や断った上で括弧を外して表記される慣例も見られるほか、漢語では「伪満（偽満）」と表記されることが通例化している。

共和国の境界で日本軍とソ連軍が交戦するノモンハン事件が起きており，日本帝国全体でいえば，ソ連に対して友好的な感情は抱いていなかったはずである。このノモンハン事件を契機にそれまで軍隊の置かれていなかった樺太にも混成旅団が配備され，国境の管理と警備の厳重化が図られた。それにも関わらず，樺太の人々は，1940年にチェーホフ来島50周年を記念したのである。

なぜ，このような現象が樺太で起きていたのか。そもそも樺太とはいかなる空間であり，いかなる社会であったのか。植民地として樺太にも朝鮮や台湾，あるいは満洲のような社会が形成されていたのか。あるいは，同じく日本の辺境に位置づけられる北海道と同様の地域としてとらえることができるのか。そして，この北東アジアの辺境の一隅でいかなる移民社会が形成され，そこにどのように個人が組み込まれていたのか。本書はこれらの問いに応えるために，樺太移民社会の形成過程を歴史社会学の観点から分析する。

日本帝国の崩壊はその南進方針の破綻でもあった。しかし，日本帝国が拡大する可能性は南のみに限られていたわけではない。実際に樺太領有やシベリア出兵とは，日本帝国の北進の試みの一つであったと言える。こうした北方への関心や野心，そしてそのための思想がその"前線"においてどのように醸成・展開され，どのような限界や現実に行きあたっていたのか。日本帝国の最北の地である樺太はこれらの点を知る上でも重要な地域である。

本書では，傀儡であれ「疑似国家」（山本2003: ii頁）であれ実務を行う行政機構が存在していたことと，用語の混乱や中立性を保つためになるべく当時の呼称を用いる立場から，満洲国，満洲という表記を行う。なお，日本ではあまり知られていないものの，満洲国同様に当時の中華民国の主張する領土内に1924年に建国されたモンゴル人民共和国も，ソ連の傀儡国家であるとして当時の中華民国はその存立を認めず，1970年代においてもなお「偽蒙」「偽外蒙」と公文書上で表記し，モンゴル人民共和国の大使に対しては括弧付で表記している事例さえ見られる（『「蘇聯與偽蒙」』外交部檔案（119.2/90001）』中華民國中央研究院近代史研究所檔案館所蔵）。また，1921年にはシベリア出兵を行っていた日本との間に緩衝国家を造るべく，ソ連によってバイカル湖以東に極東共和国が建設された。日本軍の極東撤退直後にロシア共和国へ併合されたことにも，露骨にこの極東共和国の性格が顕われている（原2011b: 59-61頁）。こうした事例からも，その性格には注意を払うべきであるものの，北東アジア史研究の用語法において満洲国のみを特別扱いする必要もないし，用語法が国家の立場に影響される必要もないと本書では考える。なお，モンゴル人民共和国に隣接する中華民国新疆省においても1933年以降，盛世才が半ば独立した政権を築き，とりわけその初期においてはソ連から支援を受け，なおかつ反日を掲げており，さらには1944年の盛政権崩壊後に北部に樹立された東トルキスタン共和国もソ連の後援を受けた政府であった（王柯1995: 59-96, 137-165頁）。同時期の関東軍による一連の蒙疆工作も考えると，千島列島から，サハリン島，極東，朝鮮半島，満洲，蒙古，新疆に及ぶ地域は，近代において日露（ソ）中三帝国の緩衝地帯としての役割を負わされた境界地域であり，樺太もその一環を成していると考えることができる。

第 1 章

亜寒帯植民地樺太
サハリン・樺太史研究のための理論的検討

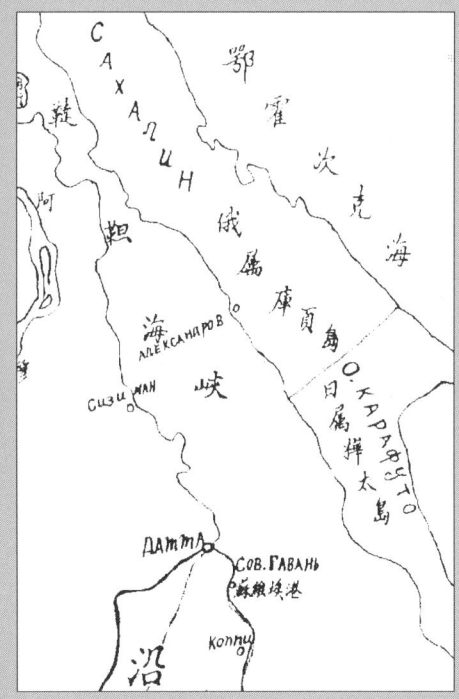

1930年代の中華民国外交部文書添付地図中の"サハリン（俄屬庫頁島, САХАЛИН）"と"カラフト（日屬樺太島, О.КАРАФУТО）"
（「駐俄領館轄區」『外交部（110.12/0001）』
中華民國中央研究院近代史研究所檔案館所蔵）

1 国家史や帝国主義史から疎外される樺太

1) サハリン島と樺太

　サハリン島と樺太とは同じものではない。「樺太」とは，1905 年から 1945 年の間にサハリン島北緯 50 度線以南に現われた日本帝国の植民地社会である。サハリン島南部に形成された社会の名前が「樺太」である。領有当初において，「樺太」の内実は乏しかったと言えよう。「樺太」は地名かあるいは植民地政庁である「樺太庁」程度の意味しか持ち得なかったであろう。「島民」とは誰なのか，この島はどのように開発されるべきか，そうした事柄の輪郭はなお不明瞭であった。その頃の樺太は資源の収奪的利用に依存する「出稼ぎ地」の色合いが強かったからである。しかし，次第に「故郷」としての相貌を帯び始める。

　サハリン島の歴史は複雑である。サハリン島の地域としての特質を知る上では国境変動とそれに伴う人口移動を観ることが簡便な方法である。日本とロシアという国家がこの島をめぐって最初に合意を交わすのは，1855 年の日露通好条約であり，その際にはこの島は日露雑居地として取り決められた。直接サハリン島に関わる国境変動ではないものの，その後の愛琿条約（1858 年）と北京条約（1860 年）によってアムール川（黒竜江）北岸とウスリー川（烏蘇里江）東岸がロシア帝国領となり，それまで朝貢関係にあったサハリン島（清帝国は「庫頁島＝アイヌの島」と呼称していた）の先住民族との関係を清帝国は失い，この時点でサハリン島に直接的な影響力を持つ国家は日本とロシア帝国となった[1]。また，サハリン島が

---

1) これに半世紀先立つ 1809 年に間宮林蔵は間宮（韃靼）海峡を渡り，当時は清帝国の影響力下にあったアムール川下流で清帝国の官吏たちに出会っているが，「残念ながら，間宮林蔵と出会った清国の官吏たちは彼の探検行動とその予告的な質問の中から，19 世紀の東アジアに迫る危機と政治的な意味を少しも読みとれなかった」（王中忱 2012: 260 頁）のであった。これら清帝国の官吏の態度や 19 世紀後半以降のサハリン島をめぐる領土争いから清帝国およびその後継を自認する国家が脱落した背景には，王（2012: 260 頁）の指摘する華夷思想だけではなく，本章第 2 節で言及する世界帝国としての世界認識があったと考えられる。つまり，対等な国民帝国同士が辺境の境界を少しでも押し広げるべく徹底した戦略戦争を繰り広げる時代が来るという認識を持ち得なかったのである。サハリン島への中華帝国およびその後継を自認する共和国の関与については，サハリン島史の先駆的通史であるジョン・J・ステファン（1973 [1971]）以来，あまり論じられていないのが現状である。ただし，漢語圏では，こうした先住民族と清朝との関係から，ロシア史研究者の王鉞のように「サハリン島は元より中国の固有の領土であった（庫頁島本是中國的固有領土）」（王 1993: 57 頁）とする立場も見られるほか，サハリン

日露雑居地になったと言っても,「国境」が曖昧である状態に双方が満足していたわけでは決してなく,同じ1860年代の初めに幾度か国境画定の動きが現われては決裂していた。

その20年後の1875年には,樺太千島交換条約が締結され,宗谷海峡に明確な「国境」がひかれることとなる。さらに30年後の1905年には,日露戦争とその結果としてのポーツマス条約によって,サハリン島南半が日本帝国に編入される。この際には,ロシア帝国時代からの住民のほとんどは,本国へと送還された。さらにその15年後,シベリア出兵とその中での尼港事件[2]を契機にサハリン島北半(北樺太)までもが保障占領という形で,日本帝国の勢力圏に入るのである。しかし,その5年後の1925年には日ソ基本条約に基づき,日本軍は北樺太から撤退し,ソ連の領土へと正式に編入される。そして20年後の1945年には第二次世界大戦(日本から見れば「大東亜戦争」,ソ連から見れば「大祖国戦争」)の終末期にソ連軍がサハリン島南半へ侵攻・占領に至る。40万いたと言われる樺太住民は,数万人の朝鮮人と千数百人の日本人数百人の先住民族などを残して,そのほとんどが本国へと引揚げ,同時にそれを上回る数のソ連人が大陸から移住した。このように,サハリン島は,最初の国境画定も含めて5度の国境変動とそれに伴う住民の総入れ替えを経験している。「樺太」とは,この一時期にサハリン島南半に現われた社会なのである。

この「樺太」を論じるにあたっては,周到な分析概念の整理をする必要がある。なぜならば,後述するように樺太を論じるにあたっては従来の人文社会科学の枠組みだけでは不充分だからである。従って,本章では重要な概念の再検討と解説を行った上で,本書の課題を提示したい。聞き慣れぬ概念がある一方で,人口に膾炙しているが故に明確な定義を改めて提起すべき概念もあるので,これを理解

島をニコラエフスク,ウラジオストク,ハバロフスク,江東六十四屯にならぶ「失地」と見なす言説(王輔羊 2012)も見られる。その意味で言えば,近年のサハリン・樺太史は日ロ中心史観とも言い得る。

[2] 1920年3月,サハリン島対岸の尼港(ニコラエフスク)において日本軍守備隊が赤軍(パルチザン)に急襲をかけたが,逆に赤軍の反撃に遭い日本人居留民も巻き込んで「全滅」とも呼べるほどの大きな被害を出した。日本国内ではこれが赤軍の暴虐として報道され,日本軍も救援のために派遣隊を編成し,4月には尼港進撃の前段として対岸の北サハリンの中心都市・亜港(アレクサンドロフスク)を占領した。5月に日本軍は大陸に渡り尼港へ軍を進めると赤軍は撤退を始め尼港に火を放ち焦土となし,さらに3月の騒乱時に捕えていた軍人・民間人双方の日本人俘虜の殺害まで行った。この結果,日本政府は6月にこの一連の事件が解決するまでの保障としてサハリン州(当時は,尼港などの大陸部分と北サハリンから構成されていた)を占領することを決定し,7月にこれを宣言した。(原 1989: 518-552頁)

した上で次章へと読み進まれることを筆者としては望む。

2）日本戦後歴史学と樺太

　樺太を問うことにどんな意味があるのか。この問いには充分に答えなければならないだろう。なぜならば，樺太は日本の研究者たちに近年までほぼ忘れ去られた存在だったからである。その端緒とも言えるのが，高倉新一郎『北海道拓殖史』である。この書は，戦中より執筆され，戦後の1947年に刊行されたものであり，高倉は第7章を樺太の拓殖史のために割いている。高倉は「序」において，次のように樺太に章を割いた理由を述べている。

> 尠くとも南樺太のそれは北海道の拓殖の延長と考へられ我が國の活動に關する限り切り離すことはむづかしく，且つ北海道拓殖の邊境として，最も端的にかつ露骨にその結果を現實化してゐると言ふ點で北海道拓殖の運命の洞察とその批判に缺くべからざるものであり，是を樺太が分離されてしまつた現状に即して捨て去ることは出来なかつたからである[3]。

　ここで示唆されているのは，北海道と密接な関係を持つ樺太という地域の歴史は北海道の歴史を論じる上で捨象できないという姿勢である。しかしながら，高倉は当の第7章を次の文章により結んでいる。

> 樺太の眞の拓殖史は是から，努力を以て書かるべきだったのである。而もその方向は，目先の計算にのみ捕はれた態度をすてゝ，眞の永遠の國家目的に沿うた計畫の下に進められねばならなかつた。然し敗戦は是等の反省を，此地では最早益のないものとしようとしてゐる[4]。

　高倉のこの書が世に出た時点において，いまだなお万単位の日本人がサハリンに残され引揚げを待ち，また引揚者たちも戦後日本社会への適応に苦慮していたはずにも関わらず，このような記述によって樺太史の意義を放棄しているのである。もちろん，時代背景を考えればソ連領ないしはソ連の実効支配下にあるサハリンを北海道史＝日本史の一部として取り扱うことは，連合軍占領下の日本にお

---

3) 高倉 (1947: 4-5 頁)。
4) 高倉 (1947: 293-294 頁)。

いては何らかの政治的問題を招くおそれがあると判断されたのかもしれない。また，高倉自身，戦前より北海道帝国大学の植民学者として，樺太拓殖にも現状問題として関わってきた経験を持つ故，歴史家の目と言うよりも，農業経済学者，農政学者としての目から，樺太研究の価値を見失ったとも言い得るかもしれない。しかしいずれにしろ，これが戦後歴史学において「植民地放棄」が起きた現場の一つであると指摘せざるを得ず，その後の辺境論も内国植民地論も「植民地忘却」[5]の中で展開することを暗示していたともいえる。

　戦後の北海道史においても，「辺境」と言う概念が用いられ，日本資本主義の発達において北海道を「辺境」と位置づける研究群が現れた[6]。しかし，これらの研究において，樺太の存在はほとんど考慮されることがなかった。そして，1970年代に入ると経済史的視角を中心にすえた一群の辺境論は海保嶺夫によってきびしく批判[7]されると勢いを失い，やがて沖縄と北海道との比較を念頭におく内国植民地論の台頭が起きることとなる[8]。また，北海道近代史の大家である永井秀夫も辺境論について「辺境の政治的・文化的な意味づけや，先進国的辺境との類型論の深化や，辺境性希薄化のメカニズムの解明や，多くの未解決の問題を抱えたまま」であったとし，「辺境」という表現も経済史的分析に限るのならば，それほど有効ではなく「植民地（＝経済的植民地）」と表現したほうが明快であると指摘している[9]。ただし，「辺境」という表現を経済的植民地という意味に限定しないのであれば，「辺境地域のもつ特殊な国際関係や，地域の内国化の特質や，中央文化にたいする個性などを表現する概念となり得る」とは評価している[10]。永井は，「内国植民地としての北海道は，基本的に移住植民地であって原住労働力を基礎とする投資植民地ではない」として，植民地として対比すべきは，朝鮮，台湾ではなく，樺太であるとして，北海道と樺太の比較史研究の意義を示唆してはいるが，結局そうした研究は現れてこなかったのである。辺境論のあとに北海道史に現れた内国植民地論において，「内国植民地という発想は移住植民

---

5) 西川（2006：9頁）。
6) 主な論者としては，1950年代末から60年代にかけての，伊藤俊夫（1958），保志恂（1958），田中修（1967）らが挙げられる。また1990年代には小松義雄（1990, 1991, 1992）による再検討も行われた。
7) 海保（1976）。
8) 桑原・川畑（2001）。
9) 永井（1966：72-73頁）。
10) 永井（1998：17-18頁）。

地という性格よりは，本土との差別，従属，収奪といった側面を象徴する概念」として用いられ，北海道と沖縄とが内国植民地と規定された[11]。問題は，北海道史研究が樺太史を併せて研究しなかった，あるいは比較対象として分析しなかったということではなく，辺境論も内国植民地論も樺太をその俎上に載せることができなかったということである。

つまり，樺太を北海道に準じた地域として取り扱い得る研究領域から，樺太を対象とすることが起きなかった。それでは，植民地史研究という領域では樺太をどのように扱ったのであろうか。

結果から言えば，戦後の日本植民地史研究においてしばしば指摘されているように，近年に入るまで樺太研究が活発ではなかったと言える[12]。具体的にいえば，資料の制約の問題なども挙げられるが，やはり日本植民地史研究の潮流と，植民地としての樺太の性質とが合致しなかったからなのだという指摘には，充分首肯しうるのである。植民地史は裏返せば，帝国史でもある。そして，この「帝国」という語をめぐっては，さまざまな立場から意味が付与されてきた。その立場の一つに帝国主義史観がある。これはマルクス・レーニン主義の流れをくむものであり，資本主義の最終的発達段階としての帝国主義段階が措定されたのである[13]。このような立場に立つ場合において，その関心にのぼるのは先進資本主義

---

11) 永井（1998: 15頁）。
12) 戦後の樺太研究史の整理については，竹野（2006b）および竹野（2008）を参照。
13) レーニンは主著『帝国主義』（1917年）において，「もし帝国主義のできるだけ簡単な定義をあたえることが必要だとすれば，帝国主義とは資本主義の独占的段階であるというべきであろう」（レーニン，1956［1917］: 145頁）とし，帝国主義が包含する五つの基本的標識を挙げた上で，「帝国主義とは，独占と金融資本との支配が成立し，資本の輸出が顕著な意義を獲得し，国際トラストによる世界の分割がはじまり，最大の資本主義諸国による地球上の全領土の分割が完了した，というような発展段階における資本主義である」（レーニン 1956［1917］: 146頁）と定義している。レーニンは，帝国主義の歴史的地位を，「資本主義制度からより高度の社会＝経済制度への過渡」期とし，独占が生まれる重要な要因として，1）高度な発展段階にある生産の集積，2）銀行（金融資本の独占者），3）植民政策を挙げている。ここでレーニンは，「金融資本は，「古くからの」植民政策の多数の動機に，さらに，原料資源のための，資本輸出のための，「勢力範囲」のための—すなわち有利な取引，利権，独占利潤，その他の範囲のための—，最後に，経済的領土一般のための，闘争をつけくわえた」（レーニン 1956［1917］: 199-200頁）としており，帝国主義にとって植民地が不可分の存在であることを示している。前掲の「地球上の全領土の分割」とは植民地獲得闘争であり，そのあとには植民地の再分割のための闘争が待っている。レーニンは，帝国主義において「民族的抑圧と併合への熱望，すなわち民族的独立の破壊（なぜなら，併合は民族自決の破壊にほかならぬから）への熱望もまた，とくに激化する」と述べた後で，帝国主義と民族的抑圧をめぐるヒルファーディングの指摘を引用している（レーニン 1956［1917］: 196頁）。このヒルファーディングの指摘は，宗主国の依って立つ国民国家の論理が，植民地ナショナ

地域によるそれ以外の地域への「帝国主義的」な搾取であり，支配であった。日本帝国の植民地史研究として朝鮮や満洲の研究に当初から強い関心が注がれた背景には，このような理論的背景が指摘できる。一方，開発論や植民地近代化論などの視点からも，植民地としての樺太の歴史は等閑視された。これは，樺太・サハリンという地域が，日本帝国の崩壊後も，ポストコロニアル国家を形成することなく，なお別の帝国の一部として編成されたからである。このように従来の植民地史 / 帝国主義史の観点からでは，樺太は対象化される契機をなかなか持てずにいるのである。また同様の理由で，ポストコロニアル論からもこぼれ落ちているそれを象徴するのは，2001年に姜尚中によって編まれた『ポストコロニアリズム』(作品社) という書の中に，30 篇近くの論稿が収められているにも関わらず，樺太に関する論稿がなかったどころか，どの論者も樺太の存在にさえ言及していなかったことである。

　しかし，そもそも立ち遅れたのは，資料的制約もあるものの，日本植民地史研究が，搾取と支配を論点とする帝国主義史の観点からいわゆる「投資型植民地」をその主な関心・分析対象とするか，あるいは開発論や植民地近代化論の観点から経済的発展を遂げるポストコロニアル国家を対象としたため，そこで中心となるのは，植民地で言えば朝鮮，台湾，勢力圏としてこれに満洲を加えた地域群であり，樺太はそうした関心からはこぼれ落ちることになったのである[14]。樺太において植民地近代化論がなじまないことはすでに述べたとおりである。それでも樺太史研究はこの 10 年ほどで大きく進展している。そうした研究の中で，やはり移住植民地としての北海道との比較の重要性を指摘するものも多い[15]。本書もそれらの指摘に全面的に反対するものではなく，むしろ賛同し，投資型植民地の研究蓄積から得られる視角の樺太への安易な演繹的援用については，批判を加えるべきと考えている。しかし，こうした日本植民地史研究の枠組みが樺太史の意義を充分に証せるものであるとは思われないのである。それは，日本植民地史研究という一国史 (national history) の枠組みの限界である。確かに帝国における資

リズムを生み出すという，後述する「国民帝国」におけるパラドキシカルな一般現象を述べたものである。このように，レーニンの帝国主義論から植民地史に向き合う場合において，「民族的抑圧」の熾烈であった地域が植民地として念頭に置かれ，支配と搾取の機構の解明が重要な課題となることは自明といえよう。

14) 竹野 (2008: 156 頁)。
15) 三木 (2003)，井澗 (2004) など。

本主義の展開や構造というものを日本植民地史研究は追及し解明を加えてきた。それは経済史に限らず，社会史，政治史，教育史といった分野についても言えることであろう。その点については評価するべきである。しかし，この枠組みが必ずしもそこに生きる人々の生活への影響と言うものを統合的に把握することを可能にするのか，といえば疑問が残るのである。支配民族としての日本人，被支配民族としての，朝鮮人，漢人，そのほか諸々の民族という風にエスニシティとヒエラルキーによって，社会集団がカテゴライズされ分析されていく。しかし，そこには日本帝国という見えない境界が潜んでいる。本書では，この桎梏を乗り越えた地平から樺太の移民社会の形成過程を論じたい。簡潔な表現を用いれば，「国家」の歴史ではなく，「人」の歴史を描きたいのであり，この「人」も決して特定のネイションやエスニック集団を指すのではなく，ある地域の「住民」を意味するのであり，なおかつこの「地域」というものも，国家主権の及ぶ領域としての「領土」を意味するわけではない。そのためにまず，樺太だけでなく，サハリン島という地域を歴史学的にどのように位置づければよいのかということへ答えを出さなければならない。まずは，近代帝国をどのように考えるべきかを検討したい。

2 樺太を歴史学的に位置づける

1) 国民帝国論から見た樺太

「世界帝国」と「国民帝国」とを弁別する山室信一（2003）の見解は本書においてきわめて有用である。「世界帝国」とは，中華帝国や，神聖ローマ帝国といった宗教的で普遍性を志向する帝国である。唯一性の志向と，曖昧な国境概念とがその特徴となる。一方，「国民帝国」とは，ウェストファリア体制以降に生まれた主権国家が国民国家となり，さらに植民地を得ていく中で形成される帝国である。唯一性は原理的に認められてはおらず，帝国間に「競存体制」[16]が生まれる。

---

16)「国民帝国は植民地の拡張をめぐる再分割闘争において熾烈に対立しながらも，国際体系としての植民地体制の維持においては協力するという競存体制として存続した。そうした競存を必要としたのは，そもそも西欧世界における主権・国民国家の勢力均衡政策が非西欧世界に転化されたことに起因して

「大英帝国」や，フランス第三共和制などがその代表例であり，「大日本帝国」もこれに類する。この国民帝国は，相反する二つの原理を有している。一つは，国民国家の論理であり，一つは「異法域」としての植民地統治の論理である。この二つは絶えず矛盾しあう。最終的には，植民地住民が国民国家の論理によって，分離独立を果たしポストコロニアル国家を形成するにいたって，国民帝国は解体するのである。

国民帝国としての日本帝国は必ずしもこのシナリオどおりに解体したのではない。日本帝国は，ほかの国民帝国との戦争によって解体してしまう。しかし，この解体によって，ポストコロニアル国家が形成されたり，あるいは勢力圏がポストコロニアル国家の一部に編入されたりしたという点では同様である。確かに，関東軍作戦参謀として満洲事変を起こしたことで知られる石原莞爾の「最終戦争論」のように日本帝国を世界帝国であるかのように規定する実践理論は存在した[17]。しかし，実質的にいえば日本帝国は主権国家としての日本が中核にあり，国民国家が植民地を得ていくことによって形成された国民帝国とみなせるのである。

けれども，樺太・サハリンについていえば，帝国解体後に既存の他の帝国の領土に編入されたという点で，特異である。この背景には，樺太が，後述する「多数エスニック社会」であったという点が挙げられる。移住者集団があらゆる点において優勢であった樺太では，先住者集団によってポストコロニアル国家が形成されるという契機が生まれることはなかった。言うなれば，近現代を通じて，サハリン島の先住民族は，エスニック集団であっても独立したネイション[18]であるとは認められてこなかったのである。この事実は，前述のように樺太が日本植民地史研究の潮流の中で取り残された原因でもあった。

国民帝国においても，国民国家の論理は機能する。国民国家の論理と帝国の論理のせめぎ合いは，本国ではない版図としての植民地をいかに維持するのかとい

おり，それが機能しなかった場合には世界を戦争に巻き込むこととなったのである。」(山室 2003: 113頁)

[17] 石原莞爾は，「天皇が東亜諸民族から盟主と仰がれる日こそ，即ち東亜連盟が真に完成した日でありますしかし八紘一宇の御精神を拝すれば，天皇が東亜連盟の盟主，世界の天皇と仰がれるに至っても日本国は盟主ではありません。」(石原 2001 [1940] : 45頁) と述べている。天皇は主権国家および民族としての日本から離れた超越的な権力の源泉として位置づけられており，石原のいうところの「最終戦争」の結果築かれる世界帝国の姿が描かれている。

[18] これらの語の定義については，本章第3節で論じる。

う問題に直面した時に生じる。樺太に限らず，帝国の課題の達成のために「内地性」を否定し，新たな価値観を創造しようとする議論は絶えず存在していたし，また一方で，中央政府と植民地政府との実務レベルでの対立も存在していた[19]。樺太において，この両者が顕緒に顕われていたのが，「樺太米食撤廃論」であった。本書第7章樺太米食撤廃論は，前述の樺太の持つ稲作不可能地域という自然環境的差異によって，樺太において絶えず引き起こされた論議であった。

2)「植民地」をいかに再定義すべきか

このように，樺太を国民帝国・日本帝国の一植民地として位置づけることが可能である。しかしながら，これをサハリン島の歴史に位置づけた時，この「植民地」という概念を巡る問題に行きあたる。たとえば，2008年5月ロシア連邦サハリン州で行われた歴史学の日ロ国際シンポジウムにおいて，その表題のロシア語表記は，当初は《Сахалин: Исторический опыт колонизации пограничной территории》(サハリン：辺境植民地の歴史的経験)と通知されていた[20]。しかし，当日になってそのロシア語表記は《Сахалин: Исторический опыт освоения》(サハリン：開拓の歴史的経験)に変えられていた。それでもロシア側のある政治家が冒頭の挨拶で日本語の表記には「植民地」という言葉が残っていると指摘し問題化しようとした[21]。サハリンをロシア帝国ないしソ連の植民地とみなすことは，現在のロシア社会では，政治的に問題のある見解なのである。なぜならば，そもそもロシア帝国も，そしてもちろん，ソ連も，サハリン島のうちの領有部分「サハリン」を「植民地」とは公的に位置づけてはいなかったからである。もちろん，公的な認証がないにしろ，それを研究上「植民地」と規定することは可能である。しかし，ここでそもそも「植民地」とは何かということを今一

---

19) 前者の例としては，内務技師であった宮本武之輔の生活と科学をめぐる議論が挙げられる。宮本は「技術を真に発達させるには技術者に技術政策，技術行政がまかされなければならないとして，同志を集めて技術者の運動を起こしていった」(大淀1989：7頁)人物である。宮本は，植民地はおろか，内地においてさえ，日本人の生活様式に大きな差異がなく不合理であると厳しく批判し，一人一人がそうした伝統的な生活様式への執着を捨てて，地域に適合した生活様式を実践する「生活の科学化」こそが「国家的，国民的な重要問題」であるとした(宮本1941：356頁)。後者の代表的な例としては，朝鮮産米増殖計画における朝鮮総督府と農水省との対立(河合1986)が挙げられる。

20) この表現は，参加を募るための関係者配布資料に記載されていた。

21) このシンポジウムについては，今西(2008)を参照。

度検討しておきたい。

　日本語としての「植民地」は英語の"colony"ないしそれに準ずる現代諸欧語の訳語であり，原語から見れば，いわゆる「入植植民地」である。本国の人間が離れた土地に新たにコミュニティを作って居住するということを意味していた[22]。従って，語源にさかのぼるならば，三木も指摘しているように，植民地という場合には樺太のようなタイプの植民地こそ，最も典型的と呼ばれるべきであった[23]。しかし，近代の植民地においてそれは必ずしも典型とはならなかった。英帝国のインド支配がその代表であるが，「植民地」と呼ばれる地域において少数の支配民族が現地の多数の被支配民族を支配し搾取するという構造が近代世界の各所で見られたのである。さらに，北米や南米のような農業入植植民地は次第に独立して個々の国民国家を形成していくこととなり，農業入植植民地としての植民地は数を減らしていくこととなる。そうした中で，「帝国主義」や「植民地主義」への批判が現れるようになると，それは明らかに大英帝国によるインド支配のような異民族支配型の植民地における植民地主義への批判であり，植民地＝異民族支配型植民地という図式が成立していくことになる。そして，そのシンプルなイメージは支配と搾取，ということになる。これは日本植民地史研究においても同様で，植民地と言えば朝鮮，台湾こそが「日本植民地」の意味するところとなってしまった。これらの地域においては，支配と搾取から植民地史を論じることは大変なじみやすいし，それらがトピックとなることはごく自然な成り行きであろう。しかしその一方で，植民地＝支配・搾取という図式があまりに強かったことは，朝鮮，台湾ほどにはその構図がなじまない樺太史の研究が，近年まで進展をみなかったことの一つの要因であったと考えることもできるだろう。

　ここでこうした「植民地」という概念を再検討するために，近年，再評価が一部で起きていた「国内植民地論」の議論を参照してみたい。ここでは，かつての「内国植民地論」と区別するため，近年のこの再評価を「国内植民地論」という言葉で表現し，その内容を検討する。この再評価に先鞭をつけたのが，先述の国民国家論の西川[24]であり，理論的検討を試みているのが，その影響を受けた今西

[22) ハウ（2003: 38 頁）。
[23) 三木（2012: ii 頁）
[24) 西川（2006）は，自身の提唱する「〈新〉植民地主義論」の構築のために植民地主義という概念の再検討をはかりその中で国内植民地主義にも触れている。その際に，西川はマイケル・ヘクター（Michael Hechter 1975）の"国内植民地主義 internal colonialism"を重視するのである。ヘクターの国内植民地論

一である。

　今西一の国内植民地論は，まだ端緒についたばかりであり，これまでに発表された論考も国内外の国内植民地主義や国内植民地論に関する研究史整理的な側面が強いことは否めない。また従来の北海道史への批判と言う立場も強い。しかし，高く評価すべきは国内植民地という概念を用いて，公式には植民地とも国内植民地とも認められていない，ロシア連邦におけるチェチェン，中華人民共和国におけるチベット，新疆ウイグル自治区などの現状問題と，旧来の植民地・内国植民地研究とを接続させようとしている点である。

　国内植民地論を論じる上で今西は，しばしば内地・外地を法的に規定したのは1918年の「法律第39号（共通法）」だとする李建志の見解を引き合いに出して，樺太も内地に含まれているという立場をとる[25]。この場合，樺太は内地であるが植民地的であるという北海道と同様の形で国内植民地として位置づけられる[26]。しかし，本書ではこの立場は退けたい。なぜならば，樺太は1943年に「内地編入」[27]されるのであり，それまでの間，樺太の人々，特に植民地エリートは樺太

――――――――――――
の画期性は，それまでマイノリティへの差別や従属的関係の問題を論じるために用いられてきた国内植民地論をイギリスの国民統合や近代国家形成の過程に適用した点にある。西川は「一般に国民国家形成は中心部の多数派＝民族集団が周辺部の少数派民族集団を統合することによって行われるが，当初に存在した経済的文化的な差別と格差の構造は国家形成が進行するとともにむしろ強化される。こうして一国内であたかも宗主国と植民地のような関係が成立する」と述べ，日本においては北海道や東北，沖縄がこれに該当するとする。西川においては，「国内植民地主義は近代の国民国家形成においてはむしろ一般的な現象であった」ととらえられる（西川 2006: 52-53頁）。植民地主義を論じる際に国内植民地主義も含めて考えようとする西川の姿勢は非常に示唆に富むものである。

25) 今西（2009: 17頁）。
26) なお，前出の永井は，北海道や沖縄を内国植民地とする見解には否定的であった。永井は，沖縄は県であって植民地ではなく，北海道のような内国植民地でもないという安良城盛昭の指摘を支持し，沖縄は「植民地的ではあるが植民地ではない」という見解を示している。その根拠は，近代以降の北海道が移住者社会を形成したのに対して，沖縄にはすでに琉球人による在来社会や国家があったという社会史的側面と，北海道が財政投資を受けた一方で，沖縄では収奪が行われていたと言う経済史的側面である（永井 1996: 120, 123-124頁）。また政治史的に見ても沖縄も北海道も約30年間の格差期間をもつとしても，それは「異なった法域」＝植民地であることの論拠とはならないとして，植民地あるいは内国植民地とみなす見解を支持しないのである（永井 1996: 107-108頁）。こうした永井の立場は，昨今の国内植民地論の枠組みに対しても同様の疑義を呈することとなるかもしれない。さらに永井は，1990年代中頃における沖縄史研究者側の辺境論への消極的態度について言及し，沖縄と対比されるのはあくまで北海道のアイヌ民族であり，経済的植民地＝辺境としての北海道ではないし，北海道・沖縄の比較論に熱心なのも北海道史研究者に偏していると指摘する（永井 1996: 105-106頁）。ただし，今西は1970年代後半以降の沖縄において沖縄を国内植民地とする見解があったことを強調している（今西 2009: 15-17頁）。
27) 戦局の進展により，1942年11月に拓務省が廃止され，樺太庁は内務省管轄となる。また翌年1943

が「植民地」であると明確に意識していたことは，後章で示すように当時の資料からも明白だからである。そして，この点は非常に重要である。「植民地」という自己規定こそが，本書が対象とする事柄を生起させたからである。

従来，歴史研究において法制度的に樺太を位置づける立場は，大日本帝国憲法の制定以後の領土を外地とする見解[28]，あるいは法域に基づいて内地・本土と植民地とを分かつ見解に依っているように思われる[29]。こうした法制度上の区分は，制度化の初期にあっては流動的な側面を持ちつつも[30]，一度規定されてしまえば，当時の現地社会に対してあらゆる面で大きな影響を与えたと考えることができ，当時の法制度上の区分に準じて樺太を日本帝国の植民地と規定して研究を進めることは妥当性を持つ。

さて，ここでいったん，研究者の目を離れて元住民の目から見るとどのように見えているのかを確認してみたい。樺太引揚者の中には，故郷である樺太を植民地として認めない，あるいは植民地と規定されることを嫌う人々がいるのは事実である。たとえば，近年出版された『絵で見る樺太史』[31]という小さな本がある。この本の著者の歴史観には大いに疑問が残るが，この本の中で著者は樺太の元島民に「植民地に住んでいるという感覚はあったか」という質問を投げかけ，「そういう感覚はなかった」という回答を得たと記している[32]。上述のような，植民地＝支配・搾取という図式があると，元島民が自身のかつて暮らしていた土地を正面きって「植民地」であったと答えることは，心理的に困難であろう。なぜならば，樺太が日本の「植民地」であったと認めれば，元島民かつ日本人である自分たちは，支配者・搾取者であったこと，つまりは植民地主義の加害者であった

年2月の閣議決定「樺太内地行政編入に伴う行財政措置要綱」に基づく経過措置をとりながら，同年4月以降，総合行政機関としての樺太庁は解体され，内地府県に準ずる一地方庁として編入されることとなった（樺太終戦史刊行会 1973: 62–63 頁）。

28) 三木（2006: 2–3 頁）。
29) 塩出（2006: 21–22 頁）。
30) 樺太の場合，領有後に行政機構の位置づけや内容について「内地同様」か「台湾類似」とするかで当時の第一次西園寺公望内閣内でも議論が紛糾したほか，1910 年代初頭においても第二次西園寺公望内閣内で樺太庁を廃止し，北海道の一支庁として併合する案などがでるなどしていた（塩出 2011: 221–225 頁）。また，日露戦後にはロシア帝国側でも，サハリン北部を沿海州あるいはカムチャッカ州と統合するなどの案が出され，最終的にサハリン北部だけから構成されるサハリン州を設置するに至る経緯を持ち，なおかつ，この決定に際しては，サハリン南部に一植民地政庁である樺太庁が設置され開発が進められているという事実も大きく影響したと言われている（原 2011a: 268–271 頁）。
31) 髙橋（2008）。
32) 髙橋（2008: 91 頁）。

ことを認めることになるからである[33]。また，樺太は支配・搾取の強かった朝鮮・台湾などの「植民地」とは違うのだという認識も当然現れる。しかし，こうした言説はあくまで戦後の言説に過ぎず，当時の言説とは異なることは言うまでもない。

同じ植民地と位置づけられていた朝鮮や台湾と樺太との違いを考える上で，見落としてはならないのは，本書では直接の分析対象とはしないものの，いわゆる日露雑居期（1875年以前）にも幕府の命を受けた各藩士や内地の漁業者などがサハリン島には進出していたし，明治政府樹立以降は樺太千島交換条約までは開拓使の管轄下にあったことである。つまりは北海道同様に「無主の地」として目されていたのである。この点において，植民地化される前には大韓帝国であった朝鮮や，清帝国の一領土であった台湾とは大きくことなる。朝鮮や台湾が，小森陽一のいうところの「半開」と目されていたのに対して，北海道と樺太は「野蛮」とみなされていたのである[34]。

樺太が，植民地として日本帝国に組み入れられるのはポーツマス条約による。その間，サハリン島を領有していたのはロシア帝国である。日本帝国にとって「無主の地」であったサハリン島は当然のことながらロシア帝国にとっても「無主の地」であり，ロシア帝国によって流刑地として経営されていた。ロシア帝国の東方への拡大は着実に異文化圏を併呑していき，全体として多民族国家の体をなし，各地域において多民族社会が形成された。そうした中でサハリンでは，多くが強

---

33) こうした傾向は旧植民地地域の親日派の中にも見られるものである。1990年代の親日派台湾人の言説の中には，台湾が日本の植民地ではなかったという認識が現れている。たとえば，戦前から台湾に暮らす本省人実業家の蔡焜燦（司馬遼太郎の『台湾紀行』に登場する「老台北」）は，「もとより「植民地」という言葉は，戦後になって出てきたものだと私は理解している。私が公学校（小学校）時代に習ったことは，台湾は，樺太，朝鮮と同様に日本の"領土"であり，台湾が植民地であるなどという話を耳にした記憶がない。少なくとも，新しい領土を獲得することになった当時の日本政府が，欧米の植民地経営の特徴であった一方的な搾取を前提としていなかったことだけは事実である」（蔡2000：41-42頁）と自著で述べている。これはいわゆる「植民地近代化論」に通じる認識であると同時に，植民地近代化論を支持する一般の人々の認識構造の一例でもあろう。植民地＝支配・搾取と言う構図が成立し，それがネガティブに受け容れられているために，かつての生活者であり日本人＝支配民族である自分自身や，あるいは友邦としての日本国家に植民地主義の罪過を被せないためには，そこが「植民地」ではなかった，あるいは「植民地性」が希薄であったと述べる必要に迫られるのである。西川長夫は戦後の日本社会が戦前の日本帝国による植民地支配の経験に対してその意図の有無を問わず無関心になっていたことを「植民地忘却」と呼んでいるが，こうした例は植民地というイメージからの「脱出」とも言える現象である。

34) 小森（2001：14-16頁）。

制的移住であるとはいえ，ロシア帝国中から集められた流刑囚や看守による移住者社会が形成されることとなった。つまり，今西がロシア / ソ連帝国の国内植民地として挙げているチェチェンは，公式には植民地とは呼ばれなかったものの在来社会を少数のソ連人移住者が支配する地域であるといってよい。これは日本帝国でいえば沖縄に相当する。このように，国内植民地という概念は，国民帝国の形成がもたらす社会史的矛盾を抽出することを可能にする概念と言える。

　サハリン島の南部を再度日本帝国が植民地として領有したときも，現地社会は実質的には「無主の地」と等しく認知されたといえよう。第一に，サハリンは本来「文明」であるはずのロシア帝国領であったが，日本側からは流刑地であることから民度がきわめて低いと評価されていたこと，第二にロシア人[35]のほとんどを本国送還してしまって，ロシア人がマイノリティになったことから言い得るのである。樺太では，人口的にロシア人が大勢を占めながらも少数の日本人によって経済や政治が独占されるような多民族社会の様相を呈することは決してなく，移住者である日本人が人口構成的にも社会経済的にも優勢であり，人口構成の第二位を占めるのが同様に移住者であった朝鮮人であり，日本人や朝鮮人からすれば先住者であったロシア人さえ移住者であり，樺太アイヌなどのサハリン島の在来の集団とは区別されていたのである。このように樺太では，移住者社会が形成されていたと言える。

　以上，長く国内植民地論に立ち入ってみたものの，本書において樺太を「国内植民地」と研究上規定することは留保しておきたい。ただし，サハリン島という視野で見たときに，この公的に植民地としての認証されない場合もありながらも，本国とは異なる空間であった地域を「国内植民地」と規定することは有効かもしれない。なぜならば，それによって「樺太」と「サハリン」とを比較する根拠が明確になるからである。しかし，「国内植民地」という概念は本国とは異なる領域を括り出す上では便利であるが，その分それら領域間の相違を押し潰してしまう可能性がある。分析概念が転じてアナロジーやメタファーになってしまうことは避けねばならない。また，本土外の領土として国内植民地を設定することで，

---

[35] 本書で言う樺太およびサハリン島の「ロシア人」とは文化人類学的な意味での民族分類ではなく，サハリン島に居住しているヨーロッパ系（正確には非東アジア系）住民の総称であり，ポーランド系や，トルコ系などの住民も含まれている場合がある。

逆に「固有の領土」[36]というものの存在を認証してしまう事にもなる危険性がある。今後の国内植民地論の発展には期待するものの，「植民地」やそこから派生した概念だけでは，樺太とサハリンの近代史に共通する性格を充分に論じきれないこともここまでの議論で明らかになった。すでに何度も樺太の重要な性格として，「移住者社会」であったことを繰り返し強調してきた。このことは，沖縄と同じく「国内植民地」と規定されることがあるものの，沖縄とは根本的に性格が異なる北海道にも共通する。そこで，今度は多文化主義研究者である，ウィル・キムリッカの分析概念を基に，同じ植民地，国内植民地と呼ばれるものの内にある各バリエーションを明敏に弁別するための概念を検討する。

3) 多数エスニック社会という新たな視点からサハリン島近現代史を見る

キムリッカの関心は，「マイノリティの諸権利への自由主義的アプローチを築くための礎石を明示すること」[37]にある。キムリッカは，近代の国民国家がそもそも抱えた矛盾として，西洋では，同胞たる市民が一つの血統や言語，文化を共有するポリス的な国家が理念型に据えられていたことを指摘する。つまり西洋ではそもそも政治理論として国家内の文化の均質性が前提とされており，自由主義者たちの間でも「小民族」はやがては「大民族」に同化吸収されるべきであるという考え方が存在していたというのである[38]。キムリッカはこうした自由主義の民族問題観を拾い上げつつ，自由主義社会においてマイノリティの権利をいかに擁護するべきか，という問題にアプローチしていく。本書がキムリッカをとりあげるのは，前述のように，その権利問題への言及そのものよりも，キムリッカが行った多文化主義をめぐる各用語の定義に価値を認めるからである。

キムリッカが行った重要な弁別として「多民族国家 multination state」と「多

---

36) 日本政府は，第163回国会において鈴木宗男衆議院議員（当時）から出された「南樺太，千島列島の国際法的地位などに関する質問主意書」（2005年10月28日）の「固有の領土の定義如何」という質問に対し，「一般的に，一度も他の国の領土となったことがない領土という意味で，「固有の領土」という表現を用いている」と答弁している（日本国衆議院「質問主意書・答弁書」[http://www.shugiin.go.jp/index.nsf/html/index_shitsumon.htm] より閲覧）。こうした比較的に実務的な「固有の領土」の定義がある一方で，後述するように想像上の領土さえも含む「固有の領土」が，ナショナル・アイデンティティの構成要素となっていることは注意しなければならない。

37) キムリッカ (1998: 2頁 = Kymlicka 1995: p. 2)。

38) キムリッカ (1998: 75頁 = Kymlicka 1995: p. 53)。

数エスニック国家 polyethnic state」の弁別がある。前者では，一定の地域にまとまって存在していた自治的な文化圏をより大きな国家へ組み入れたことによって文化的多様性が生じているのに対して，後者では文化的多様性が移民によって生じるという点で異なっている。前者においては，社会的に劣勢な集団は「民族的マイノリティ」となり，後者においては「エスニック集団」となる[39]。またキムリッカは「民族 nation」を，「制度化がほぼ十分に行きわたり，一定の領域や伝統的居住地に居住し，独自の言語と文化を共有する，歴史的に形成されてきた共同体」[40]と定義している。したがって，「国民国家 nation state」であっても二つ以上の民族を含むならば，多民族国家となるのである。キムリッカは，移民集団は「民族」ではないと明言している。キムリッカにとって，伝統的な地域に居住しているか否かが大きな基準となるのである。ただし，移民がエスニック・マイノリティになり得る可能性は否定していない[41]。「文化」については，「民族」とほぼ同義として，「多文化的国家」については，「もし国家の成員が，様々な民族に属している（多民族国家），あるいは様々な民族から移住してきたか（多数エスニック国家）のいずれかであり，しかも，このような事実が個人のアイデンティティや政治の現実において重要な側面をなしている場合，その国家は多文化的国家なのである。」[42]という定義を与えている。キムリッカはこうして仔細な分類を展開する。本書がキムリッカをあえて取りあげるのは，彼のこうした分類が樺太社会を眺めなおす上で有益であると考えるからである。確かに，キムリッカは分類の位相を「国家」に置いてはいる。しかし，これは彼の関心が，「権利」の問題にあり，その「権利」とは実践的には「国家」機関によって，承認されたり保護されたり，あるいは抑圧されたりする対象だからである。

　帝国において，その社会全体が多民族的であることは当然のことである。しかし，個々の社会，たとえば個々の植民地社会の位相に目を向けたとき，そこにはこのキムリッカが提示したような分類が意味を持つ可能性がある。樺太をいかなる社会として分類し分析するか，そのための一つの基準としてキムリッカの分類は有益であると考えられるのである。日本帝国は，国民帝国であり国家としては

39) キムリッカ（1998: 8-9 頁 = Kymlicka 1995: p. 6）。
40) キムリッカ（1998: 15-16 頁 = Kymlicka 1995: p. 11）。
41) キムリッカ（1998: 21-22 頁 = Kymlicka 1995: p. 15）。
42) キムリッカ（1998: 27 頁 = Kymlicka 1995: p. 18）。

言うまでもなく多民族国家であった。日本民族以外の諸民族の従来の生活圏を併呑して成立した多民族国家であった。では，その植民地の一つであった樺太も，多民族社会であったと言えるのであろうか。キムリッカの「多民族国家」「多数エスニック国家」という概念を敷衍すれば，樺太はむしろ多数エスニック社会とも言える様相を示したのではないか。なぜならば，サハリン島の近代史において，伝統的先住者としての先住民族は人口的にも，政治経済的にも常に劣勢だったからである。本書が対象とする樺太において，もっとも優勢だったのは，言うまでもなく日本人であった。民族構成上，第2位であった朝鮮人も，植民地朝鮮の場合と異なり，樺太においては日本人同様に，そこに在来の社会を持たない移住者集団であった。このことは日本帝国植民地の典型とされている朝鮮とは全く異なっており，朝鮮は多民族社会であったと言える[43]。また，樺太のみでなく，サハリン島の近代においては，常にこの地域の社会は，全体としては「多数エスニック社会」であったとみなせるのであり，ここにサハリン島の歴史を包括的に把握するための一つの観念が確立する。

4）移民社会としての樺太

　キムリッカの提示した概念から得られた「多民族社会」と「多数エスニック社会」という弁別は，サハリン島の歴史を俯瞰する上で，そしてその中に樺太を位置づける上で有効であることが示された。しかし，ここで意識しておきたいのは，「多民族社会」にしろ「多数エスニック社会」にしろ，そこでの多民族性や多数エスニック性の内実は，人口移動によってもたらされるのだということである。したがって，ここではもう少し人口移動に関する概念を検討しておきたい。
　明治日本に植民学が成立して以来，同じ人口移動であっても「移民」と「植民」

---

43) これまで日本植民地史研究では，朝鮮，台湾，満洲などは投資型あるいは異民族支配型の植民地・勢力圏とされ，樺太は例外的な移住型植民地であると分類されてきた。しかし，台湾は樺太同様に先住民族を有しただけでなく，スペイン人，オランダ人，漢人，日本人などの諸移住者群およびマジョリティによる社会建設とその入れ替わりを経験しており，歴史的には多数エスニック社会であると言い得る。実のところ，満洲も同様の性格を持つ地域であり，むしろ日本帝国植民地・勢力圏では朝鮮こそ例外的な性格を帯びた地域であったとも言える。確かに朝鮮は日本帝国主義が発露したある種の典型的な植民地と位置付けることはできるかもしれないが，こうした多数エスニック社会，多民族社会という枠組みから見ると，植民地朝鮮は東アジア近現代を論じる上では特殊で例外的な地域であると考える必要があるかもしれない。

とは峻別されてきた。矢内原忠雄が「植民」を「実質的植民」と「形式的植民」に分類し、植民の行われる地域の主権の如何を重視しなかったのに対して、山本美越乃は主権の及ぶ地域への移住を「植民」、及ばない地域への移住を「移民」と定義した[44]。戦後の歴史研究においても同様に「移民」「植民」を峻別することが、木村健二などにより提唱されてきた[45]。この峻別に自覚的であったのは主に植民地史研究などの分野であった。一方で、「移民研究」と自称する分野ではこの峻別に敏感である必要は比較的に少なかった。森本豊富は、日本移民学会大会報告および『日本移民研究年報』、『移住研究』の分析を通じて、その関心が主にアメリカ大陸への海外移民に集中しており、「「移民」の定義は、日本移民学会においては、正面から議論されたことはなかった」[46]と述べている。戦後の植民地史研究では植民地政策の範疇に入る「植民」と、そうではない「移民」の区別が意識されることになっていたのである。

けれども現在では、この峻別を越えて人口移動研究を展開しようとする動きが現われている。峻別を提唱した木村自身、両者の共通点、類似点の存在を認め、勢力圏の内であるか外であるかは、重要な影響力を与える要素ではあるものの、唯一の決定的なものではなく、人口移動を複合的に把握すべきであると述べている[47]。また、前出の森本も移民研究の範疇に「植民」も含める形で、今後の移民研究の進展を展望している。こうした流れが顕著に反映しているものの一つが、蘭信三らの日本帝国に関する人口移動研究であると言えよう[48]。日本帝国崩壊後の人口配置の再編成から戦後東アジアを考えようとすれば、従来の「植民」「移民」の「分業」を越えて、人口の再移動を把握していかなければならない。以上の立場に立てば、広義の移民研究の目的は大きく言って、現在の社会が構成された過程を人口移動からアプローチすること、人口移動から国民帝国・国家におけるいわゆる「包摂・排除」の問題などにアプローチすることの二つと言えよう。

このような状況に鑑みると、樺太における移住者社会を「植民社会」と呼ぶよりも「移民社会」と呼ぶことの方が、より生産的であることが理解できよう。それは、本書が従来どおり樺太を「移住型植民地」と規定することよりも「多数エ

---

44) 浅田 (1993: 19頁)。
45) 木村 (1990: 135頁)。
46) 森本 (2008: 38頁)。
47) 木村 (2003: 89頁)。
48) 蘭 (2008), (2013) など。

スニック社会」と規定することを重視する所以でもある。なぜならば,「移住型植民地」と規定してしまうことにより,それは主に日本人移住者から構成される社会と言う前提を与えてしまいかねないからである。先住民族の問題はもとより,「移住型植民地」「植民社会」と規定してしまうと,朝鮮人の位置づけが曖昧になるからである。彼らにとって朝鮮半島から樺太へ渡ることは,「移民」なのか「植民」なのか,などの問題が現われる。「移民」「植民」の峻別を適用して,朝鮮人移住者を「移民」,日本人移住者を「植民」と呼べば,これら二つのエスニック・グループの面した社会環境がまったく隔離されていたかのような前提を与えてしまうが,事実はそうではない[49]。むしろ,この二つのエスニック・グループを「移民」と並べて呼称することで,サハリン島に現われた樺太という社会の実態がより明確に描けるであろう。

本書は,サハリン島の歴史を包括的に論じるための書ではない。また,樺太の「植民地社会」全体をも完全に視野に入れることができているわけでもない。本書が対象とするのは,主に日本人や朝鮮人移住者によって構成された樺太の「移民社会」[50]である。この語を用いるのは,在来者である樺太アイヌ等の存在がこの「移民社会」の外にありつつも,それの干渉を受けたということも含意したいからである。いずれは樺太植民地社会全体について論じられるべきであるが,本書はそのための重要な準備作業ともなるはずである。

5) 樺太移民社会の特質をとらえるために

さて,本書の課題は,樺太の移民社会の形成過程を明らかにすることである。樺太移民社会をめぐってこれまで研究がなされてこなかったわけではない。竹野学の農業史・移民史,井澗裕の建築史・都市論,池田裕子の教育史などの研究が蓄積されている。とりわけ,歴史地理学の三木理史の『国境の植民地・樺太』

---

49) 中山 (2012a: 103-104 頁, 2012b: 225-232 頁)。
50) 中山 (2012a) は「移民社会」とは,「移民社会を構成する制度,経済だけでなく,そこで形成された生産様式,コミュニティ,文化,アイデンティティ,記憶といったものまでも含む。したがって,日本帝国の崩壊と同時にサハリン島から「樺太移民社会」が霧散するわけではなく,サハリン島の内外で,変容,解体して行くと考えることができる」と定義して,樺太移民社会の解体過程の全体像を描いている。このように,「樺太移民社会」という概念は,日本帝国崩壊後のサハリン島をめぐっても延長できる概念であるが,本書では 1945 年 8 月までの「形成過程」をその対象とする。「解体過程」の研究については,中山 (2011, 2012a, b, 2013a, b) および今後の研究を参照していただきたい。

(2006年)は，簡潔ながらも，高倉以降初めて著された研究者の手による「樺太」通史であると言えるだけでなく，より学術的な記述を深めた『移住型植民地樺太の形成』(2012年)も刊行されている。しかしながら，これらの研究で論及されてこなかった問題がある。それは，樺太というものがいかに住民の間で「想像」されたのかということである。ここで「想像」と言うのはもちろんのことながら，ベネディクト・アンダーソンの『想像の共同体』における議論を意識している。独立前の南米のスペイン帝国植民地において，官僚たちがスペイン語のメディアを通じて，ナショナリズムを胚胎したように[51]，樺太においても，現地の雑誌や新聞を通じて，人々，とりわけ植民地エリートの間で「樺太」というものが形成され，共有され，統合と前進が目指された。それは共有される現在であり，未来であり，そして過去でもあった。

　樺太に対して文化史あるいは思想史の視点から研究を行った先駆者としてテッサ・モーリス＝スズキの名が挙げられよう。モーリス＝スズキの論稿[52]は，樺太史研究が等閑視される中で，岩波講座『近代日本の文化史　第6巻　拡大するモダニティ』(2002年)に掲載された。モーリス＝スズキは樺太移民社会のイデオロギーやアイデンティティを読み取ろうと試み，樺太庁のあった豊原の都市計画と，樺太を題材にした映画や歌謡，樺太庁博物館などについて論じている[53]。モーリス＝スズキは，すべての植民地に共通するような「新しい日本」という場が生まれたわけではなく，それぞれの植民地は多方向の流れが集まる合流地点であった

---

51) アンダーソン (1997 [1983]：108-109 頁)。
52) モーリス＝スズキ (2002)。
53) モーリス＝スズキのこの論稿の背景と目的とは以下の通りである。「内地から植民地へという移民の流れの研究は，「移民研究」という区分に甘んじ日本そのものの歴史の中で論じられることがなかった。植民地から内地へという移民の流れについても，それらの移民を「在日」などの形で独特な研究領域を形成し日本という史脈において論じる視点は欠如しがちである。さらに日本の近代の歴史の語りには大きな沈黙がある。それは「植民地主義が人々の動きをどれほど生み出したのかについての沈黙であり，それも「内地」における出入りのみならず，植民地帝国内やその周囲の境界をまたいで多くの方向へ―朝鮮から満洲/満洲国やシベリアへ，中国から台湾や樺太へ―と広がっていった人々の移動についての沈黙である」(モーリス＝スズキ 2002：187 頁)。また移民の双方向の移動や非永住性のもたらす社会的文化的結果について注意があまり払われてこなかった。このような状況はそもそも当時から移民とは①「ある重要な中心地から外へ拡散していく過程として提示されており，多方面から交差する一連の複合的運動と考えられてはいないということ」②「「日本からの移民」イコール「永住のために新しい地域へと移動する移住者」という想定」があり，内地から植民地への一方向的で永住性のあるものとして見做されていたことに遠因があるとし，こうした移民思想に内在する問題点と逆説を引き出すことをこの論稿の目的として掲げている (モーリス＝スズキ 2002：189-190 頁)。

し，その流れが20世紀の東アジア文化史に永続的な影響を与え続けていると，この論稿で結論づける。

　しかしながら，この論稿は日本の樺太史研究者たちから辛辣な批判を浴びることとなった。移民史の立場からは竹野による厳しい批判がなされた。竹野はモーリス＝スズキが描き出した樺太移住者の「多様性」や「移住性」は当時の政策担当者の認識を再確認したに過ぎないと批判し，「むしろ移住者の「利害」それ自体，およびそれと政策との絡み合いの分析こそが，深化を必要とされる課題である」[54]と指摘する。また，「モーリス＝スズキ論文には，時の樺太庁長官を豊原市の一役人とするなど，樺太史の基本的な事実認識における誤りが散見される」[55]とも批判する[56]。

　都市計画史の観点からは井澗が，モーリス＝スズキが豊原の都市計画が台北や京城に類似しそれが「帝国主義的な権力の誇示をもくろむ街路計画」[57]であると指摘したことに対して，都市計画時は軍事関係の施設の集中した他の街路にこそ重点があったと考えるべきだと批判した[58]。すなわち，「ここだけに限らず，彼女の記述には全般的に言って，樺太の植民地性を過剰に意識した部分が目立つ。それは，台湾・朝鮮半島・満洲（中国東北部）といった他地域における植民地研究の成果を樺太において演繹的に適用しすぎた結果，現実と乖離した「帝国主義の幻影」を豊原市街地に粉飾してしまったために他ならない」[59]のであり，土地制度や市街地区画については，台北や京城（現・ソウル）といった植民地都市よりも，北海道におけるそれらとの連続性を比較するべきであると井澗は指摘したのである[60]。

---

54) 竹野（2006a: 125頁）。
55) 竹野（2006a: 125頁）。
56) これはモーリス＝スズキが樺太庁長官・今村武志を「市のある役人」（モーリス＝スズキ 2002: 192頁）と書いたことを指すことと思われるが，このモーリス＝スズキの論稿は英文和訳されたものであるので，こうした事実誤認が果たして著者によるものなのか，訳者によるものなのかは，英文原文を読んで判断しなければならないのではないかと本書では考える。なお，今村武志は樺太庁が直接編纂した樺太庁の正史『樺太庁施政三十年史』（1936年）の序を執筆しており，樺太史研究者が研究初期の段階でまず目にする名であることは書き添えておきたい。
57) モーリス＝スズキ（2002: 192頁）。
58) 井澗（2004: 60-61頁）。
59) 井澗（2004: 61頁）。
60) 井澗（2004: 61頁）。豊原の市街地形成に関する研究を行った三木理史も同様に，首都としての豊原の選定から都市区画にいたるまで，実際の計画，施策，また人材面からも「内国植民地北海道で培われた経験や技術が樺太経営に移殖された」と結論付けている（三木 1999: 237頁）。なお，井澗はさら

井澗が指摘するとおり，モーリス＝スズキは，いわゆる「植民地性」というものを，支配・搾取という側面から捉え，それを樺太にも援用したために誤謬をおかしているのである。帝国主義による支配と搾取を如実に体現した植民地朝鮮・台湾に関する研究の蓄積が，いつの間にか同じ「植民地」というだけで無批判に他の地域へも適用されて，誤謬が生み出されてしまったと言えるだろう。また，その一方で「新しい日本」という言葉で，伝統からの解放という新天地としての性格を描き，満洲との類似性も示唆しようともしている。けれども，これらの要素が具体的なトピックで関連づけられはすれども，それが樺太移民社会の観察から得られたものであるとは見えないのである。

　本書は，朝鮮，台湾，あるいは満洲に関する植民地史研究の蓄積を否定したいわけでもないし，樺太に「植民地性」が薄いからと言ってそれで樺太における日本帝国の帝国主義が反映していないなどと考えているのでもない。すでに述べたように，本書が樺太を植民地ととらえるのは，当時の法制上そのように定められていたし，また同時に当時の植民地エリートも樺太を植民地と認識していたからである。ただ，そのときにその「植民地」という語が何を含意していたのかは，充分に精査されなければならないし，「植民地」と名指された地域で何が起きていたのか，ということを精査するのが本書の趣旨でもある。強調したいのは，すでに当時の京大・東大と北大の植民学の間に性格の違いがあったように，植民地によってもそれぞれ性格が違っていたのだと言うことであり，また同時に「統治」と「拓殖」は一つの植民地行政の中に並存しているものであり，どちらが強く押し出されてくるかで，前述の性格というものが決定されるということである[61]。

　樺太を日本帝国の植民地として演繹的に理解ないし研究することは避けるべきである。それでは，樺太の特質とは何か。それはすでに論じたように，植民地でありながら，多数エスニック社会であったということであり，移住者により構成された移民社会が形成されていたということである。もちろん，モーリス＝スズキもこの点は理解していたはずである。モーリス＝スズキが日本の樺太史研究者にかくも辛辣に批判されるほどの誤謬を犯した背景には，もっと具体的な手法

　　に「最も問題とすべきなのは，この論稿がまかり通る日本の植民地研究の現状にあると思うのだが，これは後の機会に項を譲りたい」（井澗 2004: 61 頁）という辛辣な批判を加えている。
61）三木（2012）は，樺太が移住型植民地であると強調している一方で，森林資源や石炭資源等をめぐっては，搾取・収奪的な面があるとし，なおかつこれらの面を「植民地性」と呼んでいる。植民地史研究は，植民地がこのように複合的な性格を持っているという認識から出発すべきであろう。

問題が存在しているのではないだろうか。

　モーリス＝スズキの論稿では，確かに移住者社会を象徴するようなトピックが描かれている。しかしながら，それらトピックの選定が果たして樺太移民社会の全貌を捉えるようになされているのかは疑問である。より率直に言えば，一通り樺太関連の資料を見た者であれば，あのようにトピックを選定しあのように論じるだろうかという疑問が残るのである。たとえば，モーリス＝スズキは，農業移民に関するある小説を考察の対象にしている。しかし，その考察が当時の樺太農業経済の実情を精査することなく論じられている[62]。また，樺太では強烈な知名度と影響力があったが，全国的にはほとんど知名度のなかった樺太植民地エリートの代表として，本書でもとりあげる樺太庁中央試験所技師を務め後に大政翼賛会樺太支部の幹部に任じられた菅原道太郎の名が挙げられる。モーリス＝スズキが，この菅原や中央試験所について一切言及せず，芥川賞受賞者の寒川光太郎や本庄睦男といった，樺太では比較的影響力や知名度がなかったけれども，全国的に，あるいは文学史上知名度の高い人物をトピックとして選定している点は甚だ深い疑問が残る[63]。対外的に有名であることと，対内的に重要な，あるいは象徴的な人物であったかということはまったく別個であるということは，言うまでもないことである。

　もちろん，文学批評や表象論などの領域からすれば，このような手法は特に問題もなくオーソドックスなのかもしれない。けれども，丹念な実証主義からすれば，当時の現実との参照関係抜きに文学作品から樺太社会を論じるのであれば，それは当然ながら，「現実と乖離した「帝国主義の幻影」を豊原市街地に粉飾してしまった」と評されても仕方のないことである。ディシプリンの違いを理由にある研究への批判を行うことは慎むべきであるし，何よりも不毛である。遅塚忠躬は，歴史学の志向する「真実」と，文学の志向する「真実」とは別物であると論じている[64]。このことは，歴史学に限らず人文社会科学一般に共通することの

---

62) なお，本書でも樺太農業史上の重要な先行研究である竹野の論文は 2001 年 1 月に刊行されており，このモーリス＝スズキの論稿を掲載した書が 2002 年 6 月に発行されたことを考えると，なぜ一切参照していないのかは疑問が残る。すでに引用した如く，移住者の利害や，政策との絡み合いそれ自体を研究対象として深化すべきだと竹野が批判したことには充分首肯できるのである。

63) モーリス＝スズキがトピックのひとつとして選定した樺太庁博物館についても，とりあげられている菅原繁蔵は寒川光太郎と父子関係にある。なお，論稿では菅原の名前や職名に誤記ないし誤訳が見られる。

64) 遅塚（2010: 317-332 頁）。

はずである。ならば，たとえディシプリンは違えども，同じ時代の同じ地域，同じ社会を研究する者同士が，かくも強く違和感を抱き批判を浴びせるのであれば，その原因は探求されてしかるべきであろう。

モーリス＝スズキが当の論稿で述べている，移民の移動は単線的ではなく植民地横断的であるとか，植民地内における移動性だとか，植民地エリートの構想した理念と植民地住民の生活の乖離だとか，多数エスニック性だとかの指摘は，それ自体としては充分首肯し得るものである。しかしながら，それらの事柄が，樺太移民社会の観察によってではなく，既存の植民地史研究から得られた知見から関連づけられ論じられている傾向が見受けられる。だとすれば，あえて樺太を論じる対象としたことの意義はどこにあるのか。樺太を研究対象とする以上は，樺太史研究者としての想像力と発想力が要されるべきであり，それらは樺太史研究者としての観察力から生まれるのではないか。また最後にもう一つ挙げておきたい批判点は，このモーリス＝スズキの「文化史」には，時代観念が乏しい，ないしは欠如していると言う点である。トピックごとの時系列関係が不明確であり，かつ時代ごとの内部外部の変化との関連性が一貫性をもって示されていない。この点も，本書が樺太移民社会を論じる上で，注意すべき点である。

ここまでモーリス＝スズキの論稿を検討してみて，本書の課題である「樺太の移民社会の形成過程を明らかにする」ために，しかも言論空間を手掛かりにそれを行うために見えてくることは何か。それは，第一に樺太社会の特質をいまいちど見つめ直し，それに応じた研究枠組みを用意すること，そして第二にイデオロギーから現実を観察するのではなく，現実の深い観察からイデオロギーを抽出するということである。

6) ブローデル歴史学「長期持続」としての「亜寒帯」

すでに何度も強調したように，樺太の特質の一つは移住者を中心とする多数エスニック社会であったと言うことである。移民社会の形成にあたって，そこでの関心は，民族間の融和などにはほとんど向けられず，内地との自然環境的差異にいかに取り組むかという点にあった。これは樺太が農業拓殖を推進したということからも非常に重要であった。ここに本書が「植民地樺太」にあえて「亜寒帯」という語を冠している由縁がある。実のところ，自然環境的要素を手掛か

りに日本帝国史を読み解くという試みはこれまでほとんどなされてこなかった。しかしながら，フランスのアナール学派の代表的存在であるフェルナン・ブローデル (Fernand Braudel) の歴史学において自然環境的要素は，最底部に位置する土台である。ブローデルの歴史学において，時間は次の三層に分けられている。

1) 短期持続・個人的時間・出来事 (l'événement) ＝政治的軍事的事件
2) 中期持続・複合状況 (la conjoncture)・社会学的時間＝経済・社会・文化
3) 長期持続 (la longue durée)・地理学的時間＝気候・植物・地勢

またブローデルは自身の用いる「構造 (structure)」という語については，次のように述べている。

> よくも悪くも，この語は長期持続の諸問題を統括している。社会的事象を観察する者は，構造ということばを，さまざまな社会的事実と社会的集団の間にある有機的関連や一貫性，いくぶん緊密な関係と理解している。われわれ歴史家にとって，構造とはおそらく，集積，構築物，さらに正確には，時間を経ても磨耗することがなく，時間によってゆっくり伝達されていくような一つの現実であろう。……（中略）……だが，構造はすべて歴史を支え，同時に障害ともなるのだ。障害となったとき，構造は境界（数学で言う，包絡線）として表れるのである。すなわち，人間もその経験も，そこから脱却することは不可能に近い。地理的な枠組みのいくつか，生物学的な現実のいくつか，生産性の限界のいくつかを突破することがいかに困難かを考えてみればよい。
>
> さらには，数々の心理的な束縛もあるだろう。精神にあてがわれた枠もまた，長期にわたって持続する監獄である[65]。

樺太の「亜寒帯」という自然的特性に目を向けることは，ブローデルの言う長期持続と中期持続，および短期持続との関係性を問うということでもある。このような観点は，上述のモーリス＝スズキの論稿では行われなかったことであり，またこれまでの樺太史研究でも顧みられてこなかったことである。さらに言えば，日本植民地史研究においても状況は同じである。その背景には，他の植民地域ではすでに中期持続自体が長い歴史を持ち，植民地社会においてはもともと長期持続の持つ影響力が，植民地支配とは無関係に織り込まれており，意識されづらかったと言う事実がある。朝鮮では総督府の意向とは関係なしに，稲作は営まれてい

---

65) ブローデル（2005：200-201頁）。

たし，総督府解体後の現代の朝鮮半島でも，技術は近代化したとはいえ同様に営まれているのである。一方，樺太では移住者たちは「亜寒帯」という長期持続に向き合う中で，中期持続を生み出して行くこととなった。また別の角度から言えば，近代に至るまでサハリン島に，日本人も朝鮮人もロシア人も本格的に進出し社会を形成できなかったのは，この「亜寒帯」という長期持続のもたらす「境界」故であったのである。本書は長期持続から，中期持続，短期持続の関係性を問うという点で特色を有する。樺太史に限らず，これまでの植民地史研究がブローデルの言うところの中期持続と短期持続の関係性ばかりに目を向けていたからである。

3　歴史社会学的分析概念の再検討

1) ナショナル・アイデンティティ

　本節では樺太移民社会の形成を分析するための歴史社会学的な観念を検証しておきたい。本書で着目したいのは，これまでまったく論じられてこなかった樺太におけるナショナル・アイデンティティの問題である。樺太におけるナショナル・アイデンティティがほとんど論じられてこなかったのは，これまで歴史社会学者による樺太へのアプローチがなかったからであり，そうしたアプローチがそもそもなかったのは，樺太のナショナル・アイデンティティは内地のそれを敷衍して充分に理解できるはずだという思い込みが働いていたからであろう。けれども，樺太移民社会の形成を論じる上では，欠かせない概念であると本書では考える。なぜならば，樺太の移民社会は内地の日本人社会を完全に移植したものであるという認識から出発するならば，そもそも樺太を問う意味がないからである。したがって，ナショナル・アイデンティティを硬直したものとは考えず，樺太特殊なナショナル・アイデンティティの在り様を把握しなければならない。そのため，「ナショナル・アイデンティティ」という概念をまずは検討する。

　ナショナル・アイデンティティを明確な用語として明示したのは，アント

ニー・スミス (Anthony Smith) である[66]。しかし，ナショナル・アイデンティティ研究の系譜がこのスミスから始まるわけではない。スミス自身，指導教官であったアーネスト・ゲルナー (E. Gellner) を含め，多くの研究を自身の研究の先行研究として認めている。ナショナル・アイデンティティという用語を明示せずとも，多くの研究がこれに抵触する議論を展開しており，本書もそうした研究をナショナル・アイデンティティ研究史に組み入れて考える。そうした観点から，ナショナル・アイデンティティ研究史を俯瞰すると，大きくいって二つの潮流，ないしは関心のもたれようがあることが理解される。一つは，前述のスミスらのような，ナショナル・アイデンティティ (national identity)，ナショナリズム (nationalism)，そしてネイション (nation) の起源をめぐる研究群である。ここには「想像の共同体」で著名なベネディクト・アンダーソン (B. Anderson) も含まれる。これらの研究群は歴史社会学的な傾向が強い。一方，多文化主義や多民族国家の現状分析や権利問題を足場とする，ウィル・キムリッカ (Will Kymlicka) らの政治学的な研究群[67]がある。本書では，前者の代表に，ゲルナーやスミスといったLSE (London School of Economics) の系譜を，後者の代表に，キムリッカを挙げたい。その理由は，中谷猛が指摘するように，「ナショナル・アイデンティティの言説はその言葉の曖昧さとともに独り歩きしている」[68]状況にあり，ナショナル・アイデンティティ自体の明確な定義，ナショナル・アイデンティティとナショナリズムの弁別などが不充分な研究が多く見られるからである。ナショナル・アイデンティティをめぐる各用語，たとえばネイションやナショナリズムをめぐっては，いくつかの問題を考慮しながら慎重にこれを用いなければならない。第一は，一般的な意味においてどのように用いられているのか，第二に，各研究者がどのような意味で用いているか，あるいは定義を与えているか，という問題である。第一の点については，欧米圏での語法を整理した研究[69]があるが，本書ではこの点を強く考慮しない。なぜならば，本書は現状分析ではないということ，そして日本語によって記述される研究だからである。しかし，このために新たな問題を二つ追加することとなる。一つめは，nation や nationalism といった概念に対応する日本語が必

---

66) スミス (1998 [1991])。
67) キムリッカ (1998 [1995]) など。
68) 中谷 (2003: ii 頁)。
69) 関根政美 (1994) など。

ずしも統一されていないということである。さらに，歴史研究であるということは，分析対象である時期において，これらの概念の訳語の持つ意味を確認しなければならないということである。これについては実際の分析の過程で示していく。したがって，本書がまずすべき作業とは，各用語に対して分析の基盤を与え，各語間に明確な弁別を与えることである。スミスとキムリッカは，おのおのの研究領域において用いる概念に明確で有用な定義を与え，かつ類似した用語同士も弁別している。したがって，本書で用いる用語に関しては，主にこの二人の論者の定義や弁別に従い，本書において新たに導入すべき用語があればこれを適宜定義していくこととする。

後述するようにキムリッカらの議論は，多文化主義の現状分析を志向するものであるから，本書で参照するべきは，歴史社会学的なLSE学派の議論となる。そこで，まずLSE学派，特にスミスがどのような関心でナショナル・アイデンティティ研究にアプローチしているのか，またいかにその系譜を整理しているのかを述べておく。ただし，キムリッカの研究は，関心が実践的権利問題にあるとはいえ，彼の打ち出した各概念などが歴史研究においてもどのように適用し得るかは，すでに検討した如くである。歴史研究とは今の現前の世界とまったく無縁の世界を対象としているわけではない。続いているはずの世界を分断するのは研究者の見方なのである。確かに，現状研究の概念をそのまま歴史研究に導入することは危険を伴うことである。けれども，現状としての世界と歴史としての世界とを統一的に把握することができるならば，そのための努力は払われるべきである。そうした努力は逆に，この危険を軽減させるものにもなるはずである。

スミスは「ネイションの起源と形成にかんする二大学派」[70]として，「原初主義」と「近代主義」を挙げている。「近代主義」はさらに二つの学派に分かれる。第一の学派の主張は，16世紀以降ヨーロッパの中心的な諸国家が周辺ゾーンへの収奪を拡大していくことで，そうした周辺ゾーンからの抵抗運動が起き，近代的なネイションが中心的な国家だけではなく，そうした周辺ゾーンにおいても各所で形成されることになったというものである。この学派の特徴は，経済史的観点からネイションの形成を把握していることであり，代表的な論者としては，イマニュエル・ウォーラーステイン（I. Wallerstein）や，マイケル・ヘクター（M.

---

70) スミス (1999: 4頁 = Smith 1986: p. 3)。

Hechter)が挙げられる。第二の学派は，より政治的，文化的位相からネイションの形成を説明しようとする。代表的論者としては，ゲルナーや，アンダーソンが挙げられる。ゲルナーは，工業社会である近代社会は，社会がより機能的であるために文化的な同質性を要求し，そのためにネイションが形成されると述べる[71]。第一の学派にしろ，第二の学派にしろ，共通するのはネイションとは「近代」と深い関係性を持ったものであるという点である。

「原初主義」を端的に言うならばそれは，ネイションやエスニックな共同体を自然な社会単位であると考える立場であると言える[72]。また原初主義よりもいくぶん決定論的ではない主張として，「永続主義」の存在もスミスは挙げている。この立場においては，ネイションとは永続的で普遍的なものであると想定される。

スミスは，ある意味で近代主義者の主張は正しいと認めながらも，批判を加えている。それは，近代以前の世界においても，ネイションに類似した観念が存在していたことがあるからである。一方，永続主義は集合的な文化的紐帯の古さを指摘しているが，だからといってそれが普遍的であるとは限らない。スミスは，「多くのネイションやナショナリズムは，それ以前から存在していたエトニや自民族中心主義を基礎として生成したのみならず，こんにち，「ネイション」をつくりだすためには，エスニックな構成要素を創造し，それに明確な形を与えることが，絶対に必要だからである」[73]として，近代主義と永続主義の中間的立場をとる。その意図は，近代主義の想定する近代と前近代との断絶をそれほど強くは想定せず，また永続主義ほど近代のインパクトを過小評価しないことにある。

LSE学派としての吉野耕作についても触れておきたい。ゲルナーはスミスの博士論文指導教官であり，スミスは吉野の博士論文指導教官であったという直系的な関係が存在している。吉野が博士論文を基にして執筆した，『文化ナショナリズムの社会学―現代日本のアイデンティティの行方』(1997年)は，従来のナショナリズム研究がナショナリズムの「生産」の側面にばかり関心を持っていたのに対して，ナショナリズムの「消費」の側面に目を向けた新しい研究であった。また，分析においては「文化エリート」という概念を用いて，ナショナリズムの生

---

71) ゲルナー（2000 [1983]）。
72) スミスの言う「原初主義」とは，「ネイションを所与の社会的実体として，つまり時間を超越した「原初的」で自然な人間結合の単位として」（スミス 1999: 4頁 = Smith 1986: p. 3) 考える立場を指す。
73) スミス（1999: 21頁 = Smith 1986: p. 17）

産と消費におけるエリートの役割を強調した。スミスはエリートの重要性を無視したわけではなかったが，ゲルナーと吉野に比べるとその着目の度合いは低いと言える。吉野によるエリートへの着目は，ゲルナーのエリートへの着目への再評価ともいえるものである。LSE 学派はその直系的関係性において，相互に批判を行いながらも理論の継承を行っている。本書では，LSE 学派が用い，練磨した諸概念を導入しつつ，これに独自にいくらかの改訂を加えることによって，議論を展開していく。これらの諸概念の表現たる用語については，他の用語とともに後節で明確な定義を与えることとする。

　改めてここで，スミスを中心に，LSE 学派の諸概念と用語について詳解しておく。スミスは「ネイション」を，「歴史上の領域，共通の神話と歴史的記憶，大衆的・公的な文化，全構成員に共通の経済，共通の法的権利・義務を共有する，特定の名前のある人間集団」と定義している。また「ネイション nation」と「国家 state」に対して，弁別を行っている。すなわち，「国家 state」とは「もっぱら公的な諸制度に関連しており，それは他の社会的な諸制度とは区別され，それ自体自律的であり，所与の領域内部では強制と搾取の独占権を行使している」ものである一方で，「ネイション nation」とは，「文化的・政治的な紐帯を意味し，それが歴史的文化と故国を共有する者すべてを，単一の政治共同体の中で結びつける」ものなのである[74]。簡潔にいえば，権力機構としての「国家」と，政治共同体としての「ネイション」とが弁別されていると言えよう。さらに，スミスは「民族国家 nation state」と「国民国家 national state」とに区別を与えている。前者は，「国家の境界とネイションの境界とが一致し，国家の全住民が単一のエスニック文化を共有している」国家のことであり[75]，後者は支配的なエスニック文化とそれに同化したエスニック共同体（エトニ）や，同化せずに従属的地位に取り残されたエトニが存在するような国家のことである[76]。しかし，この区別はそれほど重要とは思われない。西川長夫の国民国家論から考えれば，過度な区別とも言えるように思われる。また訳語の錯綜という問題もある[77]。西川長夫の国民国家論の「国民国家」とは「nation state」のことであり，スミスのいう national

---

74) スミス (1998: 40 頁 = Smith 1991: pp. 14-15)。
75) スミス (1998: 41 頁 = Smith 1991: p. 15)。
76) スミス (1999: 165 頁 = Smith 1986: pp. 139-140)。
77) 「民族国家」という訳語は ethnic state という語にも用いられている場合がある（吉野 1997: 39 頁）。

stateもここに含まれているからである。そもそもスミスがいうようなnation stateは，近代国家の中でごく少数に過ぎず，むしろ理念型であり，スミスの言うところのnation stateとnational stateとを，nation stateと呼んで包括的にとらえた方が，少なくとも本書においては有益と考えられる。

スミスはナショナリズムとナショナル・アイデンティティに重要な弁別を行っている。「ナショナリズムとは，ある人間集団のために，自治，統一，アイデンティティを獲得し維持しようとして，現に「ネイション」を構成しているか，将来構成する可能性のある集団の成員の一部によるイデオロギー運動」[78]と定義し，ナショナル・アイデンティティを「それより広範な現象である」[79]とする。そして，ナショナル・アイデンティティの「基本的特徴」を次のようにまとめている[80]。

1　歴史上の領域，もしくは故国
2　共通の神話と歴史的記憶
3　共通の大衆的・公的な文化
4　全構成員にとっての共通の法的権利と義務
5　構成員にとっての領域的な移動可能性のある共通の経済

これらの要素へのアイデンティフィケーションがナショナル・アイデンティティの形成となるのである。本書でとりわけ重視するのは第3項の「文化」の問題である。樺太移民社会が日本内地社会の移植版であると言う前提を与えてしまう場合，この「文化」の問題を看過してしまうであろう。また同時に，樺太移民社会における「文化」の問題を看過するからこそ，樺太移民社会が日本内地社会の移植版，あるいはたかが地域的変奏曲程度のものと即断してしまうのである。本書を書くこととなった動機の一つは，樺太移民社会において構想された「文化」が，内地日本社会のそれを，「亜寒帯」という長期持続をアンチ・テーゼとしてアウフヘーベンしようとしていたということへの驚きである。したがって，「文化」という概念についても以下で詳細に検討しておきたい。

---

78) スミス (1998: 133頁 = Smith 1991: p. 73)。
79) スミス (1998: 12頁 = Smith 1991: p. vii)。
80) スミス (1998: 39頁 = Smith 1991: p. 14)。

2) 文化

　スミスは「文化」概念を重要な定義に盛り込みながらも積極的に定義を行ってはいない。前述のキムリッカは,「民族」と「文化」を同一視するような定義を施しているが,スミスの理論においてそのような大雑把な定義では間に合わないことは明らかである。ただ,キムリッカは独自の分析概念として,「社会構成的文化」を提示している。「社会構成的文化」とは,「公的領域と私的領域の双方を包含する人間の活動のすべての範囲—そこには,社会生活,教育,宗教,余暇,経済生活が含まれる—にわたって,諸々の有意味な生き方をその成員に提供する文化である。この文化は,それぞれが一定の地域にまとまって存在する傾向にあり,そして共有された言語に基づく傾向にある」と述べる。さらに,「このような「社会構成的文化」は常に存在したわけではなく,その生成は近代化の過程と密接に結びついたものである。近代化とは,標準化された言語を含めて,経済,政治,教育に関する共通の制度に具体化された共通文化が,社会全体に普及していく過程のことである」[81]として,ゲルナーの近代観と類似・依拠した近代観を有しており,この社会構成的文化という概念もゲルナー的な文化観に影響を受けていることは明白である。

　では,ゲルナーはいかに「文化」を定義していたのか。ゲルナーは「文化」を,文化人類学的な意味での「文化」と,ドイツ語の"Kultur"で示されるような「高文化 (high culture)」とに弁別している。前者は非規範的な「ある共同体における行動や意思伝達の特徴的な様式のこと」であり,後者は「それについて語る者が,行動や意思伝達のスタイルとしてより優れたもの,実生活で満たされるべきであるが,しかし嘆かわしいことにしばしばそうはいかないような規範を示すものとして裏書したもの,そしてその規則が,通常は社会において尊敬され,規範を示す成文化されている」規範的なものを指す[82]。キムリッカのいう「社会構成的文化」とは,仔細に多少の異同はあれ,ゲルナーのいう"Kultur"に相当するものなのである。スミスは回帰の対象としての文化や,ネイション間の区別の指標としての文化については注意を払っているが,近代社会における「文化」の二重性には充分には意識的ではない,あるいは充分な弁別を行ってはいない。本書では,

---

81) キムリッカ (1998: 113-114 頁 = Kymlicka 1995: pp. 76-77)。
82) ゲルナー (2000: 155 頁 = Gellner 1983: p. 92)。

分析のためにこのゲルナーの「文化」概念の弁別に依拠して，文化的ナショナル・アイデンティティの対象としての「文化」と，政治的ナショナル・アイデンティティの所産としての「文化」とを弁別する。これらについては，第5章と第7章で改めて論じることとなる。

3）植民地エリート

次に着目しておきたいのは，「エリート」の概念である。多くの論者が，知識人やエリートのネイション形成に対する影響力の強さを指摘している。吉野は日本人論の分析のために「文化エリート」という概念を用いている。「現代日本において日本人論の「生産」に参加したのは，学者・研究者だけではなく，ジャーナリスト，評論家，外交官，官僚，企業人など多岐にわたる様々なタイプのエリートである。これらの職業集団は，必ずしも創造的な知的活動を専門にしている訳ではないので，日本人論の著者達を一様に「知識人」と呼ぶことには無理がある。その点を考慮して，本書では，日本人論を「生産」した人々を，文化に関する議論を通して社会に影響力を持ちうる少数者という意味で「文化エリート」という言葉で表現し，知識人と共に併用したい。」[83]というように，「知識人」と「文化エリート」とを弁別し，この「文化エリート」を軸となる分析概念にすえている。筆者は以前，この吉野の「文化エリート」と言う概念に依拠して，「政治・文化エリート」という用語を用いて植民地樺太における言説の分析を試みている[84]。これは，技術系も含めた植民地官僚が樺太の言論界において重要な役割を果たしていたことを強調するためであった。本書では，以前に用いた「政治・文化エリート」とほぼ同じものを指し示す用語としてあえて「植民地エリート」という表現を用いることとする。これは「植民地住民」というカテゴリーと対になるカテゴリーである点を強調するためである。

ただ，こうした表現を用いることについては若干の断りが必要になるものと思われる。それは，日本植民地史研究において，こうした語が指し示すのが，まず被支配民族のことであるのが一般的であるからである。たとえば，趙景達『植民地期朝鮮の知識人と民衆』(2008)における「知識人」と「民衆」とは，「朝鮮人

---

83) 吉野 (1997: 12頁)。
84) 中山 (2008)。

知識人」であり、「朝鮮人民衆」のことである[85]。しかし、本書における植民地エリートも植民地住民も、指し示すのは、朝鮮人や残留ロシア人、先住民族を論理的には排除しないものの、ほぼ日本人ということとなる。ここで再び、樺太が多数エスニック社会的様相を帯びていたことを強調することとなる。植民地朝鮮を「多民族社会」と言い得るのは、日本帝国に併呑された朝鮮半島は朝鮮文化圏であり、そこにあって日本人は人口的には劣勢な、けれども政治的には優勢な移住者という立場になるからである。一方、樺太にあっては、日本人にとっては先住者であるロシア人さえも移住者の一カテゴリーとみなせるのであり、当然日本人も、また人口構成上第2位を占めていた朝鮮人も、同様に移住者とみなすべき存在であった。人口的、社会的にきわめて劣勢な樺太アイヌ、ウイルタ、ニヴフといった先住民族の一部のみが、樺太を伝統的な文化圏とするエスニック集団だと言い得た。こうした状況は、キムリッカが多数エスニック国家の一例としてあげる北米と類似している。多数エスニック社会においては、いわゆる「帝国性」は希薄となる。一方で、多民族社会において民族間の相克、特に支配民族と被支配民族間の相克は分析の対象として重要な構図となる。したがって、植民地エリートないしは植民地住民という場合には、在来の民族集団を想定するのが適切であると考えられる。このことは、旧来の植民地史研究の関心のありようを反映している。しかし、樺太のような多数エスニック社会においては、必ずしもそうではないのではないかと思われる。分析に際して始めからエスニシティを基準にしてカテゴリー化し、社会を分断して分析を進めていくことが適当であるとは思われない。そこに生きる人々全体を、植民地エリートと植民地住民というカテゴリーにまず大別して、そこにエスニシティがいかに表出するか、そうした方法もとり得る方法の一つと考えられるのである。

　特に本書は、樺太に特殊なナショナル・アイデンティティを重要な分析の対象としている。そこに朝鮮人やロシア人、先住民族がどのようにとりこまれるのか、あるいは排除されるのか、それを観察する意味でも、たとえ日本人が大勢を占めるとしても、植民地住民、植民地エリートというカテゴリーから樺太の多数エスニック社会の動向の把握を試みたい。本書がこうした問題を重要視するのは、日本帝国の植民地社会としての樺太の特異性を考慮して分析を進めたいからであ

---

[85] 趙 (2008)。

る。

　たとえば，朝鮮史をめぐる昨今の植民地近代化論や，植民地近代性論というものは，やはり植民地朝鮮が多民族社会であったからこそ現れたものであり，またそれを問う価値が強く認められるものであると思われるのである。なぜならば，日本帝国の植民地支配が朝鮮社会にいかなる影響を与えたのかを問うのがこうした議論だからである。植民地近代化論の場合，NIEs（新興工業経済地域）としての韓国の経済的発展を説明づけるための理論としての側面が強い。つまり，植民地支配による経済的投資が朝鮮の近代化を促し，「漢江の奇跡」と呼ばれた戦後の経済発展の基礎を作ったとする議論である。植民地近代性論も，植民地近代化論ほど露骨に植民地支配を肯定的に描かないにしても，植民地支配が朝鮮社会の近代化を促したと言う評価をしている点は疑いがない。つまり，植民地近代化論においても，植民地近代性論においても，植民地支配が —— その評価は分かれるにしろ —— ポストコロニアル国家としての大韓民国の近代化の基礎を築いたと考えている点では共通していると思われる。こうした議論が成り立ち得るのは，その地域が在来的先住者である朝鮮人の居住区域であり，文化圏であり，そこにおいて朝鮮人は常に多数派であったという事実が前提としてあるからである。

　翻って樺太を見てみると，在来的先住者である先住民族は，近代以降においては常にあらゆる点において劣勢であった。日本による植民地支配が彼らにどのような近代化を迫ったのかを知ることは，国民帝国の特質を知る上で，重要なテーマにはなり得るが，彼らの人口的，社会的劣勢から考えれば，彼らに対する植民地支配の影響が，植民地期から日本帝国崩壊を経て現代に至る樺太・サハリンの社会や経済に与えた影響と言うものを評価することには，ほとんど意味が見出せない。在来先住者としての「小民族」と，国家の拡大によって彼らを併呑した「大民族」という，多民族国家的な把握の仕方では，植民地樺太の特質は理解できないのである。樺太を多数エスニック社会としてとらえること，そしてその方法の一つとして，ひとまずはエスニシティを前面的には問わずに，植民地エリート，植民地住民というカテゴライズから樺太社会に分析を加えていくことを本書では試みる。またその分析の過程において，植民地エリートをさらに二つのカテゴリーに分ける妥当性が認められることとなる。一つは，樺太にアイデンティティを持つ「植民地エリート」であり，もう一つは，樺太にアイデンティティを持たない「帝国エリート」である。植民地においては，後者が一般的なエリート像である

と言える。しかし，樺太社会においては，前者が大きな比重と役割を果たしたのであった。このカテゴライズは，特に拓殖イデオロギーの分析において，非常に重要となる。従って，本書では樺太移民社会は，帝国エリート，植民地エリート，植民地住民の三者から構成されるものとする。

4) 国民国家・日本と米

　すでに述べたように本書では，ナショナル・アイデンティティを最終的な分析の軸に据えることとなる。そして，樺太における「米」の問題を通じて，樺太に特殊なナショナル・アイデンティティをめぐる動向を抽出する。なぜならば，樺太における米食撤廃論は，「亜寒帯」という長期持続と，米食文化と言う中期持続が向き合った結果生まれた問題であり，そこにはパラドキシカルに国民国家における文化とナショナル・アイデンティティの問題が生起しているからである。そこで，ここではまず「国民国家」という語を日本語に定着させた西川長夫の議論を整理した上で，既往の研究によって論じられてきた米と日本のナショナル・アイデンティティの関係とを確認しておく。

　西川長夫の国民国家論は日本の人文社会科学研究に大きなインパクトを与えるとともに，様々な批判も浴びてきた。本書において，西川の国民国家論が有用であると考える点について述べるために，まず西川の国民国家論の中枢である「国民国家」の定義について確認しておきたい。西川は「国民国家」の特徴として以下の5点を挙げている。第一に国境の存在，第二に国家主権の概念，第三に国民の存在，第四に国家装置と諸制度の存在，第五に世界的なシステムの中に位置づけられている[86]，ことである。西川がここに挙げた五つの特徴が，前出のスミスがナショナル・アイデンティティの基本的特徴として挙げた五つと類似していることは，すぐに理解できる。西川自身も，この五つの特徴のいずれもが，ナショナル・アイデンティティの概念に関わっているとし，とりわけ第三の点がもっとも直接的にそれを示しており[87]，「国民」とは「憲法や国籍法などで法的に規定されているだけでなく，愛国心，国語や国民文化，神話や歴史など広義の教育によっ

---

86) 西川（2001: 185-186 頁）。
87) 西川（2003: 27-28 頁）。

て形成されるイデオロギー的な存在である」と述べる[88]。

　この西川の考えの背景には，ルイ・アルチュセールの国家のイデオロギー装置をめぐる論稿がある。「国民国家は形成―維持されるためには，そのような新しいタイプの人間（国民）が生産―再生産されることが必要不可欠」であり，そのために「あらゆる国家装置が動員されたのであり，現に動員されているのである」[89]と西川が言うときの，この「国家装置」とは以下のアルチュセールの議論が前提となっている。アルチュセールは「国家権力」と「国家装置」を弁別した上で，後者をさらに「国家の抑圧装置」と「国家のイデオロギー装置」とに弁別している[90]。「国家の抑圧装置」とは従来のマルクス主義における「国家＝国家装置」のことである。これに対して，「国家のイデオロギー装置」こそがアルチュセールが新たに提示した概念である。国家のイデオロギー装置とは，「明らかに国家（の抑圧）装置の近くにあるが，それと混同されることのない別の現実」であり，国家の抑圧装置との相違は，以下のように論じられる。第一に，国家の抑圧装置が一つ存在するならば，複数の国家のイデオロギー装置が存在する。第二に，国家の抑圧装置が公的な領域に属しているのに対して，国家のイデオロギー装置の大部分は私的な領域に属している。最後に決定的であるのは，国家の抑圧装置が「暴力」によって機能するのに対して，国家のイデオロギー装置が「イデオロギー」によって機能するという点である[91]。しかし，西川は前述の「国民国家」の定義において，このアルチュセールによる弁別を採用していない。それは第一に，国家の抑圧装置である政府や軍隊もイデオロギー的な機能を持っているし，逆に国家のイデオロギー装置である学校や家庭においても，抑圧的な機能が認められるからである。そして，第二に，それまでの国家論においては排除されていた私的領域を，国家のイデオロギー装置に引き入れたことを強調するためである。西川はアルチュセールの論稿の意義を特にこの第二点に認めている。この私的領域に関わる国家装置，たとえば，家庭や学校，宗教，博物館，新聞やその他のメディア，国旗や国家などのさまざまなナショナルなシンボル，国語，文学，美術，建築，地誌，歴史や神話，伝統，などが，ナショナル・アイデンティティ

---

[88] 西川（2001: 186頁）。
[89] 西川（2003: 28頁）。
[90] アルチュセール（1993: 32-35頁）。
[91] アルチュセール（1993: 34-38頁）。

の生産と再生産に直接的に関わるのであり,「国民国家とはアイデンティティを生産―再生産するアイデンティティ装置と言ってもよいだろう」と西川は述べる[92]。

　本書では,西川の国民国家論の価値をこの「装置論」に認める。スミスも同様の指摘をしていないわけではない。「ネイションに帰せられる明白な象徴」,「歴史的文化をもつ共同体の成員に共有された独特の慣習,社会的慣行,行動や感情の様式や方法」は,「すべての成員に明示され,抽象的なイデオロギーの教義が,共同体のあらゆる階層から即座に感情的な反応を引きだせるように,明確で具体的な言葉で伝えられ,ナショナリズムの基本的概念が具体化される」[93]とし,スミスが挙げているその要素の多くは,西川やアルチュセールが「国家装置」に挙げているものと重なっている。西川の国民国家論の価値は,国民国家を,私的領域を含めて,ナショナル・アイデンティティの生産・再生産の装置として明解にみなしたことにある。

　日本におけるコメは,しばしばナショナルなシンボルの一つとしてとらえられ,人文社会科学的な研究もなされてきた。岩崎正弥（2008）の提示した「米食共同体」という概念は興味深い。農学者の渡部忠世が「米食悲願民族」[94]と呼んだ如く,日本においてコメは重い価値を置かれながらも必ずしも満足に食卓にのぼる農産物ではなく,日本人全体が白米を充分に食べられるようになったのは,戦後の高度経済成長期以降のことであった。1880年代までは国内生産が国内消費を上回っていたが,1900年代以降はそれが逆転し,輸移入に依存することとなる。そして1910年には外米と植民地米の比率がほぼ拮抗していたのが,1930年代には植民地米が大半を占めるようになった。さらに質の問題としては,白さへの追求が起き,混色よりも外米による白米食が好まれるようになり,味の追求により,外米よりも日本米への希求が強まっていった。

　岩崎は近代日本におけるこうした米食への執着を,「日本米イデオロギー」と表現している。その特徴としては,第一に日本米と日本人の心性の関連,第二に日本米の優秀性と非米食への差別意識,第三に米食を通じての仲間意識と平等意識,第四にコメの司祭者としての天皇への親近,第五に豊かさの象徴としての日

---

92) 西川 (2003: 29-31 頁)。
93) スミス (1998: 142 頁 = Smith 1991: p. 77)。
94) 渡部 (1990: 75 頁)。

本米，の五つの点が挙げられている[95]。「米食共同体」とは，こうした日本米イデオロギーも含んだ願望と実践としての米食文化をもった文化共同体と言い得るであろう。この場合の「文化共同体」とは，エスニック共同体のことであり，その「文化」とは文化的ナショナル・アイデンティティの対象としての「文化」である。

　ナショナルなシンボルとしてのコメの研究においては，総じて言い得るのは，結論としてあるいは前提として，「米文明は，日本文化の優越と特殊性の論拠となる一方で，アジア共同体つまり大東亜共栄圏の物質的・心理的な支えでもありました。コメ文明は天皇制とともに日本回帰の最も強力な磁場を形成している」[96]という命題に首肯し得る姿勢があるということである。しかし，本書第7章で論じる樺太米食撤廃論は，「米文明」から脱することを一つの課題としながらも帝国への貢献を目指す特殊樺太的ナショナル・アイデンティティを生み出すのであった。そこでは，政治的ナショナル・アイデンティティの所産としての新たな「文化」が提唱されることとなった。稲作不可能地域である樺太において，従来のナショナル・シンボルとしてのコメのとらえ方をそのまま適用し得ない現象，「装置」としての米食文化の放棄が起きていたのである。こうした事例を深く分析することにより，ナショナル・アイデンティティの本当の働きと言うものがより明らかになるはずである。

　日本のナショナル・シンボルとしてのコメが，従来考えられていたように，日本帝国の版図で遍くナショナル・シンボルとして積極的に機能しえたかについて，樺太米食撤廃論の事例から反証することができるのであり，その反証からナショナル・アイデンティティの性質というものがより深く理解され得るのである。すなわち樺太という稲作不可能地域において，ナショナル・シンボルとしてのコメはどのような役割を果たしたのか，あるいは果たせなかったのか，もしそうであればその代わりに何が目指されたのか，この点を明らかにすることで，ナショナル・シンボルの研究と，植民地におけるナショナル・アイデンティティの研究がより深化されよう。しかし，ここで重視したいのは，稲作不可能地域という自然環境的差異が，そうした事態を呼び起こしたと言う事実である。ナショナル・アイデンティティ論でもっぱら俎上にのぼるのは，社会環境的差異をめぐる

---

95) 岩崎（2008: 28-29 頁）。
96) 西川（2008: 38 頁）。

問題である。それは簡潔にいえば、エスニシティを始めとした、ジェンダーや階層といった社会的属性の差異である。農業生産と食料消費という経済的、生活的部分とナショナル・アイデンティティがどのように関係をもつのか、あるいはもち得ないのか、という点に関しては見落とされてきたのではないだろうか。もちろん、日本資本主義論争における農村のボナパルティズムの検討[97]では農村や農民に着目してはいるが、そこで目されたのは農民と言う階層であり、自然環境やあるいはそれと格闘する営みとしての農業なのではなかった。社会環境を題材にする際に、ナショナル・アイデンティティの発露の分析を行いやすいのは、「差異」をめぐる問題であろう。それは自然環境を題材にする際にも同様である。差異をもつ空間は周縁的であると言える。いな、むしろ周縁とは差異をもたらす空間であると定義した方が、より議論が明快になるものと思われる。周縁におけるナショナル・アイデンティティの問題に取り組むことが本書の大きな課題の一つとも言える。

5）総力戦・イデオロギー

　本書は樺太の特徴として拓殖に着目するものの、1930年代後半からの総力戦体制構築の影響は無視できるものではない。日本総力戦体制研究の嚆矢である纐纈厚は、第一次世界大戦以降、「総力戦」の時代が来ることが各国の政治指導層に認識され、日本では軍部や官僚を中心にその構築の試みが始まったとしている[98]。本書では戦争が日常化し社会経済生活に影響を及ぼすようになる1937年の盧溝橋事件以降の社会体制を樺太における狭義の総力戦体制とする。

　纐纈は、科学主義と人的資源の動員が総力戦体制における二つの課題であるとし、モノもヒトも資源という概念のもとに国家レベルで同質化し制度化するのが「国家総動員体制」であると定義している。また、総力戦体制の持つ特性として「擬似平等化」を挙げている。植民地エリートは科学主義的合理性により食料を農家の単なる中間投入財とみなそうとしたり、「亜寒帯日本人」という言辞によって新天地樺太での住民統合を進めようとしたりするなど、植民地イデオロギーの端々には総力戦体制の要素が見られる。

97) 中林 (2006)。
98) 纐纈 (2010: 259-270 頁)。

縷縷は総力戦体制においては，人的資源動員への動機づけが構想されると述べている[99]。本書ではこの動機づけのために用いられる思想的要素および体系を「総力戦イデオロギー」と呼ぶ。山科三郎は，「国体」「聖戦」観念や「八紘一宇」に象徴される「大家族国家民族共同体イデオロギー」を総力戦イデオロギーの一翼としている[100]が，本書では植民地樺太で独自に発露した総力戦イデオロギーに主に着目する。また，このイデオロギー定義を援用し，同様に拓殖イデオロギーも定義する。本書で「植民地イデオロギー」という場合は，さらに抽象的な意味合いを持ち，樺太に現われた特有のイデオロギーを指し，具体的にはこの両者の総称を意味する。

4　亜寒帯植民地樺太の移民社会を研究するための理論的枠組みと課題

1) 論点の整理

以上，本章では本書の目的や，研究対象である樺太の歴史的位置づけ，そして重要な概念の検討などを行った。ここでは再度それらを整理しておきたい。

本書では，近現代のサハリン島における諸社会は共通して移住者を主とする多数のエスニック・グループが同時に社会を構成する多数エスニック社会であるとする。「樺太」とはその諸社会の中の，日露戦争末期における日本軍による占領から樺太庁設置までの期間と内地編入からソ連軍による豊原陥落までの期間も含んだ日本帝国植民地社会を指す。

改めて本書の目的を述べれば，「日本帝国の植民地樺太の移民社会の形成過程を歴史社会学の観点から研究し，植民地樺太が有した，①多数エスニック社会，②植民地，③環境的特性（亜寒帯）という三つの特徴を軸に移民社会の形成過程を明らかにすること」となる。

本書の大きな研究枠組みは，まずサハリン島を長期持続・中期持続・短期持続というブローデル歴史学の壮大な観点から位置づけることである。長期持続とし

---

99) 縷縷 (2010: 261 頁)。
100) 山科 (2004: 134-150 頁)。

て，重要な要素は「亜寒帯」に属すると言うことであり，稲作不可能地域であることはもちろん，農業という観点から見れば，北東アジアの他地域に比べて不利な地域であったということである。さらに，日本，朝鮮，ロシア，中国といった北東アジア諸王朝国家の中心から見て，地理的に隔たった場所に位置し，なおかつ海峡に隔てられた島であったということも見逃せない要素である。北東アジアに国民帝国の競存体制が誕生するまで，諸王朝国家の本格的な支配域に入らなかった，すなわち，先住民族の共同体が各地に散在したにとどまり，その間に交易はあったものの，地域レベルでの社会なり国家なりが形成されずにいたこと，そして，ネイションとしての立場も与えられずにいることも，こうした長期持続の持つ特徴の結果と言えよう。事実，サハリン島が半島ではなく島であることが確認されるのは，その名のとおり間宮林蔵によって間宮海峡が「発見」されるのを待たねばならなかったのであり，それまで各国家の探検家は自身の踏査のほか，先住民族からの情報も参照していたが，先住民族には自分たちの住む大地が島であるという認識はなかったし，また必要としていなかったのである。こうした気候条件と地理条件は，「境界」を生み出す長期持続であった。

　この「境界」が打ち破られるのは，北東アジアに国民帝国の競存体制が確立するという中期持続の変化によってである。樺太千島交換条約という短期持続がサハリン島をめぐる明瞭な「国境」を生み出した。さらに，それまで先住民族が主に居住していたこのサハリン島にロシア帝国臣民が強制的に収容されることで，「多数エスニック社会」が誕生する。多数エスニック社会とは，単に先住民と移住者とがサハリン島内に居住していたからということだけでなく，むしろこの「ロシア帝国臣民」自体が複数のエスニック・グループで構成されていたからでもある。さらに，日露戦争とその後のポーツマス条約を契機として，サハリン島南半は日本帝国の「植民地」樺太となり，これら強制的移住ロシア人のさらなる強制退去と，日本人，朝鮮人などの日本帝国臣民移住者の流入が始まる。こうしてサハリン島南半に，移住者らから構成される「移民社会」樺太が形成されるのである。それでは，この「移民社会」はどのように形成されたのか，何よりも「移民社会」が形成されるとはどういうことなのか。

　移民社会の形成という場合，もちろん政治，経済制度の確立も含意するが，本書で特に着目したいのは，樺太という社会がいかに「想像」されたのか，お互いを―時には一方的に―樺太「島民」と認め合う人々が現われ，そしていかに樺太

の過去，現在，未来を共有したのか，またしようとしたのか，それは具体的に言えば，イデオロギーやアイデンティティ面でいかなる「統合」の試みがなされたのかということであり，樺太島民同士をつなぐために用いられたのは何だったのかということである。樺太島民，とりわけ，植民地エリートは「樺太」という移民社会の創出に腐心したのであり，この中期持続の形成[101]の過程は，諸々の短期持続から観察されるはずなのである。以下，本書が着目する短期持続を本書の構成と共に挙げておく。

2) 本書の構成

上述のように先駆者モーリス＝スズキの研究に対する本書の批判の一つは，そのトピックの選定が不適当という点であった。したがって，分析対象の選定には慎重でなければならない。

本書に限らずモーリス＝スズキへの批判点の一つは，樺太移民社会の現実を充分に把握していないと言うことである。だとすれば，樺太移民社会の実態とは何か。本書ではそれを植民地エリートの農業拓殖への強い志向と，それに対する植民地住民の実践が生み出す協調と対立と考えたい。しかしながら，樺太移民社会研究において農業拓殖に重点を置くことは適切であろうか。事実，樺太は林業・パルプ産業の興隆した地として一般的には認知され，かつ樺太史研究の先駆はこうした産業史から起こされている。けれども本書は農業拓殖を軸に据える根拠を有している。第2章ではその根拠を論じるとともに，樺太農業史研究の到達点と未到達点を示し，本書の意義を示す。また，第3章では農業拓殖の実態を各種資料から示す。具体的に言えば，樺太の農村はどのように形成され，農村住民はどのような経済システムを生き，また築いていたのかという点を事例から検討する。したがって，第3章の課題は，樺太住民がいかに長期持続と向き合い，中期持続を形成しようとしたのかを，農業拓殖を中心に明らかにすることにあり，同時にこうした中期持続が，以降の章で明らかにする植民地エリートが目指した中期持続とどのように対立・協調していたのかを検証するための準備を行う。

---

[101] 本書が「統合」という語を用いず，「形成」と呼ぶのは，「統合」という場合，統合のための概念がすでに確立しているかのように想定されてしまうからである。本書が明らかにしたいのは，その統合のための概念が創られ，共有されて行く過程であるので，「形成」という語を用いるのである。

樺太庁による農業移民制度の整備はあったものの，農業拓殖の実態とは，第3章で論じるような私経済の集合に過ぎなかった。しかし，樺太庁は農業拓殖推進に向けて，拓殖への国民動員のロジックを拓いて行く。その顕われの一つが1920年代末に行われた樺太篤農家顕彰事業であった。第4章では，昭和天皇の即位式に伴った昭和の大礼と密接な関係を持つこの篤農家顕彰事業の中における樺太庁農政のロジックを検証する。なぜならばこれは樺太庁農政エリートによる，樺太移民社会の統合と前進への大々的な呼びかけに向けた試みだったからである。第4章の課題は，1920年代末に行われた樺太篤農家顕彰事業から，当時の樺太農政が近代天皇制というシステムを利用して，いかに移民社会の形成と発展を図ろうとしたのかを明らかにすることである。

　1930年代に入ると農業拓殖の再推進と，メディアの拡充が起きる。こうした中で，植民地イデオロギーとも呼べるものが醸成されていく。第一に，樺太農政が当初から抱いていた小農的植民主義が，政策資料の中ではなく，一般メディアの中で観察できるようになる。つまりは，植民地住民に対して，樺太移民社会における農業拓殖の原理とビジョンとが提示されるのである。その象徴的な事件が，「樺太農業論争」である。第5章の第一の課題は，この樺太農業論争とその前後の言論から，1930年代前半を中心にして植民地エリートの拓殖イデオロギーの原理の一つとしての小農的植民主義の内容を明らかにすることである。また重要なことは，それまで一方的な政策およびイデオロギーの発信を行っていた植民地政府と植民地住民との間に現地メディアを介した議論が起きたことである。現地メディアに登場した植民地エリート個々人は所属部署の肩書を負いながらも，またそれ故に植民地権力の代理人という側面と，植民地住民を代表して植民地権力と植民地住民をつなぐ存在としての側面の双方を徐々に顕わにしていくからである。

　植民地イデオロギーの結実は，1939年の樺太文化振興会の結成である。すでに1930年代中葉から，樺太文化論が教育者らを中心に提起されており，この過程はまさに樺太移民社会の形成過程の中核的な部分である。植民地イデオロギーを共有する植民地エリートの層に多様性が出るとともに，その植民地イデオロギーが呼びかけられるべき対象としての植民地住民という構図が出来上がるからである。それは，現在だけでなく，未来そして過去を共有すべき「島民」「樺太人」という観念の成立でもある。第5章の第二の課題は，樺太文化振興会結成に至る

過程を樺太文化論の議論から明らかにすることであり，そこで示されたイデオロギーの特徴を明らかにすることである。

　樺太の長期持続への取り組みの最前線にいたのは，農業技術者たちであったと言えるだろう。確かに，国民帝国の競存体制と言う政治面での中期持続は「境界」を打ち破り，サハリン島南半に樺太という社会を作り出した。しかし，いまだなお経済面では長期持続は充分に乗り越えられてはいなかった。たとえば，当時の技術ではいまだ樺太での稲作は不可能だったのである。樺太では1929年に樺太中央試験所が設置されるのだが，この事態に対して中央試験所は日本帝国の研究機関として，異例の決断を行う。稲作技術の開発を早々にあきらめて，島内で自給できる適作物の開発と普及へと傾注するのである。第6章の第一の課題は，樺太庁中央試験所が目指した技術体系を明らかにすることで，技術者たちが長期持続の「境界」にどのように対処しようとしていたのかを示す。樺太庁中央試験所は，決して植民地住民の目から隠れていた機関ではなく，多くのスタッフが現地メディアでの発言を行っていた。そして，1939年に樺太庁中央試験所は，東亜北方開発展覧会を開催する。そこで開陳されたのは単なる技術だけではなく，第5章で論じる樺太文化論とも同調した植民地イデオロギーであった。さらに，1943年以降，技師の菅原道太郎が大政翼賛会樺太支部の幹部を務める等，中試技術者のイデオローグとしての側面も決して見落とせない。第6章の第二の課題は，樺太庁中央試験所の樺太移民社会の形成過程への影響力を検証することである。

　樺太の植民地エリートたちは，米の穫れない「出稼ぎ地」を米を食べない「故郷」へと変革することを構想していた。樺太で起きていた米食撤廃論には，植民地エリートが形成した特殊なナショナル・アイデンティティが反映している。樺太米食撤廃論とは，まさに樺太移民社会のあらゆる要素が凝縮された「事件」であった。第7章では，各時期ごとの樺太米食撤廃論を軸に，植民地エリートのナショナル・アイデンティティを読み解き，樺太移民社会がいかに「想像」され，統合と前進が目指されていたのか，樺太移民社会の形成と内実を明らかにするとともに，植民地エリートの合理性の追求がますます植民地住民との間の乖離を拡大させる方向へとはたらいたことを示す。

　本書では歴史社会学的な観点から研究を行うと言いつつも，各章間に一貫した方法論がとられているわけではない。とりわけ，農業経済史，農村史に近い形を

とる第3章と,それ以降の各章とでは,その手法や用いる資料が大きく異なる。これは本書が,「農業社会史」とでも呼ぶべき領域を拓こうと企てているからである。その参考となるのは,藤原辰史の提唱する「技術文化史」という研究領域である。すなわち,「技術の変遷が人びとの心性や想像力・生活文化にどのような影響を与え,それが社会にどのようなインパクトを与えたのかを考察する歴史学の方法」[102]である。藤原は日本帝国における水稲育種技術開発に着目し,育種学者・寺尾博の「稲も赤大和民族なり」という言辞に象徴させて,技術がイデオロギー的に中立的であったという従来の技術史的前提を批判するとともに,日本帝国におけるパッケージ化された水稲技術を戦後の「緑の革命」の先駆的形態とし,アルフレッド・W・クロスビーのエコロジカル・インペリアリズムの議論に引きつけながら,現代における遺伝子技術と政治的支配との関係にまで言及している。本書の言う「農業社会史」も,農業そのものの技術史,経済史,農政史,農村史とは異なり,農業という産業領域が,社会全体とどのような相互関係を持っていたのかを総合的に明らかにすることを目指すものである。したがって,農民をめぐる国家儀礼(樺太篤農家顕彰事業),農政の現場に現われたイデオロギー(植民地イデオロギー),農業技術者集団の活動(樺太庁中央試験所),食料問題に表出するナショナル・アイデンティティ(樺太米食撤廃論)を分析の対象としている。他の地域に比して充分な資料が残っていない樺太を研究するにあたっては,個々の事象を深く掘り下げることには限界があり,この限界を克服するためにも様々な事象を総合的に取扱うという方法を本書ではとる。樺太農業拓殖をめぐるこれらの事象を通じて,亜寒帯植民地樺太の移民社会の形成過程を明らかにすることを本書では試みる。

---

102) 藤原(2012: 94頁)。

第2章
樺太農業への眼差し

樺太庁及び長官々邸
秋山審五郎（1911）

1 樺太の産業と移民社会

1) なぜ農業に注目するのか

　農業拓殖を中心に樺太移民社会の形成過程を論じるとすでに宣言した。ここではまず，その根拠を示したい。農業史ないし農政史が考究される理由と必要性は各論者や研究において様々であろうが，対象となる地域や社会において，産業としてあるいは職業人口として重要な地位を占めるということから意義づけがなされることは可能であり，かつそのようにもされて来た。本書が，樺太の農業史・農政史に強い比重を置くのは，結果から言えば，やはり樺太においても農業というものが重要な地位を占めたからである。しかし，島内総生産に占める農業の地位や，内地や他の地域に比しての職業人口構成に占める地位に鑑みると，樺太において農業が最も着目されるべき産業であるとは言い難い。事実，1990年代以前の樺太史研究といえば，おおむね林業やそれに関連した製紙・パルプ業に関するものであった[1]。島内総生産に占める割合も，また帝国経済に対するインパクトという意味でも，樺太においてまず最大のトピックとすべきが，何よりも林業や製紙・パルプ業であったことは至極当然のことである。

　しかし本書は樺太の社会を論じる上で農業史研究の必要性を，やはり強く主張する。それは以下の理由による。前章で述べたように樺太は過疎地の多数エスニック社会であり，朝鮮のように在来者がすでに国家を築き，人口も飽和状態にあったわけではなかった。樺太の在来者としてのロシア人のほとんどは日露戦後に樺太が日本の領土となるや本国へ帰還することとなった。ロシア人が退去したサハリン島に残されるのは，樺太アイヌやウイルタといった先住民族である。彼らの社会には，国家と呼べる機構も確立されていなければ，人口自体も僅少であった。当時の日本帝国政府にとって，サハリン島はまさに「無主の地」と言い得た状態だったのである。日本政府およびその下部現地機関としての樺太庁はまさに「植民」を試みていくこととなる。この際に彼らが着目したのが，農業植民であり，そのための農業移民の招来であった。樺太は豊かな水産資源，森林資源を有して

---

[1]　樺太林業に関しては，萩野敏雄 (1957) や，樺太林業史編纂会 (1960) などの業績があり，パルプ製紙業については，四宮俊之 (1997) の研究がある。

おり，それらは多くの漁業労働者と林業労働者をひきつけることとなったのであるが，彼らは季節性が強く，樺太庁の望むような定住人口には直接的にはなり得なかった。このため農業移民こそが，樺太に招来されるべき人物群とされたのである。「樺太拓殖＝農業拓殖」という構図がここに確定されることになる。樺太拓殖に深く関わったいわゆる「北大植民学派」が，北海道帝国大学の農学部を拠点としていたことは象徴的であろう。ここに樺太社会の特性がある。「統治」よりも「拓殖」が課題であったのである。本書が移民社会の形成にあたって，都市ではなく農村や農業に第一の関心を置くのはこの点にある。農業，農村とは長期持続の影響が直接的に反映する領域だからである[2]。

　1990年代の末から，樺太の農業に着目した研究が学界に提出され始めた。そのひとりが地理学の三木理史であり，もうひとりが経済史の竹野学である。彼らが樺太の農業に着目したのは，その樺太の植民地としての特性にある。三木は人口移動研究の立場から農業移民の動向に関する研究を行っている。竹野は北大植民学の学説と実践の研究を進める中で樺太の農業移民問題に行き着き，樺太の農業・農政史研究へと立ち入っている。この二人の研究を近年の樺太農業・農政史研究の成果の代表的なものとみなすことは間違いではないであろう。本章の第1節では，統計などの一般的な資料から樺太農業・農政史を再構成するとともに，樺太全体の趨勢や沿革を再確認し，樺太の概要を論じる。第2節では，当時の北大植民学派がどのように樺太農業を把握していたのか，その樺太農業観を明らかにする。竹野の研究が，樺太農業を「不健全」と断じた北大植民学派への批判を起点としている意味でも，この作業は重要である。さらに，第3節では，竹野や三木による近年の樺太農業・農政史研究の到達点を示し，そこから描かれる樺太農業史のストーリーを描写し，続く第4節でそれに対する批判点を述べ本書の意義を明確にしておきたい。次章では，樺太農業史研究でこれまで用いられてこなかった資料から，植民地住民の生活と経済，言うなれば中期持続を再検討する。なぜならば，観察からイデオロギーを抽出するためには，イデオロギーの前提となる現実社会の状況の詳細な観察が要されるからである。

---

2) もちろん，本書は農業拓殖以外の領域からのアプローチの意義と成果を否定するものではない。本書では，農業拓殖に比重を置いたため充分に参照できなかったものの，都市計画史の観点からの井澗 (2007)，教育史の池田 (2009)，石炭業を中心にした三木 (2012)，そして前掲の林業史やパルプ製紙業史研究の成果は，樺太移民社会を把握する上で，欠くべからざるものである。

2）サハリン島の近代史

　サハリン島は言うまでもなく，北海道の北の宗谷海峡を越えたところに所在する南北に延びた島である。西にはユーラシア大陸が位置しており，その間には間宮海峡がある。古来より国家としては日本，ロシア，そして中国の三つの王朝や政府の関心と干渉，支配を受けた島であり，民族で言えば，日本人，ロシア人，漢人，朝鮮人そのほかの先住民族といった東北アジアに関わる多くの民族が関わり，産業としては，農林水産業，石炭を主とした鉱業，製紙・パルプ業や食品加工業を主とした工業，インフラ整備のための土木建築業など，多種の産業が関与した島であるということである。

　サハリン島が「近代」に包摂される契機は，1875年に日本とロシアの間で締結された樺太千島交換条約と言えるであろう。この時に初めて国際条約によってサハリン島の位置づけが確定される。言うなれば，日本帝国とロシア帝国という二つの「文明国」によって明確に「無主の地」であったことに同意が交わされ，その支配権と国境の相互承認が行われたのである。この「取引」は日本にとっては，サハリン島をロシアに譲り千島列島を得たというものであり，ロシアにとっては，その逆であった。しかし，そこを生活の拠点にしていた先住民族にとっては，自分たちの知らない間に，ロシア人や日本人が実際に足を踏み入れていない土地の権利までを，それもサハリン島や千島にも来たことも無い人間たちが，握手して認め合ったという「取引」だったことになる。さらに，旧来より樺太アイヌなどの先住民族と朝貢関係を築いていた世界帝国・清帝国は，この時点ですでにサハリン島をめぐる国民帝国間の領土争いから脱落していた。その後，ロシアはこの島を流刑地として経営することになる。

　本書冒頭で詳しく紹介したように，チェーホフはこの頃にサハリン島に滞在し，のちに紀行『サハリン島』を著している。紀行と言っても，彼は調査票を作成し島の多くの部分（ロシア人が住んでいるという範囲での）を実際に巡っているので，それは報告書とも言うべき精緻さを持ち，同時に作家ならではの炯眼に満ちており，サハリン史上，非常に重要な文献と言える。この紀行によれば，当時のサハリン島のロシア人社会は，食料を含め，外部からの物資移入がなければ成立し得ない社会であると同時に，モラルも乱れた社会であったし，彼らの居住区域は広

大な樺太の大地の中ではごく狭小な地域に過ぎなかった[3]。

　サハリン島は三度の近代戦争に遭遇している。その最も初めのものが，樺太千島交換条約の30年後に起きた日露戦争である。この戦争とその結果としてのポーツマス条約によって，サハリン島の南半分が日本帝国の領土となるのである。1905年の夏から秋にかけて，戦前に約4万人いたと言われるロシア帝国臣民を中心とするサハリン住民は戦時にその多くが大陸へと逃れただけでなく，日本軍によって約13,000人が大陸など島外へと移送され，南部には数百名が残るに過ぎなかった[4]。これに対し，民間の日本人のサハリン島への移住は，ロシア人の退島と同時進行で進められた。サハリン島全体を占領した翌月には日本人民間人の渡島が許可されている。なお，ポーツマス条約が締結されるのはその翌月である。ロシア人たちは農地や家畜や住宅を，次々にやって来る日本人たちに売り払って大陸へと帰還して行った[5]。

　1907年にはそれまでの臨時的な民政署が閉鎖され，正式に植民地行政機関としての樺太庁が開設されることとなる。大陸帰還してしまったロシア人，残されたごく僅少で「従順な」先住民族，次々にやって来る日本人，そしてほとんど手付かずといってよい大地という「空白」状態に当時の樺太はあったのである。

　1907年の段階で季節的な居住者も含めてすでに樺太の人口は約20,000人に達していた。名実共に先住民族はマイノリティになった。その後，人口は増加し続け，1941年には40万人に達する。

　サハリン島をめぐる第二の近代戦は，1920年における日本軍による北樺太の占領戦である。1920年3月に北樺太ではようやくヴォルシェビキが実権を握るにいたるのであるが，翌月には日本軍の侵入を受け，ほぼ無抵抗のまま占領下に入り，その後1925年まで保障占領期を経験することなる。ただし，この保障占領期はあくまで軍政であり，樺太庁は何らの関与もしておらず，樺太庁の正史で

---

3) チェーホフ（1953a）（1953b）。
4) 原（2006: 47, 55頁）。
5) 樺太庁（1936: 30頁）。樺太庁編纂の『樺太庁施政三十年史』では，ロシア人住民の多くがいわゆる流刑者かその家族であり，元々大陸への帰還を夢見ており，ロシア帝国は，日露戦争の際に従軍したサハリン流刑者に刑期の縮減を褒賞として提示し，実際に戦時中にも関わらず刑期満了で大陸に帰還したものがいたほどであるとして，この退去がロシア人住民の希望に沿うものであるかのように記述しているものの，原暉之編『日露戦争とサハリン島』（2011年）には，この時期に関する非常に示唆に富む論文が所収されており，こうした樺太庁による歴史記述が実証的に覆されている。

ある『樺太庁施政三十年史』(1936年)でもそのことが一切ふれられていない。当時日露国境であった北緯50度線附近にはまだ移住者はほとんど居住しておらず，この近代戦で直接的な影響を受ける樺太住民はほぼ皆無であった。ただ，南部から北部に延びる軍用道路の開鑿など，経済的な影響は受けた。第三の近代戦はいわゆる「大祖国戦争」の一環としての「南サハリン・千島奪還戦」，つまりは1945年8月のソ連軍の樺太への南進である。この結果，ソ連はサハリン島南部の領有を宣言し，千島も含めるサハリン州を設置する。その後の1949年までに40万人近くいた日本人が島外退去，すなわちは引揚げを行い，同時にほぼ同規模のソ連人が大陸から流入した。しかし，1945年までに帝国内移動によって何らかの理由でサハリン島南部に来ていた多くの朝鮮人とごく一部の日本人は，少なくとも合法的には島外退去はできず，戦後のサハリン社会に留まらざるを得なかった。1980年代の末からようやく韓国や日本への正式な一時・永住帰国事業が開始されることとなった[6]。政治なり，ナショナリティ (nationality) という観点から見ると，サハリン島の140年にわたる近代史はこのように概説できる。本書が扱うのは，このうちのサハリン島南部における1905年の樺太領有から1945年のソ連軍による占領までの約40年間である。サハリン島の140年の歴史から見れば，4分の1程度ではあるが，日本帝国がサハリン島南半に関わった全時期を対象としている。ただし，北樺太については前述のとおり南部の植民地樺太とは隔絶しており，本書で論じる樺太農業拓殖には含まれないため本書では触れないこととする[7]。

　以下では人口，産業の観点から統計データを参照して樺太経済について全般的に確認しておく。

---

[6] 日本帝国崩壊後の樺太移民社会の変容解体過程の全体像については，中山 (2012a) (2013b) に詳しい。

[7] なお，ロシア革命から北樺太保障占領開始までの期間である1918年，1919年の両年に，樺太庁は北樺太へ産業調査隊を派遣している。調査報告書の記述からは，北樺太の日本帝国による領有化も視野に入れて関心を持っていたことがうかがえる (樺太庁 1921: 51頁)。しかし，実際には保障占領により日本軍政が始まったため，樺太庁の進出は阻まれたのである。また，樺太庁はアメリカのアジア・シベリア地域への進出も警戒しており (樺太庁 1921: 52頁)，日本とロシア／ソ連のみがサハリン島に影響力を与える大国と考えられていたわけではなかったことが理解できる。

図 2-1　樺太の人口

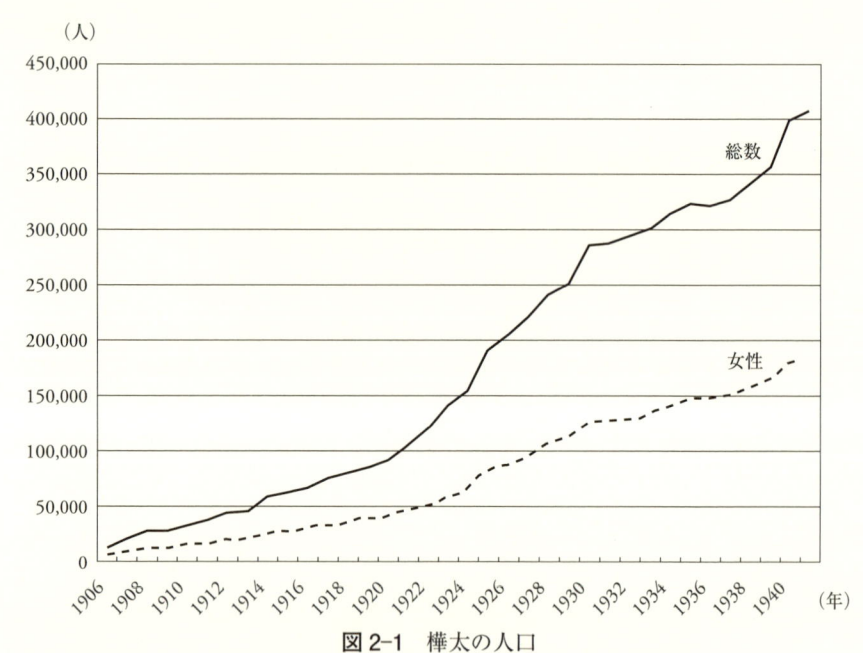

出所）樺太庁編『樺太庁治一斑』各年度版，樺太庁編『樺太庁統計書』各年度版より筆者作成。

3）樺太の人口と産業

　施政開始直後の 1907 年には約 20,000 万人であった島内人口は，ゆるやかな S 字カーブを描きながら 1941 年には 40 万人に達する（図 2-1 参照）。当初は 2 割に達していなかった女性比はすぐに 4 割を越し，その後も 4 割半ばで推移していくことになる。植民地開拓や産業構造の変化などは全体としては男女比に影響を与えなかったことになる。次に産業別戸数の割合に目を向けると，農業戸数は，1922 年以降は 10％台後半から 20％台中盤で推移している（図 2-2 参照）。割合でも実数でも最大値を迎えるのは 1933 年であり，これはその前年末から年頭にかけて後述する「樺太農業論争」が展開された年である。農業戸数はその後，割合においても実数においても減少の一途をたどることになった。
　一方で成長が目覚しいのが鉱工業であり，特に鉱業は日中戦争開戦の 1937 年以降急激に割合，実数共に増加することになる。1936-1937 年間に至っては 2 倍以上に増加しているほどである。そしてそれまで一貫して産業別戸数で首位で

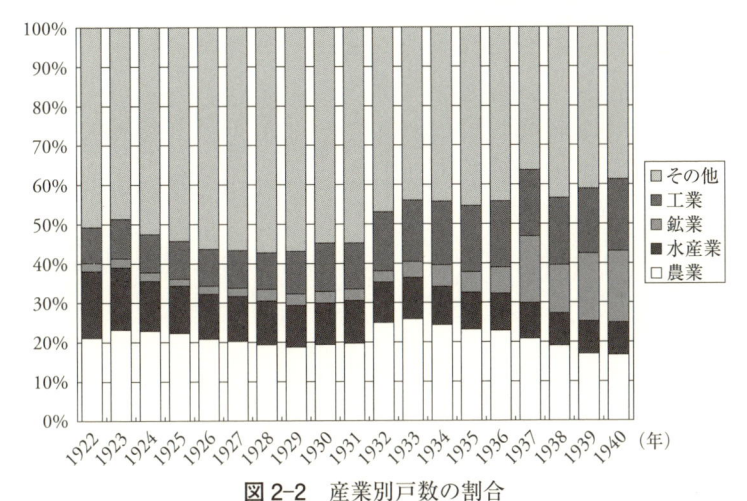

図 2-2　産業別戸数の割合
出所）樺太庁編『樺太庁治一斑』各年度版，樺太庁編『樺太庁統計書』各年度版より筆者作成。

あった農業は1939年には新興産業である鉱業にその座を譲り渡すことになるのである。ここには帝国の資源問題が深く関わっている。次に各産業の総生産価額の割合に目を向けると，1922年以降は圧倒的に工業が優勢である（図2-3参照）。これに鉱業も加えて鉱工業で見ると，概ね総生産価額の6～7割をこの2産業が占めているのである。一方で，農畜産業は概ね産業別戸数では2割前後を占めているにも関わらず，生産価額では5％前後を推移しているに過ぎない。

樺太沿岸に長い歴史を持って進出していた漁業も，漁獲不振により低迷した。このことは1918年以降の樺太庁の漁業料収入が急減し，財政の確保を図った樺太庁がそれと前後して森林収入を増大させていることにも現れている[8]。次に新興したのが森林開発であり林業であるが，これも1925年に完了した「樺太国有林経営調査」によって，乱開発と災害による森林資源の消耗が露呈した。その後に勃興したのが，前述のように1937年以降の鉱業であった。

ここで，多数エスニック社会としての樺太の様相を確認しておきたい。その前に，まずは「戸籍」の問題を確認しておく必要がある。樺太では，1924年8月1日より戸籍法が施行されたことにより，内地籍の一環として「樺太籍」の本籍

---

8)　平井（1994: 114-115頁）。

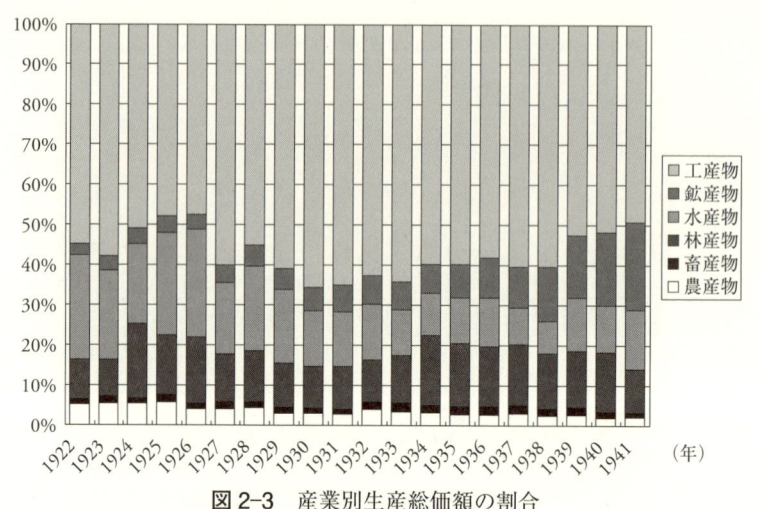

図 2-3　産業別生産総価額の割合
出所）樺太庁編『樺太庁治一斑』各年度版，樺太庁編『樺太庁統計書』各年度版より筆者作成。

登録が可能となり，それまで本籍地別人口で一位であった北海道籍を凌ぐようになる[9]。また，樺太アイヌも内地籍を与えられ，統計上区別ができなくなってしまう。

　表 2-1 からわかるように，当然のことながら民族構成上は日本人が圧倒的に優勢である。第 2 位は朝鮮人であり，第 3 位以下に大きな差をつけている。徴用問題などで，「樺太の朝鮮人」即「強制連行」「徴用」というイメージが強調されるが，戦時動員以前に約 8,000 人の朝鮮人がすでに樺太で暮らしていた。三木は，1920 年代に入ると，直接朝鮮半島から渡航して来るだけではなく，北樺太経由での朝鮮人の流入が起き，樺太北部の新興鉱業都市における朝鮮人人口の増加が起きたことを指摘している[10]。だからといって，そこですべての朝鮮人が民族コミュニティを形成し，そこに閉じこもっていたということにはならない。聞き取り調査によれば，日本人にまじって生活し，家庭内においても両親が朝鮮語を話すことがなく，自身もまったく朝鮮語にふれずに日本時代を過ごしたという

---

9) この戸籍法の施行は，大正 13 年 4 月 18 日勅令第 88 号に基づくもので（『官報』1924 年 4 月 17 日），樺太庁の統計（『樺太庁治一斑』1924 年度版）でも 1924 年 6 月末人口には本籍地樺太の欄が設けられていないが，同年 12 月末人口からは本籍地樺太の欄が設けられるようになっている。
10) 三木（2003a）。

表 2-1　樺太における民族構成の推移

	1945	1940	1935	1930
総数	382,713	398,838	322,475	284,930
日本帝国臣民	382,069	398,114	320,168	282,639
内地人	358,568	382,057	313,115	277,279
朝鮮人	23,498	16,056	7,053	5,359
台湾人	3	1	—	1
先住民族	406	406	1,955	1,933
アイヌ	(1,312)	(1,254)	1,508	1,437
オロッコ（ウイルタ）	288	290	304	346
ニクブン（ニヴフ）	81	71	109	113
キーリン（エヴェンキ）	24	25	23	24
サンダー（ウリチ）	11	18	9	11
ヤクーツ（サハ）	1	2	2	2
ツングース	1	—	—	—
外国人	238	318	352	358
満洲国人	1	3	2	—
中華民国人	103	105	103	174
旧露国人	97	160	197	148
ポーランド人	27	46	42	19
ドイツ人	—	4	7	2
トルコ人	10	0	—	15
チェコスロバキア人	—	—	0	—
オーストリア人	—	—	1	—

出所）ГАСО．Ф.3 ис．Оп.1．Д.27.（地方課　往復書簡　1945 年），『樺太庁統計書』1930, 35, 40 年度版より筆者作成。

注1）本表中の民族名などは原表のままである。ただし，国名に関しては漢字表記からカナ表記に一部変えている。なお，表中の「日本帝国臣民」および「先住民族」は，原表ではそれぞれ「本邦人」と「土人」と表記されている。

注2）1993 年以降，樺太アイヌは日本の戸籍に編入され，1939 年以降は内地人として集計されているので，本表もそれに従っている。ただし，内地人として集計されている樺太アイヌの人数は括弧内の数値で表してある。

注3）表中の "—" は原表に欄がない場合，"0" は原表に欄があるものの数値が表記されていない場合を示す。なお，本表中の年度には欄自体がなかったものの，他年度には見られた「外国人」として，「イギリス人」「ペルー人」が挙げられる。

例も珍しくない[11]。また，朝鮮人も常に「被雇用者」の立場にあったわけではなく，飯場経営者など「雇用者」の立場にある場合があったことが聞き書きなどからも確認できる。また，朝鮮人の中には日本人同様に「女郎屋」を営む者も存在していたことが聞き書きや，聞き取りからも確認できている[12]。さらに，町会議

---

11) 中山（2012b: 229-231 頁）。
12) 野添（1977），中山（2012b）など。

員になった者，東京の学校で技術を身につけ島内の製紙工場で高い地位に就いた者や，朝鮮人憲兵[13]，中等学校や高等女学校在籍・卒業者などがいたことも聞き取り調査から得られている。本斗町吐鯤保で農場経営者となり，町会議員にまで選出された朴炳一は，樺太で最も成功した朝鮮人と言えるだろう[14]。このように，朝鮮人であっても樺太では，日本人同様に，それなりの機会と努力，そしてまた意志があれば樺太移民社会の教育，産業，自治などの現場で多様な地位を築けたことがうかがえる[15]。日本人との事実婚も含めた婚姻関係や養子縁組なども数多く見られ，これらも日本人と朝鮮人との関係を考える上で無視できない現象である[16]。

統計上は100-200人程度で推移する「中華民国人」の多くは労働者や行商な

---

13) こうした樺太の朝鮮人憲兵が，樺太出身であるかどうかは不明である。あるサハリン残留日本人からの聞き取り（2011年，北海道）によれば，ある朝鮮人憲兵は，ある朝鮮人がボランティアで朝鮮人子弟に朝鮮語を教えているのを取り締まり，この朝鮮人を拘留した。しかし，その後ソ連軍の侵攻によりこの朝鮮人は解放され，ソ連軍の通訳として活躍することとなったが，一方の朝鮮人憲兵は逮捕されるという皮肉な事件も戦後サハリン社会では起きている。

14) 藤井 (1931: 167-171 頁)。なお，朴は後に日本帝国期の経歴のために韓国の親日反民族行為真相糾明委員会から「朴容煥」の名で「親日」認定を受けており，その経歴については친일반민족행위진상규명위원회 (2009: 828-841 等) に詳しい。

15) もちろん，中山 (2012b) が示しているように様々な局面で，「差別」される場面は存在した。また，こうした樺太移民社会で成功を収めた朝鮮人の総数の正確な把握は難しく，こうして聞き取りや回想記などの中から，事例をとりあげるにとどまる。しかし，こうした事例を挙げることは多数エスニック社会としての樺太を考える上で意味のあることであり，三木 (2003: 39 頁) や朴 (1998: 8 頁) が北樺太保障占領撤退後に樺太へ移住してきた朝鮮人の中には，比較的に裕福な労働者や自営業者もいたと述べているのも同様の意図があるからだと思われる。これに対し今西 (2012: 38 頁) は「サハリンの朝鮮人移民のなかでは，特異なタイプである」と言い切っている。「特異なタイプ」というのが，総数に占める割合を言っているのか，あるいは自営業者や裕福な者がいたことを意味しているのかは詳らかではない。もし前者であれば，確かに今西の言うとおり，その後の「強制連行」で樺太へ渡った朝鮮人の方が数は多いが，100倍，1,000倍などと言う規模では決してなく，北樺太経由移住朝鮮人に限っても，せいぜい多く見積もって10倍程度であり，移住朝鮮人全体であれば数倍程度である。しかも，樺太の日本人が身近に接していたのはこうした北樺太や内地を経由してきた移住朝鮮人なのである。また，後者であれば，その根拠となる数値や事例を今西は全く示していない。朝鮮人強制連行を強調するあまり，それ以外の樺太朝鮮人の存在と活動を過小評価することは，日本帝国内における被抑圧民族としての朝鮮人という位置付けに慣れてしまい，その観点を何の実証もなく樺太に対して敷衍するという誤謬であり，これはすでに述べたモーリス＝スズキの陥った誤謬と同じ構図である。また，他の地域の朝鮮人の状況を敷衍して樺太の朝鮮人の状況を説明すると，その説明が安易な速断であっても樺太に詳しくはない読者には整合性があるように見えてしまう。これもまた井澗がモーリス＝スズキだけでなく植民地史研究の現状までも批判に挙げた理由のひとつであろう。こうした速断は，樺太移民社会，ひいては日本帝国や近現代東アジアの実像を見失うものであり，慎まなければならない。

16) 中山 (2013: 751 頁) では，約1,400名のサハリン残留日本人の家族構成を精査した上で，1940年代の樺太には数百単位の日本人と朝鮮人による世帯が存在していたと推測している。

写真 2-1　「朝鮮の人々の開墾地」

出所）仲摩照久（1930：423 頁）。

どの商業者であったとされ[17]，これら在樺華僑は 1937 年以降，横浜総領事館函館弁事処副領事の羅集誼によって，統合や北海道華僑との連合が図られたが樺太華僑は充分な団結力を有さなかった[18]。

---

[17] 三木（2012）も言及している通り，樺太では中国人苦力が炭鉱労働などに従事していたが，これらの中国人労働者が統計に充分に反映されているかは今後の検証の余地があろう。なぜならば，1937 年に発足した樺太中華商会の会員名簿によれば，会員は 90 名（うち労働者は 25 名）おり（菊池 2012：80 頁），同年の『樺太庁統計書』では中華民国人男性は 97 人であるから，男児の数が少ないと想定すれば，ある程度符合する。しかし，当時の樺太には中国人労働者がこの程度しかいなかったと考えることには多少の疑問が残る。その一方，1912 年に西海岸に入殖したある日本人移住者は，当時からすでに「支那人」が入殖しており，この人物から援助を受けたことを記している（樺太庁農林部 1929：31 頁）。こうした農村地域の「支那人」（中華民国人ではなく台湾人の可能性もある）の動向や日本人との関係についての検証も今後の課題となろう。また，戦後にサハリンから中華民国へ向けて帰国する人々の中には，中華民国人の妻となった日本人も見られ，朝鮮人同様に，日本人との世帯形成が起きていたと考えられる（「旅居蘇聯華僑歸國（一）」『外交部（020-021608-0029）』中華民國史館所蔵）。なお，表 2-1 に見られる「台湾人」については，中央試験所の職員であると考えられる（外務省 1956）。

[18] 菊池（2012）。

写真2-2 「本島領有當時樺太日日新聞社主催新聞記者樺太廳屬官及樺太アイヌ部落總代の記念撮影」(1911年)
出所）千德太郎治（1929）。

　表中の「ポーランド人」とは，ロシア帝国時代に政治犯としてサハリン流刑に処された人々であり，教育の程度も高く，樺太移民社会でも経済的，社会的に成功していたと言われている[19]。また旧露国人とは残留ロシア人であり，彼らの集落を取材した当時の記事では，ロシア正教を信仰し日本人社会と距離を置きつつも，日本語を身につけているなど，融和している姿が描かれている[20]。
　また，先住民族については，「オタスの杜」に集住させられたという認識が一般的に広がっているが，必ずしも先住民族の全員が集住していたわけではないことが近年の田村将人などの研究で明らかにされている[21]。確かにこれらのマイノリティは，もちろん抑圧されていなかったなどとは言えないものの，植民地のマイノリティ＝被抑圧者という先入観では，これらマイノリティの樺太における経験は見落とされてしまうであろう。むしろどのような局面で，マイノリティ性が

---

[19] この残留ポーランド人については，尾形（2008）や，ヤンタ＝ポウチンスキ（2013［1936］）に詳しい。また，在樺ドイツ人については Meissner（1958: 247-260頁）に記述が見られる。
[20] 松野（1940）。
[21] 田村（2008）。

写真 2-3 「残留露國婦人の牛乳搾取」

出所) 秋山 (1911)。

発露したのかなどの検証が要されよう[22]。いずれにしろ，局所的な場合は別にして，すでに述べたように，樺太移民社会全体としては，これらマイノリティへの特別な関心は払われていなかったと言えよう。ただし，1930年代後半あたりから，メディアの中に先住民族，とりわけ樺太アイヌ等の写真が掲載され，一種の樺太のシンボルとして表象されていく過程がある点は興味深い。けれども，農業拓殖上も，また後述する樺太文化論においても，やはりマイノリティへの特別な関心は払われていなかったと言える[23]。

---

[22] 樺太における朝鮮人の状況については，三木 (2003a)，中山 (2012b) などで論じられている。

[23] これは，マイノリティに関する言及が全くなかったと言うことを意味しない。マイノリティに関する様々な言及はあるものの，それは「周縁化」されているということである。したがって，マイノリティの目から樺太植民地社会を論じるのであれば，それらは非常に重要な論点でありうるし，そうした研究の必要性もつとに理解している。けれども本書は，樺太移民社会の研究であり，そこに無理にマイノリティ問題をさしはさみ，過大評価することは慎みたい。樺太における「民族論」なども興味深いが，本書の重点かつ特色は，そうした社会環境的差異ではなく自然環境的差異に着目して樺太移民社会を論じることにある。そうした議論を取り扱う準備ももちろんあるが，本書の論点をぼかさないためにも本書ではあえて割愛する。

2　北大植民学派による樺太農業の同時代的観察

1）北大植民学派と樺太

　竹野は,「たしかに戦後, 北海道大学農学部農業経済学科関係者による系譜研究が幾度も行われ, 学的伝統の重さを知らしめたのは注目すべきであるが, 植民学におけるこの系譜についてはほとんどふれられることがないままであった。」[24]として,「植民地開拓と「北海道の経験」―植民学における「北大学派」―」という論稿を『北大百二十五年史』に寄せている。

　本書が言う,「北大植民学派」とは, 竹野が副題でも記している「北大学派」のことであるが, 単に「北大学派」といっても, 各分野ごとにこうした名辞は可能であるから, そうした混乱をさけるため, 本書では「北大植民学派」と呼ぶこととする。ここでは竹野の論を要約する形で,「北大植民学派」とは具体的に誰のことで, どのような学的系譜と内容とをもっていたのかをまとめておく。なぜならば, 北大植民学派は樺太農政に非常に強い影響力を持っていたとともに, 樺太農業の同時代的な観察者でもあった。さらに, 近年の樺太農業・農政史を拓いた竹野の研究の起点は, 彼らの学説史の整理と, 樺太農業への評価の再検証にあるからである。樺太農業・農政史, ひいては樺太の拓殖や移民社会を語る上で, 北大植民学派の存在は避けては通れないのである。

　通説的理解では北大植民学派の系譜は, 佐藤昌介・新渡戸稲造―高岡熊雄―上原轍三郎―高倉新一郎という形で理解されている。竹野はこれに対して, 系譜の修正を試みている。中心的系譜として佐藤―高岡―上原―矢島武という流れを置き, 上原世代の傍系の一つに中島九郎―伊藤俊夫, もう一つの傍系に高倉を置く。ただし, もう一つの系譜として新渡戸―矢内原忠雄を置き, この矢内原からの高倉に対する強い影響を認めるのである。こうした北大植民学派の系譜図の修正を試みつつも, 竹野は次の点では従来の議論を踏襲している。すなわち, 京大・東大の植民学に比しての, 北大植民学の特異性である。それは簡潔に述べれば, 京大・東大の植民学が「統治」の性格が強かったのに対して, 北大の場合は,「植

24）竹野（2003: 163-164 頁）。

民術としての農業移民論を展開していくのが北大植民学の中心的研究内容であるといえる」[25]のであり「拓殖」の性格が強かったということである。

竹野が北大植民学者として挙げているのは，高岡熊雄，上原轍三郎，高倉新一郎，矢島武，中島九郎，伊藤俊夫の6名である。学派としての彼らの特徴や活動を竹野は次の3点に要約している。第一に，地域としては，高岡が全植民地を，上原，伊藤が南洋を，高倉，中島が樺太を担当してサポートするという構図になっていたこと，第二に，政策提言的傾向の強かった「植民術」の提示に際しては，北海道そのものが常に意識されていたこと，第三に，「小農的植民」をその中心的課題としたことである[26]。本章の関心に即すれば，第一の点から言えるのは，樺太に関与したのが，高岡，高倉，中島の三者であるということ，第二の点からは，彼ら自身が同様に「拓殖」を課題とした北海道を参照なり比較の対象としていたこと，第三の点からは，その「拓殖」の中心的要素である農業移民については，単純な農業労働力の移動ではなく，家族経営を基礎にした自作農の入植が目標とされていたことが理解できるのである。

北大植民学派と樺太の関わりについて述べると，1933年に高岡が樺太拓殖調査委員として樺太調査に赴いた際に中島も同行し，中島は翌1934年その調査結果を論文[27]で発表する。さらにその翌年の1935年には高岡がその調査に基づいた樺太庁への答申書などを基にして『樺太農業植民問題』(1935年) を刊行する。1941年には中島と高倉が農林省の委託を受けて適正規模調査の一環として樺太調査を行っている。この調査の内容については，主に高倉が各メディアなどで言及している[28]。また前述のとおり，高倉は戦中から書き進めていた『北海道拓殖史』を戦後直後に刊行し，この書の第7章を樺太の拓殖史のために割いている。高岡と中島の著作からは，1930年代中葉の彼らの樺太農業観が，高倉の著書からは北大植民学派としての樺太拓殖の総括としての樺太農業観を見て取れるであろう。

上述の高岡の著作の中には「統治」と「拓殖」に関する言及がある。

 されば今後に於ける本島の拓殖経綸は従来の如く漁業及び林業にのみ偏するこ

---

25) 竹野 (2003: 173 頁)。
26) 竹野 (2003: 181-182 頁)。
27) 中島 (1934)。
28) 竹野 (2003: 177 頁)。

となく進んで農畜産業にも重きを置きて大に之が發展に努力しなければならない。斯くてこそ樺太の開拓は健全にして永続性のある發展を見るに至るであらう。幸いにして本島には臺灣朝鮮等の植民地と異なり先住民族の居住するものが極めて少ない。爲めに近年植民界に於て往々に見る如き先住民族の民族的自覺の結果異民族間の競爭熾烈となり統治上に一大困難を醸しつゝあると異なり，本島は移住者に採りて平和なる眞の樂土であつて此の地に安住し墳墓の地をこゝに求め得るのである[29]。

このように，「統治」に関しては楽観的にとらえ，「拓殖」こそ樺太の植民地経営における根幹であるとする認識があったことが確認できるのである。この「統治」への楽観性とその現実性は，財政面にも現れており，樺太庁財政における治安・警察費の割合が，朝鮮・台湾に比してきわめて低いことからも傍証されるのである[30]。しかし，メディアにおいては巷間の係争などを題材に，しばしば朝鮮人移住者と暴力的なイメージが結び付けられていたことも事実であり[31]，こうした事実は当時の樺太社会が多民族社会の状況であったというよりも，多数エスニック社会の状況にあったことの証左と言えようし，日本帝国の植民地の多様性を示すものでもある。

この高岡の書は，「本論文は樺太の實情の紹介ではなくして，論ずる處は樺太の拓殖事業を進捗する爲めの施設である」[32]と本人の述べるごとく答申書を基にした政策提言が基調の内容であるので，寧ろここでは中島の論文を基にして，1930年代中葉の北大植民学派の樺太農業観を探りたい。

2) 中島九郎の同時代的観察

中島は統計上の数字から，樺太では耕地面積に対して作付面積が過少であることを指摘し，この理由を樺太の土地制度から説明している。簡潔にいえば，樺太で「農業」を営むには二つの方法があった。一つは，「無願開墾」である。これは，役所に届け出ずに，適当な土地を見つけて農業を始めるという方法である。そし

---

29) 高岡（1935: 175-176頁）。
30) 平井（1994: 123頁）。
31)「飯場の親方無体にも鮮人の目を潰す　鮮人鄭豊原署へ告訴」（『樺太日日新聞』1928年8月3日号）など。
32) 高岡（1935: 2頁）。

てもう一つは、役所に申請を出して土地の無償貸付を得るというものである。後者の場合、一定の年限内に役所の設定した基準を満たすと、土地の無償譲渡を受け、所有権を得ることができた。しかし、このために、無償譲渡を受けるまでは懸命に開墾をするが、所有権を得てしまえば農業に力を入れなくなるという現象が起きていたのである。これは常識的に考えれば少々理解しがたいことでもある。なぜならば、農業するのに充分な農地が必要であるならば、引き続きその土地を開墾・耕作し続けると考えられるからである。しかし、所有権を得てからは作付面積が耕地面積を大きく下回るのだとすれば、そもそも樺太庁側が設定した基準が過大であったという推理が可能になる。つまり、樺太庁が想定していたよりも小さい面積でも生計が成り立ち得たのであり、農家は土地取得のための基準をクリアするために一度は将来耕作するつもりの無い余分な土地まで開墾する必要があったのだと考えられるのである。それでは、単に樺太庁の設定が誤っていたと断じるべきであろうか。これは否である。樺太庁の設けた基準はあくまで「専農」のケースの基準であり、現実には農業を営むものは、他の産業からも収入を得ていたために、そちらに労力を傾け一度拓いた土地の一部を放置することになったのである。

　　加ふるに他面に於ては魚場稼ぎ又は山稼ぎによる副収入が從來多かつたので、自ら一層農耕を忽諸に附したといふ關係もあつたころは之を認めねばならぬ。其他洪水又は流送材のために、一部耕地の決壊潰を見るに至つたことも一因であらうが、併し經濟關係が主であることは否むことが出來ない[33]。

この中島の記述からは、漁業や林業からも収入を得る傍らで農業にも従事していた人々の姿が見えてくるのである。しかし、わざわざ一度は拓いた土地を放置してまで漁業や林業に敢えて従事する必要があるのだろうか。そこで、中島は統計から全島の作物別作付面積を示し、樺太農業の生産環境の特異性を指摘する。「斯様に飼料作物の栽培を以て耕地利用の首位に置くが如きは、我國に於て他處に之を見ることが出來ぬ。」[34] ここでいう「飼料作物」とは具体的にいえば、燕麦のことである。ではなぜ、燕麦がそんなに生産されることとなったのか。「之れ適作物たると共に、林業及農耕運輸の方面に馬匹の需要が漸増した爲めに外なら

---

33) 中島 (1934: 8頁)。
34) 中島 (1934: 9頁)。

ぬ」[35]からなのだと中島は論じる。「作物栽培上本島が府縣及北海道と全く異る點は，水稲作竝に果樹（グーズベリー，カランツ等を除く）の栽培が行われない一事である。之れ全く氣候の關係であつて，米は未だ南部及西部の一小部分に於て，而かも僅か許りの試作の域を脱せぬ現状にある」[36]樺太では経済的な稲作生産は不可能であり，一番の適作物である燕麦は食料にはならないが飼料にはなるので，自家消費用のほかに販売も可能であった。「翻つて樺太は上述べた如く，農家經濟は島外より米を入れて米食を攝る者が頗る多い」[37]というように，稲作が出来ないにも関わらず樺太では農家の主食は依然として米であり，それらの米は内地の市場を通じて樺太に流通され貨幣経済によって樺太農家の食卓に届く。つまり最終的に現金収入がなければ彼らは満足のいく食生活を送ることはできないのである。したがって，樺太の農家にとっての農地なり農業なりの経済的な魅力とは，多少の自給用の蔬菜を得る以外は現金収入を得るためのものにならざるをえず，主食（米）の供給は期待できない。この点の重大性を中島も把握していた。

　　故に収支の均衡を保つ爲には，生産物を相當額に而も有利に之を販出せねばならぬ。この點から考へれば，今後専業農家としてその経済を維持發展せしめんと欲したならば，農家は自ら進んで麥類を多く消費して米食量を減ずると共に，生産物消流の方面に關しては官民一致格段の努力を必要とするのである[38]。

つまり，農家が米食習慣を転換し，農産物販売の流通体制が確立すれば，米の購入費は不要になるし他に必要な現金も農地からの収入で賄えるので，農家の専業が可能となるという考えである。後で何度も論じるようにこうした考えは樺太農政において広く見られる考えであり，前者は樺太米食撤廃論となり，後者は甜菜栽培や農閑期の有効な副業の奨励となる。中島もこの論文の中でこれらを論じている。中島が，樺太農家の現状としては，その経営に林業や漁業での賃金収入が欠かせぬものになってしまっているという認識を持っていたことは明らかであろう。そしてそのために樺太農業が充分に成長しないのだという認識が見られる。

　　從來樺太では水揚げの多い漁場の附近や，製材工場又は伐木個所の近傍では，

---

35) 中島 (1934: 9頁)。
36) 中島 (1934: 10頁)。
37) 中島 (1934: 34頁)。
38) 中島 (1934: 34頁)。

農業が進歩するを得なかった。之れ漁林業と農業と双方に努力を分かつからである。現に私はこの夏西海岸に於て，漁場出稼の為めに農家が播種期を逸して生育状態の哀れな燕麥畑を見せられた。漁業林業，就中林業の中心の地理的移動の急激なることは，それに依存せる町村の浮沈を来さしめるものである[39]。

　樺太農家の経営の中に，林業漁業での賃労働が組み込まれている故に，その開発拠点の移動に農家が引きずられる，という認識があったことがわかる。

　　漁業林業の時代を経て農業時代の到達は，農業それ自身に取つては愉快なことに相違ないが，併し農家個々人の經濟に就て見るときは，漁林業の衰微は自ら副收入の途から農家を遠ざける結果となるので，農家の全所得の上より眺めるならば，必ずしも歡迎すべきことではないかも知れぬ。今日まで島内で農を専業として成功した者の多くは，極く肥沃な土地を得た者か，但しは都會附近で蔬菜や花卉の栽培に従事した者で，（中略）その数は餘り多くはない。一般農家に至てはその自然並に經濟環境が不順なる爲め，漁業若しくは林業よりの副收入を少なからず頼みとして從來は生計を維持することが出來た[40]。

　樺太で農家が広汎に専業化しうるとは中島は考えてはおらず，むしろ樺太で広汎に農業が営まれているのは，林業漁業の賃労働と結びついているからだということになる。そこで，中島は農業者が林業や漁業労働に従事している状態を批判的に述べつつも，「茲に附言すべきは，農業そのものゝ見地から論ずる時には，漁業者に對し地勢の許す限り成るべく多くの農耕地を割與へて，作物からの副收入を擧げさせ，以て漁家の生計を助け度いことである。」[41]というような漁業者が農業に従事するという方式を一つのオルタナティブとして提案する。また中島は現状としてそうした状況が生まれていることも，「西海岸地方では，多くは無願開墾ではあらうが，漁業者が能く背面の土地を耕作するのが見受けられる。」[42]と把握しているのである。

　中島が統計や現地調査から得た樺太農業の姿を，やや単純化してまとめると次のようになるだろう。一つ目は，都市近郊や地味良好な恵まれた環境の専業農家の農業，二つ目は，森林・水産資源開発がもたらす労働市場に強く依存し，その

---

39) 中島（1934: 50 頁）。
40) 中島（1934: 51 頁）。
41) 中島（1934: 52 頁）。
42) 中島（1934: 52 頁）。

拠点の移動に引きずられてしまうような農家の農業，三つ目は，漁業者が副業として行う農業，である。後二者は，多業種，賃労働市場，現金収入というものが前提になっている。

3）高倉新一郎の同時代的観察と歴史的叙述

次に北大植民学派の樺太農業観の総括としての高倉の評価を以下に挙げる。高倉自身は前述のように1941年に樺太で現地調査を行っている。

> 樺太の農業は，領有当初から始まつたが，最初から眞面目な農業者は尠なかつた。漁業或は商業の片手間に農業を營むか，農業で自家食料を得て雜業に從ふものが多かつた。中頃林業が盛んとなるや，燕麥を作付して，是を運材業者に販賣し，又は之をもつて自ら運搬に從事したのが農業者の常態で，農業収入のみで生活する專農は極めて尠なかつた。專農の中には牧畜・養狐・馬鈴薯耕作等を企業的に行ふものも尠なくなく，所謂折靹農業者・羽織農民と言はれ，是亦健全な農業とは言はれなかつた。農家の耕作面積の過少がそれを物語つている。農を專業とする農家と農村が出現したのは昭和三年以後の事に過ぎない。
>
> 昭和三年以降の樺太移民政策の轉換は，（中略）島外の移住者は漸く減少し，豫定數の大部分は島内移住者に依て充たされなければならなくなり，それすら豫定の半數に充たなくなつた。
>
> 樺太の拓殖政策は轉換期に際會し，その進行は，島外移民に仰いでゐた從來の方策をかへて，北海道と同じく，島民中の二三男で農業に從事せんとするもの，島内の小作農家で自作農たらんとするものに期待し，新移民地の建設よりは既設農村の充實を圖らざるを得ない状態となつた。昭和十年一萬千六百戸五萬八千人と數へられた農業戸口，十二年三萬五千町歩，作付面積二萬九千町歩と數へられた耕地は之を峠として減少し始めた。樺太開發株式會社の設立は，是に應じて減少するであらう農業生産確保のためだと言つてもいゝ。
>
> かくして樺太の農業は未だ確立するに至らず，從つて拓殖も是を基礎とするに至つていなかつた。人口の多くは天然物の掠奪的採取に依存し，その盛衰に浮沈してゐる有樣であつた。人口の總数は絶えず増加をしてゐたが其内容は絶えず變化してゐた。短い歴史の内に一村の中心地が漁業の中心地から林業の中心地へ，そして炭鑛の附近から農林の中心地へと三轉四轉してゐるところが尠くなく，そ

の度毎に住民を變へてゐた[43]。

「片手間」「健全な農業とは言はれなかつた」「専農は極めて尠なかつた」「人口の多くは天然物の掠奪的採取に依存」，これらの言辞から，自分たちが理想とするような自作農がなかなか普及しなかったことへの高倉の苛立ちに近いものを読み取れるであろう。しかし，この点は非常に重要である。高倉は，その深度がどうかは不明確であるにしろ，自分たちが合理的とする農業形態とは別の形で農業に携わる人々の姿をその視野に入れているのである。いうまでもなく中島の論文に見られた樺太農業の姿とも大きく重なる。

こうして改めて北大植民学派の樺太農業に関する記述を振り返ってみると，次のことが確認できる。すなわち，第一に，北大植民学派は定住性の高い「専農」の創出を目標かつ合理的な農業形態としていたこと，第二に，それにも関わらず多くの農家は森林・水産資源開発での賃労働に大きく依存していたこと，第三に，農地へのアクセスには色々なバリエーションがあったことを，北大植民学派が「農業問題」として把握していたことである。

3　近年の樺太農業史研究の到達点

1) 1930年代の樺太農業

近年もっとも樺太農業史・農政史研究に貢献しているのは前述の竹野と言えよう。以下では，その竹野の研究を中心に近年の樺太農業史・農政史研究の観点と到達点を示した上で，本章の課題を提示する[44]。

竹野はそれまでの樺太農業史研究の先行研究として，北大植民学派の系譜にある高倉と，それに対して批判的であった堅田精司の研究を挙げている。この堅田の研究に対して，竹野は「植民学的立場を排した結果，樺太庁の政策が与えた影響を無視しているという難点がある。」と批判を加えている。そこで，竹野は自

---

43) 高倉（1947: 293-294頁）。
44) 竹野同様に近年樺太史研究を牽引しているのは三木である。竹野の研究の関心の中心が，渡島後の農業移民の実態と農政の関係にあるとするならば，三木の関心はむしろ「移民」の過程にある。三木の樺太移民に関する代表的な研究としては，三木（1999）（2003b）（2008a）（2008b）が挙げられる。

身の樺太農業史研究の観点を次のように述べる。

　　植民学的立場およびそれを排する立場の双方の先行研究に欠けている，樺太庁の農業政策と樺太農業とを関連させて考察することが必要になってくるだろう。特に樺太農家の対応を明確にあらわすものとして，樺太農家の経営・樺太農業の生産動向を取りあげることにしたい。それらを知る手がかりとして，先行研究では取り上げられることのなかった樺太農家の農家経済調査や樺太庁の農業政策をめぐる論争に注目していくことにする[45]。

そこで竹野は樺太庁がおこなった調査の報告書である『農家経済調査』から，1930 年代前半の樺太農家の実態を分析する。この調査は，集団移民制度で入殖した団体（新移民）の経営を，他の旧移民と比較するための調査である[46]。対象は 1928 年 6 月に入殖した豊榮集団殖民地の「中庸ナル新移民」8 戸と，同様に「中庸ナル舊移民」3 戸である。しかしこの旧移民が近隣の集落の農家なのか，それとも他の地域なのかはまったく不明である。新移民については入殖の 1928 年から 1931 年までの 4 年間，旧移民については 1930・31 年の 2 年間の経営状況を調査している。値はいずれも調査対象農家の平均値となっている。竹野はこの経済調査の分析を基に 1931 年段階での樺太農家の状態を次のように述べる。

　　新旧移民の経済調査の検討からいえるのは，1931 年の農産収入の落ち込みも畜産収入の伸びがあればもちこたえることができたということである。新移民でも，この年には畜産収入は伸びていたのである。しかし経営面積の狭い新移民にとっては，すぐに牛を導入することは困難であった。生計費の切りつめという対応もありえたが，新移民の生計費はぎりぎりの水準であるため，この方法もとりえなかったのである。これに生計費分を含む補助金の打ち切り，開墾補助の切り下げという事情も重なって，樺太庁への不満を新移民に抱かせる結果となった。一方，旧移民も畜産収入でのカバーが可能なのは家畜を有していた僅かな戸数にとどまり，多数の旧移民は困難な状況に陥っていただろうと思われる。そのことは，彼らへの対策を軽視し，新移民を受け入れ続ける樺太庁への不満を抱かせることになった。このように 1931 年には樺太庁に対する樺太農家の広範な不満が形成されていたのである[47]。

---

45) 竹野（2001: 84 頁）。
46) 樺太庁殖民課（1933）。
47) 竹野（2001: 90 頁）。

1934年には拓殖計画の実施に伴い『樺太農法経営大体標準』（樺太庁殖産部1934年）が策定される。この「標準」では，自給自足有畜小農自作主義が貫かれており，家畜の飼料，食料は完全なる自給が建前となり，白米食は完全に否定されることになる。またカロリー計算を行うことで，食料の自給の実現性を示している点で徹底した計画案となっている。農畜産収入から農業経営日を控除した農業所得は約1,300–1,600円である[48]。「農家ノ生活費ニ之ヲ充當シ得ルモノニシテ相當程度ノ文化生活ヲ營ミ得ルモノト謂フヲ得ベシ」[49]としており，この現金収入により，租税，教育費，医療費および生活必需品への支払いが期待されている。しかし消費生活についての記述はなされておらず，この農業所得がそれらの生計費に対して充分であるのか否かは論じられていないし，また冬季や春季の賃労働についても触れられてはおらず，具体的な言及は農業経営の面にのみ集中している。しかし農閑期の賃労働についてまで否定されていると考えることは不適切であると考えられる。農業所得だけで「相當程度ノ文化生活」を営めるのであれば，農閑期の賃労働収入は，資本蓄積やあるいは白米購入費へと転化させることができるからである。まず農業によってのみ生計を立てる方法がこの「樺太農法経営大体標準」であり，賃労働収入などによりそれ以上の収入があるならばそれは歓迎されたと考えるべきである。

　しかし，この経営段階にいたるためにはそれ相応の資本蓄積が必要である。その資本の形成過程については，詳述はされていない。土地については，個々の「勤勞努力ノ如何」にもよるとしながら，「一ヶ年一町歩乃至二町歩宛開墾シ行クモノトセバ大体ニ於テ七年乃至十年ニシテ本案ノ如キ経營ニ到達シ得ベシト信ズ」として筆を置いている。しかしながら土地の開墾はともかく如何にして資本を蓄積するのかという方途に関しては一切触れられておらず，自己資本の形成で苦慮して現在のような状況を樺太農業が呈しているという実態は一顧だにされていないのである。

　これについて，竹野は「したがって「標準経営」とは，入植直後から経営確立まで一貫して燕麦を中心とした麦食をおこなうことを前提として成り立つもので

48）1934年度の『樺太森林統計』（126頁）によると，樺太における林業労働者である杣夫の平均賃金は2.74円/日であるから，この金額は週休1日として単純に計算した場合の杣夫2人分の年収にあたる。また1934年度の『樺太庁統計書』（139頁）によると，豊原における白米（越中三等）の価格は，25–34銭/升であるから，この金額はおよそ5,000升＝500斗＝125俵にあたる。
49）樺太庁殖産部（1934: 32頁）。

あった。しかしそれは、米食を望む農業移民にとっては生活水準の低下を意味するものであった。」[50] と論及している。この拓殖計画によって「既設農村の充実」が図られていくことになるのであるが、竹野は『樺太農家ノ経済調査』（樺太庁1939年）から、この政策の成果を分析している。この調査は樺太拓殖計画および「樺太農法経営大体標準」作成4年後の1938年の農家経済状況を、経営面積に三つの階級を設けて各3戸ずつの調査結果を平均化したものである。ただし地域などは不明である。この時期の樺太農業の実態について、竹野は次のように結論づけている。

> この時期の樺太農家の経営内容は、「無牛・出稼」・「有牛・出稼」・「有牛・出稼なし」の3つに分けることができるだろう。高倉が指摘した、出稼ぎを必要としない「専農」がこのような経営として存在したことが確認できるのである[51]。
> したがって馬鈴薯ブーム以後、樺太農家の経営拡大には、入植・開墾→「無牛・出稼」→牛導入→「有牛・出稼」→牛導入停止→「有牛・出稼ぎなし」というパターンができつつあったと考えられる。しかし日中戦争の勃発によってこのパターンは断ち切られることになる。すなわち1937年からは、一方で入植・開墾→「無牛・出稼」段階にとどまっていた下層農家の離農と、その一方で牛導入→「有牛・出稼」→牛導入停止→「有牛・出稼なし」というパターンをたどっていく中・上層農家という二極分化を示していくのである[52]。

ただし、牛導入については、「食糧自給が伴わないかたちでの牛導入であって、「北方農業」が目指していた自給自足とは異なるものであった。むしろ現金収入獲得の手段が、畑作物から畜産物へと代わっただけであった。」[53] としている。

北大植民学派や樺太農政にとって、「不健全」な農家形態が1930年代に現れたことについて、竹野は以下のような回答を与えている。

> 樺太農家がとった方法は北海道でもみられた開拓地特有のあり方であった。樺太庁は北海道の経験をふまえていながらも、人口問題への貢献という大義名分にこだわった結果、生活水準の低下を敬遠する農家に対して有効な手段を示すことができなかった。そのため樺太農家は樺太庁に対して不信感を抱き、商業的農業

---

50) 竹野（2001: 94頁）。
51) 竹野（2001: 96頁）。
52) 竹野（2001: 98頁）。
53) 竹野（2001: 98頁）。

に傾斜していくこととなった。この両者の対抗の結果，燕麦主食という食糧自給の面では達成が疑わしいものの，現金収入獲得のために牛導入がすすむという，「北方農業」から見ると折衷的であり，政治担当者からすると「不健全」さが抜けきらない農業が1930年代の樺太において展開することとなったのである[54]。

　開拓資金と主食物である白米購入費とを得るための現金収入獲得が樺太農家の重要課題となり，それが「不健全」さを導いていたことが理解できよう。換金性のある畑作物については，上述のように1930年代前半については，馬鈴薯を，1930年代後半については甜菜を竹野は挙げている[55]。甜菜が重要な換金作物になったのは，樺太庁の後押しで製糖会社「樺太製糖」が設立されたという背景がある。竹野はここに樺太農政の転換を認めている。すなわち，「甜菜導入は，樺太庁が従来の姿勢から転じて，商業的農業を容認し，その安定的な販売先を庁が用意して，自己資本を農家に捻出させる政策へと軌道修正した，それまでの対立を折衷した政策であった」[56]というのである。しかし，この樺太製糖も1940年までに経営不振に陥ってしまう。

2) 1930年代末以降の樺太農業

　1940年代直前の樺太農業の実態についても竹野は，『殖民政策に就いて』（樺太庁殖民課1941年）という政策文書の中の調査報告書から分析を試みている。この調査は「開拓農村」を対象としたもので，いうなれば集団移民制度による集団入殖地の成績を調査したものである。具体的にいえば，集団入殖地の指定を受ける前からその土地に自由移民として入殖していた農家と，その後に入殖した集団移民とを比較した調査である。ここでは，前者と後者が峻別されていると言う特徴があり[57]，「この調査を利用することで，1940年代の樺太農業移民政策の転換の背景を，その直前の時期における農業移民の状況から検討することが可能となるのである」[58]。竹野は，作付面積，経営規模，牛の飼養状況，農家収入，といった項目を分析し，多くの農業移民が「経営拡大パターン」の初期段階にとどまって

---

54) 竹野（2001：100頁）。
55) 竹野（2005a）。
56) 竹野（2005a：9-10頁）。
57) 樺太庁殖民課（1941）。
58) 竹野（2009：18頁）。

おり，これは農家の重要な換金作物である甜菜を買い上げるはずの樺太製糖が経営不振に陥ったために，経営の拡大が妨げられたためだと論じる。また，逆に製糖工場よりも距離的に遠く始めから換金作物として甜菜ではなくケシに期待していた恵須取では，特殊な形の経営が営まれていることも指摘している。

　こうした状況を背景にして，1940 年代の樺太農政の転換が起きることになるのである。1943 年の内地編入に関係した動きとして，「1933 年に拓務省に設置された樺太拓殖調査委員会路線から軌道修正を図る」ために樺太開発調査会が設置される。農業移民による拓殖への期待はすでに薄れ，「農業移民政策の比重が低下した代わりに，樺太農業開発の新たな担当者」[59]として，国策会社である「樺太開発株式会社」が 1941 年に設立されることとなる。樺太開発株式会社法案委員会での審議における関係者の発言から，竹野は「米作の不可能な樺太で米食を欲するという移住農家の行動が農業移民政策を瓦解させた原因であり，そのため今後は移民を必要としない機械化農業を樺発（引用者註：樺太開発株式会社）の農業事業の中心内容とすることが表明されて」[60]おり，それは「それまでの小農的植民路線から大農経営路線へと農業移民政策が転換されたことを意味するものであった」[61]と論じる。一方で，1944 年になると，戦時経済下での商工業者の転業先として農業が位置づけられることとなり，「一度放擲された小農的植民路線が戦争遂行目的から再要請され」[62]ることとなった。

　以上が，現代における樺太農業・農政史研究の到達点といえよう。以下では，再度これらの流れを簡潔に整理し直し，本論における樺太農業・農政史研究への批判点や新たな着眼点を示すこととする。

　樺太の拓殖において重点が置かれたのは，農業移民であった。特に 1920 年代以降，樺太は帝国全体の人口・食料問題の解決地としての役割を再度強く自認するようになる。この背景には，独立採算制を建前とした樺太庁財政の問題も潜んでいる。つまり，樺太庁は当初は漁業料収入によって，次には森林収入によって財政を賄っていたのであるが，それぞれの資源の枯渇を受けて，そのほかの財源の確保が必要となったのもこの時期であり，財源としての租税収入の拡大，すな

---

59) 竹野 (2009: 22 頁)。
60) 竹野 (2009: 23 頁)。
61) 竹野 (2009: 24 頁)。
62) 竹野 (2009: 25 頁)。

わち農業の振興が課題とされたのである。このため農業移民政策は，農業移民を受け入れることの出来る自給的な小農植民主義を旨とすることとなる。この点は，農業入植地としての立場を自認する1920年代中葉以降に鮮明化する。食料，飼料，肥料を自給した営農を行いその余剰生産物を現金化して，租税も含めた現金支出を捻出するような営農モデルが設定された。しかし，多くの農業移民は不振な状況にあった。その理由の一つは過少な資本しか持たない農業移民が，金融の未整備のために自己資本の創出に依らざるを得ず，現金収入を必要としたことである。もう一つの理由は，稲作不可能地域であるため，樺太農家は主食としての米を購入するためにやはり現金収入を必要としたことに求められる。このため，農家は出稼ぎなどの現金収入に依存するか，あるいは換金性の高い作物に傾斜する商業的農業を展開することとなったのである。その顕著な現われが，1930年代前半の馬鈴薯ブームであった。1935年の樺太拓殖計画において，この点はやはり解決すべき点として配慮され，樺太農政は製糖原料となる甜菜の導入をはかることになる。これはそれまでの移民招来主義から，「既設農村の充実」への路線変更でもあった。樺太農政が構想したのは，「標準」に示されたような，有畜農業によって堆肥を利用して甜菜栽培を行い，国策会社である樺太製糖がそれらの甜菜を買い上げて加工し，その残余物をまた飼料として活用し，畜産物からも販売収入を得るという循環的でありつつ現金収入を生じさせる農業形態であった。しかし，農家側は販売作物としての甜菜栽培に傾斜するか，畜産物販売に傾斜するかという形の経営をおこなうこととなり，なかなか樺太庁の構想どおりにはいかなかった。また，一方で工場の立地のために甜菜栽培において不利な北部は，同時に畜産業でも必ずしも有利な土地ではなく，樺太農政は代替作物としてのケシ栽培を促進する。しかし，甜菜の導入も樺太製糖の経営不振を受け，充分な成績を上げることができず，農家の規模拡大はなかなか実現しなかった。

　1940年代に入ると，1943年に実現される内地編入を視野に入れての拓殖の軌道修正が図られることとなる。すなわち，もはや小農的植民には期待せず，国策会社・樺太開発株式会社によって機械化大農経営を担わせようという方針が現れるのである。人口・食料問題の解決地としての役割は放棄され，ただ農業生産の向上のみが目標化される。ただし，戦時経済の進展は商工業者の転廃業を招き，結果，転業先として農業が位置づけられ，再度小農的植民が進められることになり，二つの農業路線が並存することとなった。

4 検証されるべき樺太農業拓殖の諸側面

　このように，1943年の内地編入前後とそれ以降には，それまでとは質的に大きく異なる農政の転換が起きたことがわかる。以下では，内地編入以前の時期に関する，樺太農業・農政研究への批判点と新たな着眼点を示し，本書の意義を明確にする。批判点および着眼点の第一は，樺太農業全体における商業的農業の位置づけ，第二点は，樺太篤農家顕彰事業への評価，第三点は，主食・食料問題としての農業の位置づけ，第四点は，植民地イデオロギーとしての小農的植民主義の位置づけである。

　第一点は，竹野の樺太農業・農政史研究の性格に関連している。竹野は樺太庁が行った各種調査の資料を基にして，各時代の農業の実態と政策との関連を分析している。この手法は概ね，成功していると言えよう。しかし，次のような未達成点を挙げることができる。一つは，それらがサンプル調査であり，「農村」という枠組みからの分析が一切試みられていないことである。この点は，『殖民政策に就いて』の各入殖地ごとのデータ分析においてはあてはまらないように見えようが，実際にはより複雑な問題を提示することとなる。竹野は「1937年からは，一方で入植・開墾→「無牛・出稼」段階にとどまっていた下層農家の離農と，その一方で牛導入→「有牛・出稼」→牛導入停止→「有牛・出稼なし」というパターンをたどっていく中・上層農家という二極分化を示していくのである[63]」と，農家全体における階層性を指摘しているにも関わらず，この時期と密接に関連する『殖民政策に就いて』からの分析では，この点に鑑みてはいないのである。説明が遅れたが，『殖民政策に就いて』では入殖時期の区別により各入殖地内で二つのカテゴリーが存在しているものの，掲載されているデータはそのカテゴリー内の「平均値」なのである。つまり，もし階層分化が予想されるとすれば，離農間際の経営規模の小さな農家と平均値よりも大きな経営規模をもつ上層農家というものの存在を想定しなければならない。竹野の研究は農業の実態へのアプローチと言えても，農村の実態へのアプローチとは言えないのである。さらに言えば，竹野の用いている樺太農政の調査類は前述の如くサンプル調査である。しかし，

---

63) 竹野 (2001：98頁)。

そのサンプルの抽出過程は決して無作為抽出などではない。ある目的に沿って選ばれた農家層に属する農家が調査対象となっているのである。そうだとすれば，竹野のいうところの，樺太農業の実態とは，農家集団内の一部の階層についての実態に過ぎないことになる。言うなれば，その階層とは「専農」への方向性を強く持った階層なのである。もちろん，樺太農政との関連を考える上では，そうした上層の農家のみのデータでも分析は可能なのだと言い得るのかもしれない。しかし，ここで，北大植民学派の視野に入っていた樺太農業像を思い出す必要がある。北大植民学派の視野には，そうした上層農家だけではなく，「商業的農業」にも至らないような農家の姿が入っていたのである。「片手間に農業を営む」とは，一体どのような形態の農業であり，どのような経緯でそのような農業が成り立ちえたのか。「人口の多くは天然物の掠奪的採取に依存し，その盛衰に浮沈してゐる有様であつた」[64]というならば，農村はどのような経緯で生まれ，また衰えていったのか。確かに高倉は1928年以降に「専農」が誕生していると述べているが，だからといって，樺太におけるこうした状況が一変したわけではない。竹野の研究からは，否，樺太農政の残した資料からは，こうした農業の在り方の具体像が見えてこないのである。しかし，北大植民学派や樺太農政はそうした農業の姿を視野に入れながら，政策を進めていたはずなのであり，樺太米食撤廃論も同様であったはずである。

　したがって本書では，樺太農業史に残された課題として，次の二つの課題にとりくむ。一つは，樺太農村の具体像であり，もう一つは，専農への強い志向を持たない農業の在り方を明らかにすることである。後者については若干の説明が必要であろう。竹野が，そして樺太農政が主な対象としていた農業とは，簡潔に言えば専農化を目指す農家の農業であった。しかし，もし専農化に強い志向を持たず，とりあえずの資本として農地を利用するような農業が存在していたとしたらどうであろうか。より具体的に言えば，樺太の資源開発のための労働力の再生産システムに組み込まれた農業というものがあったとしたら，どうであろうか。

　　ある地域が新たに「世界経済」に組み込まれる場合，その地域の労働者が受けとる実質的な報酬は，この世界システムにおける実質賃金の階梯のなかで最低の水準を記録することになるというのが，実際，これまでの歴史の通則であった。

64）高倉（1947: 293頁）。

そうした地域では，労働者の世帯が完全にプロレタリア化されることはまずなかったし，第一，そんなことは歓迎されもしなかったのである。それどころか，植民地諸国の政策—公式に植民地化されないで，世界システムに組み込まれ，再編された半植民地国家の政策もそうだ—は，ほかならぬ半プロレタリア世帯の出現を促進することをめざしていたように思われる。なぜなら，半プロレタリア世帯こそは，賃金水準の最低限を押し下げること可能にするものだからである[65]。

このI・ウォーラーステインの言葉を思い出すとき，もう一つの樺太農業の実態というものへの興味を抱かずにはいられないのである。もし国家の側—つまりは樺太農政—が，苦々しく見ていたもう一つの樺太農業の実態というものが，資本の側の要請によって生じたものだとすれば，ここに国家の論理と資本の論理の対立を見ることになるのである。竹野の樺太農業史研究では，資本の存在がほとんど看過されているのである。本書が樺太農業問題を取り上げるのは，植民地エリートの見ていた「拓殖」＝「農業」の姿を，出来るだけ正確に理解しておく必要があるためである。なぜならば，植民地エリートは，樺太の農業や拓殖への同時代的観察に基づき，拓殖イデオロギーを生み出し，それを植民地住民へ呼びかけたからである。そこで，これまで研究の対象となってこなかった，資源開発のための労働力の再生産システムに取り込まれた農業というものの姿を明らかにするとともに，再度，竹野の樺太農業史研究を検討する。あらかじめ述べておくと，竹野の関心は農業生産物に偏し，「出稼ぎ」や「副業」の部分への関心が薄いのである。第3章では，竹野が用いてこなかった，そして樺太農政も把握していなかった新たな資料を用いて，樺太農業史の再検討を行う。この作業によって，これまで明らかにされてこなかった樺太農業拓殖の実態の一半が明らかとなる。

　第二点は，樺太篤農家顕彰事業の評価である。樺太篤農家顕彰事業は1920年代の末に起きたものであるが，これに対する言及は乏しい。三木は，樺太の農業移民について論じる際に，樺太篤農家顕彰事業に関する資料を扱っているものの，そこでは「篤農家」というカテゴリーには特に注意を払っていない[66]。また三木は，ほかの著作では言及自体はあるものの，「一九二八（昭和三）年は，昭和天皇即位の御大典にともない各地で記念行事を実施した。樺太では，領有から二〇余年を経過して移住者の世代交代期にもあたり，その第一世代の顕彰と同時に，そ

65）ウォーラーステイン（1997: 45-46頁）。
66）三木（2003b）。

の苦心談を記録して第二世代以降の開拓事業に活かそうとする取り組みを行った。」[67] という程度に過ぎない。竹野は，この樺太篤農家事業について，「現金収入を米食につながるものと認識していた樺太庁は，島内の優良農家を篤農家として表彰し，彼らに農民向けの講演などをさせ，「北方農業」の完成の手本にさせようとした。しかし篤農家自身の経営発展の契機は現金収入を獲得する機会をえたことであったため，彼らの経営の軌跡は現金収入を目的としない経営の手本とはなりえなかった。そのため彼らの講演は，貧困に耐えることを説く精神主義的なものとならざるをえなかった。」[68] という評価を与えている。確かに農政における樺太篤農家事業の位置づけに関して，三木以上の言及を行ってはいるが，簡潔に過ぎると思われるのである。特に1920年代農政との関連や，それが天皇儀礼と関連を持ったという点にまで言及はなされていない。この点については，第4章で詳しく論じる。

　第三点は，主食・食料問題としての農業の位置づけに関してである。従来の樺太農業史において，農家の食料問題は俎上にのぼったが，食料問題としての農業という視点は見られなかった。本書にとって重要なことは，当初は食料・米食問題は農業移民にのみ関わった案件であったものの，やがては，全島民に関わる問題として提起されて行くことになったということである。この点は，従来の樺太史研究において看過されていたし，1939年以降の米食撤廃論を理解する上でも重要である。従来の樺太史研究における米食問題への関心は農家の食料問題に偏しすぎていたといえる。代替物としての燕麦に関する言は確かにあるが，その取り組みや，他の食料，特に「島産品」との関連はほとんど言及されていないし，狭義の意味での農政の外での米食問題というものは俯瞰されていない。また，1939年以降の米食撤廃論は，それに先立つ1930年代中葉の樺太文化論と結びついており，当時のこれらの議論をぬきには理解できないのである。

　最後の第四点は，拓殖イデオロギーとしての小農的植民主義の位置づけである。小農的植民主義は確かに樺太において支配的なイデオロギーであった。しかし，これまでの研究では，樺太農政スタッフの多くが北大植民学派の本拠地であった北海道帝国大学農学部出身者であるという理由から，そのまま彼らも小農的植民主義を共有していたとみなしてしまっていた。つまり，現場に臨んだ植民地エリー

---

67) 三木（2006: 66頁）。
68) 竹野（2001: 87頁）。

トの観点から，具体的な現場レベルにおける小農的植民主義ひいては植民地イデオロギー全般の顕われを充分に検証してこなかったのである。本書では，植民地エリート自身の植民地イデオロギーの在り様を分析することによって，その中に潜む特殊樺太的ナショナル・アイデンティティを抽出する。「学」の位相ではなく，「現場」の位相でイデオロギーを理解することにより，はじめて植民地エリートの植民地住民への呼びかけというものが理解できるのである。この点は，第3章以降で詳しく論じることとなる。

第*3*章

樺太の農業拓殖と村落形成の実像

富内岸澤の農家（1934年）
（全国樺太連盟北海道支部連合会所蔵・藤田隆夫氏寄贈）

1 樺太農業と森林資源開発

1）樺太の農業移民と村落

　前章で述べた如く，近年の樺太農業史には二つの未到達点があった。一つは，「農業」の実態への研究が進む一方で，「農村」の研究がほとんどなされてこなかったという点である。そして，もう一つはいわゆる「商業的農業」が農業の実態として検出された一方で，北大植民学派が視野に入れていたはずの資源開発に伴う市場に結びついた農業の実態が検出されていないという点である。特に第二点が重要である。なぜならば，樺太農業拓殖とひとくちに言うときに，北大植民学派や植民地エリートといった同時代的観察者たちが指していたものの一半しかまだ把握できていないことになるからである。

　それにも関わらず，1934年に北海道帝国大学を卒業し，1938年まで樺太の大豊集団殖民地で移民指導員を務めた須田政美の回想記[1]の記述と竹野の示す樺太農業像とは親和性を持ち，これが樺太農業拓殖のすべてであるかのように思えてしまう。それは，生活水準維持のため出稼ぎや商品作物へ傾斜し，あるいは畜産（牛）に依存するも経営に呻吟する農業移民の姿である。この背景は言うまでもなく，この両者が見ているのが主に内地から集団的に移住し，農政による保護と指導下に置かれた農業移民だったからである。それではこうした農業移民は，樺太における農家のどれくらいの比重を占めていたのだろうか。

　樺太庁によれば，集団移民制度の始まった1928年度から1934年度までにこの制度によって入殖した農業移民の人数は12,212人である[2]のに対して，『樺太庁統計書』の数値によれば，その間の新規総入殖者数は，36,500人であり，集団移民制度による入植者は全体に占める割合の3分の1程度であることが分かる。さらに，1932年からは集団移民制度において内地移住者の定員に欠員が生じた場合には，島内出身者の集団移民制度による入殖を認めることになった。図3-1からわかるように，このように制度を改変した時点ですでに移民制度による新規入殖世帯の大半が島内出身世帯で占められるという事態が生じていたと判断

1）　須田（2008［1957］）。
2）　樺太庁（1936: 589頁）。

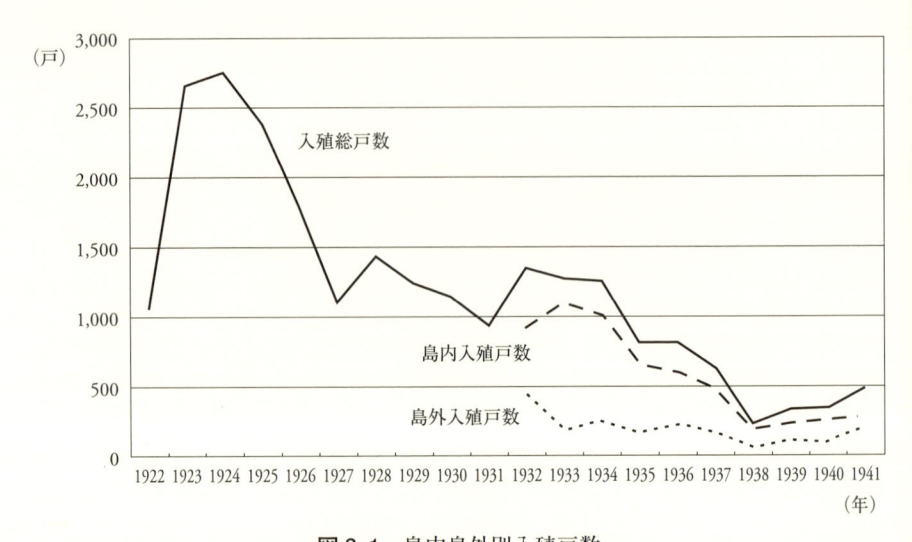

図 3-1　島内島外別入殖戸数
出所）樺太庁編『樺太庁治一斑』各年度版，樺太庁編『樺太庁統計書』各年度版より筆者作成。

できる。つまり，何らかの形で渡島していた人々が，再入殖も含めて新た入殖を行うという現象が起きていたのである。まず，この点を数量的に検証しておきたい。なお，本章では樺太の農地で農業を営むことおよびその主体を「入殖」，「入殖者」と呼ぶこととする。

　島内入殖者と島外入殖者の世帯内人数を比較すると，島外入殖者の方が概ねその規模が大きい（図 3-2 参照）。これは島外入殖者の場合，一家を挙げて移住して入殖するために直系拡大家族や，傍系親族さえ伴って入殖することがあるのに対して，島内入殖者の場合はより小さな規模で，たとえば核家族などで入殖することが比較的多かったためと推測できる。

　新規入殖と離農の数を比較すると，農家戸数全体が強い増加傾向にある 1925 年あたりまでにおいても，新規入殖戸数が離農戸数を超過することで全体数が増加しているのであり，その後も比較的大幅な増加が生じるときは，新規入殖，離農双方の数が増大していることが確認できる（図 3-3 参照）。そして 1936 年以降は離農戸数の超過が常態化し総農家戸数は減少に傾くのである。また新規入殖と離農の頻度はかなり高く，驚くべきことに 1923 年に至ってはその年の総農家戸数の約半数に至る数の農家が新規入殖ないし離農をしている。1931 年以降でも

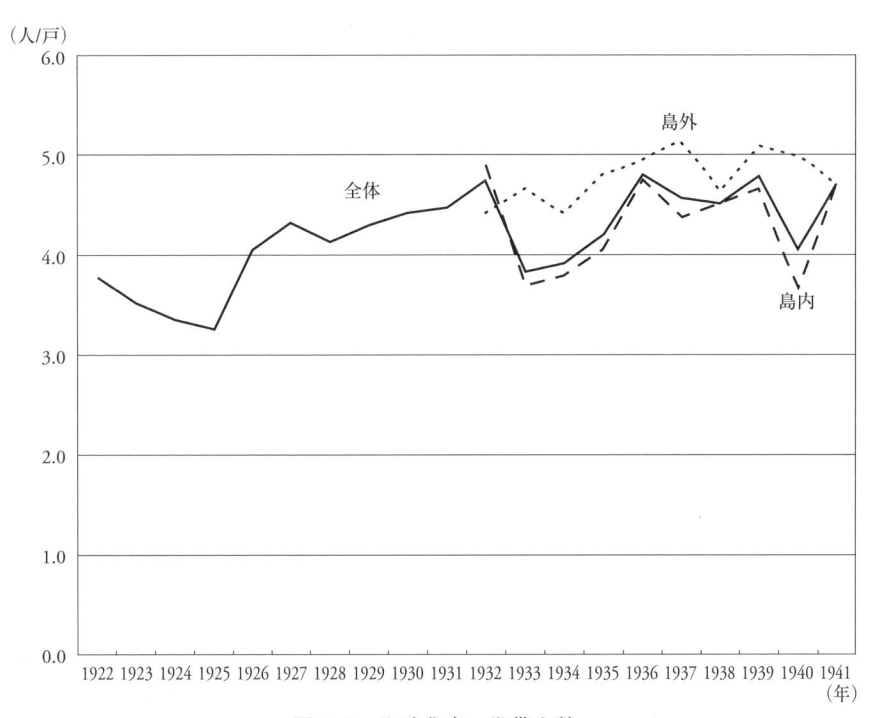

図 3-2　入殖農家の世帯人数
出所）樺太庁編『樺太庁治一斑』各年度版，樺太庁編『樺太庁統計書』各年度版より筆者作成。

概ね総農家戸数の 1-2 割の数の農家が新規入殖ないし離農している。

　もちろん樺太にはこの集団移民制度開始よりも前に，多くの農業移民が入殖しており，後述する樺太篤農家らにも見られるように同郷集団によっての入殖も見られるのであるから，この数年間のデータを以て全期間の樺太農村へ一般化することは差し控えるべきであるものの，樺太の村落が制度内であれ制度外であれ，渡島前から何かしらの強固な社会関係が備わっている同郷集団や同族集団を主体にして構成されていることが一般的であると考えることはできない。むしろ，すべてでないにしろ樺太村落のある部分は，個々の社会経済的理由により偶然にそこに居合わせた世帯が，入殖・離農を繰り返しながら共住する空間であったと考えることができる。つまり，樺太の村落において農業経営を行っている者の多くの部分は，内地から集団的に移住し直接農業経営を始めたような典型的な農業移

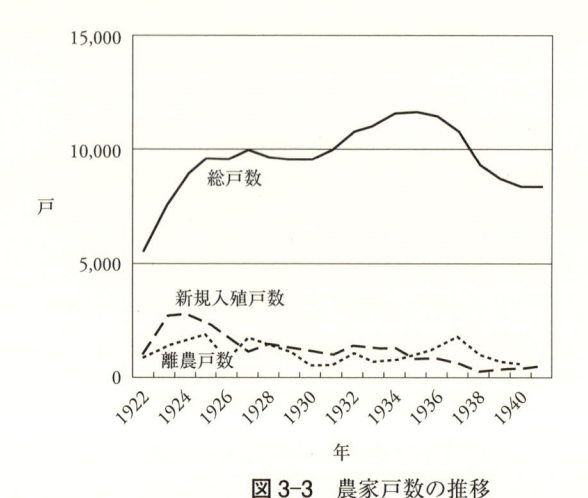

図 3-3　農家戸数の推移
出所) 樺太庁編『樺太庁治一斑』各年度版，樺太庁編『樺太庁統計書』各年度版より筆者作成。

民ではなかったし，相互の社会関係の多くも入殖後に改めて構築される必要があったと考えることができるのである。

　一方，樺太農政も樺太農村の現状に沈黙していたわけではない。村落内の共同性をより高め，農業拓殖がより効率的に推進されるための施策を講じるのである。たとえば，1932 年の農業実行組合法改正と共に，樺太農政は各地の組合を「興農会」へと改組し，農村指導単位として組織化しようした[3]。

　また，優良な農業経営者および農村指導者を育成するために，1934 年，「樺太庁拓殖学校官制」により「拓殖の第一線に立つて働き得る實力を具へた人材を教育する塾式特殊の學校」である拓殖学校も設立された[4]。また総力戦体制への移行過程では「樺太拓殖道場」なども設立された。興農会がこの経営にあたっているが，予算はすべて行政から出ており，官制の農民道場である。豊原近郊に作られたものは，町村長の推薦を受けた 15 歳から 27 歳の青年 28 名が修練生として収容されていた。彼らは 4 月から一年間ここで研修を受け，翌 3 月には「未来の樺太農業人」として輩出される計画であり，場長と助手は共に北海道空知の農業学校に 30 年間勤めた老練の農業指導者であった[5]。

---

3)　高倉 (1947: 292 頁)。
4)　樺太庁 (1936: 1497-1498 頁)。
5)　松尾 (1939: 89 頁)。

ここでの教育においては単なる技術の習得だけではなく，いわゆる樺太農政がかねてから言及していた「開拓精神」とでも言うべきものを身に付けることも目的とされた。5時に起床，その後6時から宮城遥拝，国旗掲揚，神社参拝と国家主義的儀礼が日課が行われる。朝食開始の7時にはまず修練生の誓詞が暗唱される。その内容は「一．自然を愛し大地に親しみ我等は農民道の本義に徹せん　一．創意を尚び體驗を重んじ我等は北方農業の確立を期せん　一．寸土を拓き尺地に培い我等は殖産報國の誠を致さん　一．自助を旨とし共勵事に當り我等は郷土振興の實を擧げん　一．家業に勵み分度を守り我等は自立大成の志を遂げん」[6]というものである。第一条は「農民道」という普遍的な価値の，第二条は「北方農業」という地域的な価値の，第三条は国家的な価値の，第四条は郷土レベルの価値の，第五条は家族レベルの価値の実現を表している。価値観の植え付け，というものも開拓指導上重要な要素であったことがわかる。このように樺太農政は，農村内の世帯間の連合，共同関係の構築を図ろうとし，また農村内の個人を拓殖に沿う人物へと育成しようと図ることも試みていた。

2）日本帝国圏への日本人農業移民

ここで改めて他の日本帝国勢力圏への日本人農業移民史も視野に入れて，樺太の農業拓殖の特徴を明らかにしておきたい。

1910年に日本帝国に編入された朝鮮では，その翌年である1911年から東洋拓殖株式会社によって募集された農業移民の移住が開始された。一時的に東洋拓殖経営地の小作農も募集されたが，主眼は東洋拓殖所有農地を借り受け，後に自作農として自立することを前提とした農業移民であった。その後，現地で地主経営を目指す農業移民の募集も行ったが，そのような財力を持つ農家がわざわざ植民地にまで移民として移住することは稀であった。その上，現地の在来民である朝鮮人農民からの日本人入殖への反発も起き始め，入殖適地が減少してしまったことを理由に，1926年には農業移民募集自体が打ち切られてしまった[7]。また，入殖した農業移民も，新たに未墾地を開発するのではなく，既墾地へ入殖する形態をとっていたため，朝鮮人との「混住化」が起きていたほか，時間の経過ととも

---

6)　松尾（1939：92頁）。
7)　轟（2007：201-203頁）。

に，経営を拡大して地主化する者もいれば，逆に離農に至る者もいるなど，「定着形態の多様化」が起きていた[8]。

一方，東洋拓殖とは無関係に民間資本の朝鮮農業への進出も見られた。この場合，朝鮮人の既墾地を利用するのではなく，干潟の干拓などによって未墾地を開発することで農地開発を行い，そこに内地からの農業移民を迎え入れた。このため，東洋拓殖と比べればはるかに在来民である朝鮮人とのコンフリクトを避けることができたと言われている[9]。

満洲における関東軍と拓務省による農業移民政策は，1932年にその第一次移民団を送り込んでいる。治安問題もあり武装移民団的性格を帯びていたため，当初は単身男性による共同農業経営が計画されていたものの，次第に家族の形成などが進み経営の戸別化が進行したほか，森林資源開発への依存や，地主化が起きるなど当初の目標とは異なる形で農業経営が展開した[10]。こうした試験移民への反省として，分村移民団などが実施されたものの，世帯主の妻や親などの扶養家族化や，在来民の雇用，内地的生活の継続などのための現金支出などが負担となり，農業移民世帯の窮乏化が進んだのであった[11]。

北海道への農業移民政策は，開拓史設置以降，屯田兵や士族移民などの保護移民が主流であったが，1986年以降は直接保護政策から間接保護政策に移行し，一般農業移民が主体となっていく。しかし，移民受け入れ地であったはずの北海道も，1924年には日本帝国の拡大に伴い流出人口が流入人口を上回る状態となってしまう。1927年以降は，保護移民制度の一種である許可移民制度を採用することとなる[12]。三木は，樺太領有の1905年以降，北海道と樺太とは農業移民にとって競合関係ではなく，一体化した関係にあり，屯田兵などのごく初期の武装移民の有無を除けば樺太の移民政策は常に北海道のそれの「後塵を拝しつづけていた」としている。すなわち，農業移民の側からすれば樺太は移住先として北海道の延長上にあったということである。また，三木は移住に関する情報の収集過程において，連鎖移住に類似した方法が見られることも指摘している[13]。

---

8) 轟（2008：84頁）。
9) 轟（2007：216頁）。
10) 今井（2001：14-15頁）。
11) 今井（2005：20-21頁）。
12) 桑原（2009：33-34頁）。
13) 三木（2012：108-111, 118頁）。

朝鮮，満洲，北海道の三地域への日本人農業移民の形態を概観してみると，際立つのは樺太の北海道への類似性と，この二者の他二者との差異である。その差異の主たるものは，農業開発をめぐる在来民とのコンフリクトの多寡と，その雇用労働力化である。北海道も樺太もアイヌ等の先住民族を有していたものの，これらの人々は，日本や朝鮮の水準から言えば，農業経営と言える水準の農業を行っていなかったし，またその土地の多くも未墾地であったからである。もちろん，農業移民と先住者との間でのコンフリクトが発生しなかったわけではないが，朝鮮のそれとは質・量的に異なっているし，日本人移住者が地主化するための農業労働力としてこれらの人々が期待されることもなかったのである。そもそも樺太では，後章で見るように，地主経営的な大規模営農が政策的に抑制されていたのである。その点では，樺太は，1908年までは資本家による大農経営を歓迎し，1920年代に許可移民制度が始まり，自由移民制度利用者が激減し，許可移民制度利用者にとって代わられた北海道[14]とは異なっている。このことは，樺太の場合，充分な開拓営農資金を持たない者が移住後にまず小作農として身を立てる場がなかったことと，充分な保護制度に依らずに入殖を試みた世帯が比較的多数存在していたということを意味する。だとすれば，樺太で自作農として身を立てるために，農業以外の産業を頼りとしていたこととなる。

3）非典型的農業移民と移民兼業世帯

ここまでの議論で，近年の樺太農業史研究が明らかにできていない，北大植民学派や植民地エリートといった同時代的観察者たちが指していた樺太農業の半の輪郭がより明らかになってきたであろう。

第一に，集団的に樺太へ移住し，保護の厚い制度を利用して営農を行うような典型的農業移民以外にも農地へアクセスしていた人々によって営まれた「農業」が存在していたということである。

第二に，それらの「農業」を行う世帯の多くは，小作農という形態をとらず，水産・森林資源開発のような他産業からも収入を得ることで，生計を維持していたということである。

---

[14] 髙倉（1947: 163, 228, 241-242 頁）。

第三に，これらの世帯は産業間移動を行っていたということである。
　しかし，これらの「農業」の具体像は未だ充分に明らかになっておらず，それは遅滞した樺太農業拓殖の実像の半分しか明らかにされていないことを意味する。したがって，この樺太農業拓殖のもう一半を明らかにすることこそが本章の課題である。より具体的に言えば，ある種の世帯において，樺太の資源開発のための労働力の再生産システムに組み込まれた農業が営まれていたことを示すことである。本書ではこうした世帯を，「移民兼業世帯」と呼ぶことにする。「移民」とは，先住者である樺太アイヌなどの先住民族や，「ロシア人」のことではなく，樺太領有以降に渡島して来た日本人や朝鮮人のことを指す。「兼業」とは言うまでもなく，いくつかの業種に就いて生計をたてていることを指す。「世帯」とは家計の単位であると同時に，最小の社会集団でもある。本章では，森林資源開発のそばで自らの技能や手持ちの資本，周囲の各種市場や土地資源を有効に利用しながら，林業や農業に関わり，植民地樺太で経済活動を展開する世帯が存在していたことを示す。
　そのために本章では，村落という位相に着目したい。なぜならば，竹野や三木の樺太農業移民研究は，農業政策や移民政策と，個々の経営やライフヒストリーを結び付けて解釈しているものの，その間にある中間的位相を無視しているため，同時代的観察が備えていた総体的把握が欠けていると考えられるからである。後に見るように農業拓殖の母体となるべき「農村」がどのように形成され，その内部はどのような構造を持っていたのか，この点が検証されておらず，樺太農業拓殖の実態の多様性が見落とされているのである。
　本章では，事例として富内岸澤集落と楠山農耕地を挙げる。前者は，第4章でも論じる樺太篤農家の筆頭とも言える人物が1900年代末に拓き，「模範農村」とさえ呼ばれるまでになった村落である。後者は，京都帝国大学樺太演習林内に1920年代後半に生まれた村落である。前者は「農村」，後者は「山村」とも呼べるであろう。資料としては，前者は集落自体が残した記録を，後者は演習林が残した経営資料や学生実習報告などを用いる。共通するのは，いずれも樺太庁や北大植民学派によって作成された資料ではないという事である。この点は，本章の目的からいっても大きな意義がある。なぜならば，すでに述べたように樺太農政関連の資料はどうしても専農化にベクトルを持ってしまうからである。非樺太農政資料であるということは，これまでの資料にはない角度からの樺太への同時代

的観察の記録として期待ができるのである。

4）樺太の森林資源開発と労働力

　個々の事例に入る前に，樺太の森林資源開発について若干の説明を行っておきたい。林業，製紙・パルプ産業研究としての樺太林業史研究は，萩野敏雄『北洋経済史論』（1957年），樺太林業史編纂会『樺太林業史』（1960年），王子製紙山林事業史編集委員会『王子製紙山林事業史』（1976年），四宮俊之『近代日本製紙業における競争と調和』（1997年）などがあり，植民地財政史研究の一環としては，平井広一『日本植民地財政研究史』（1997年）などがすでにある。これらの研究の関心の中心は樺太の経済・財政の基幹としての森林資源開発，つまりは産業及び財政源としての森林資源開発にあるのであり，森林資源開発に不可欠な林業労働力そのものへの関心は薄いといえる。樺太林業史としてみると，資源開発の労働力問題は，ほとんど顧みられてこなかったといえるのである[15]。

　移民兼業世帯の検出を始める前に，そもそもなぜ樺太において森林資源開発が興隆したのかということについても述べておく必要がある。まず技術的な面から言えば，樹種が製紙・パルプ産業向けであると認識されてそのための技術開発が進められ，第一次世界大戦による欧州産業の疲弊という世界経済の間隙をつくかたちで，樺太の製紙・パルプ産業が興隆することとなり，また1923年の関東大震災の復興需要の追い風も受けて森林資源開発が活発になるのである。また樺太森林資源開発には二つの側面があった。一つは，植民地における天然資源の収奪的開発という側面，もう一つは樺太庁財政の重要な歳入源という側面である。樺太庁財政は特別会計制度であり，独立採算が建前であった。さらに，樺太の林野は基本的に国有林であり，その管理は林野庁ではなく，樺太庁が行っていたため，樺太庁は国有林立木の払い下げによる森林収入によって財政を維持していた。したがって，資源の枯渇という点を考慮しなければ，樺太庁財政の利害と森林資源開発関係者の利害とは大きく一致していたのである。

15）ただし，萩野（1957: 186-188, 203-209, 221-222, 228-232頁）は林業労働者やその農業拓殖との関係について言及している。しかしながら，農業に深く言及している場合でさえ，統計などを用いて林業労働と農業拓殖の関係について一般像を論じているに過ぎず，本章で行われるような農村からのアプローチを行っているわけではない。

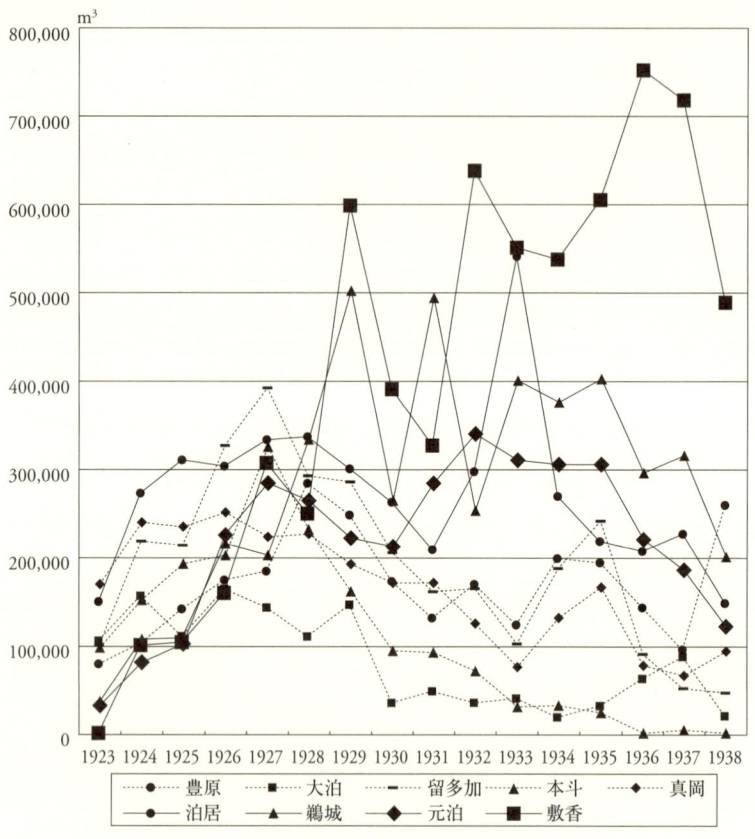

図 3-4　各林務署管轄域内の木材流送量の推移
出所）樺太庁編『樺太森林統計』樺太庁，各年度版より筆者作成。

　さて，森林資源開発では開発の拠点は移動することになる。なぜならば，皆伐であれ択伐であれ，ある区域の森林を伐採してしまえば，当分同じ場所では造材が行えないので，次の拠点へと移らなければならないのである。では，そうした資源開発の拠点の趨勢はどのようであったのか。
　まず林務署管轄域レベルでの森林資源開発拠点の移動を把握しておく。図 3-4 は，各林務署管轄域内の年間木材流送量の推移を示したものである。樺太では基本的に，伐採した木材は河川流送によって河口へと搬出される。従って，河川の木材流送量を調べれば，その流域の森林資源開発の指標が得られるのである。図

3-4から，二つのグループを得ることができる．一つは，1928年以前にピークを持つグループで南部の豊原，大泊，留多加，本斗，真岡といった林務署管轄域である．図上では点線で表示されている．もう一つは，1929年以降にピークを持つグループで北部の泊居，鵜城，元泊，敷香などの林務署管轄域である．こちらは，図上では実線で示されている．こうした二つのグループに分けられること，あるいは，南部から北部へと森林資源開発が進んでいることの原因は次のように推測できる．まず，南部の方が内地に近くまた初期の製紙・パルプ工場も南部に所在し輸送コストが比較的安いため，次に南部が樺太の政治・経済の中心部であるためである．

　本章が事例として扱う富内岸澤は真岡林務署管内に属するので先進的開発地域，楠山農耕地は敷香林務署管内に属するので後進的開発地域に属する．両村落の位置については，巻末の附図に示してある．

2　富内岸澤 ── 模範農村

1) 資料と村落の沿革

　分析の中心となる資料は，1932年に村落住民によって編纂された『沿革誌』[16]である．1932年時点の集落概要のほか，入殖者のデータが掲載されている．ただし，離農者，農地面積に関するデータは欠如しており，分析上大きな制限も存在している．離農者に関するデータが欠如しているため，以下で富内岸澤の「入殖者」という場合，1932年までに入殖した世帯のうち，1932年時点で村内に居住している世帯を指すこととなる．

写真3-1　篤農家・佐久間喜四郎肖像
出所）樺太庁農林部（1929: 7頁）．

---

16) 樺太真岡郡蘭泊村大字蘭泊字富内岸澤（1932）．

写真 3-2　富内岸澤・佐久間喜四郎の農地
出所）全国樺太連盟北海道支部連合会所蔵・藤田隆夫氏寄贈。

　また，農業世帯以外の「住人」が存在したかどうかもこの資料だけでは不明である[17]。この資料を補完するものとして，当村落の入殖者第1号である佐久間喜四郎が，第4章で論じる樺太篤農家のひとりであったため，樺太庁の刊行物や現地メディアに佐久間に関する多くの記述が残っている[18]。本節では，これらの資料を手掛かりに，村落の形成とその構造を出来る限り明らかにしたい。

　富内岸澤村落は，樺太西海岸の真岡支庁管内の蘭泊村大字蘭泊に属する一つの字である。沿岸部から富内岸川沿いに内陸に入った所にある村落であり，漁村としての性格は有していない。ただし，河口の蘭泊は，漁村かつ市街地である。

---

[17] 北海道のある戦後開拓集落は，たびたび研究者や郷土史家によってその歴史が記述されたものの，集落内に居住していた農業労働者やその他の非農業世帯の存在についてまったく触れられて来なかった。この理由は，集落資料はあくまで農業世帯中心の関心と目的で作成され，インタビュー調査においても，集落住民＝「入殖者（開拓者）」という構図がインタビュアー側の前提となっていたためである（Nakayama 2010）。村落住民の多様性を考える上では，これら非農業世帯の存在は無視できない。

[18] 樺太庁農林部（1929a, b），佐久間（1931），藤井（1931），「表彰の価値充分なる篤農家の苦心談　赤手空拳で渡島せる（二）」『樺太日日新聞』1929年8月25日号などがあるものの，内容は類似しており，その基となったのは，樺太庁農林部（1929a）に記載された自伝である。

表 3-1　富内岸澤集落の沿革

年	事項
1908 年	佐久間喜四郎富内岸澤に入殖（無願開墾）。
1909 年	佐久間喜四郎が富内岸澤の土地貸付を申請。
	付近の漁業者の富内岸澤への転業就農が生じる。（7 戸定着）
1910 年	蕓苔栽培に成功し，転業就農者増加。（13 戸定着）
1911 年	山火による類焼被害発生。
1913 年	福島県から 25 戸が入殖。（2 戸定着）
	産業組合設立，澱粉工場建設。
1917 年	澱粉・製粉・製麦工場を建設。
1920 年	水害による転出者発生。
1921 年	山火による類焼被害発生。
1928 年	山火による類焼被害発生。
1931 年	農産物精選加工場建設。
1932 年	定着世帯数 114 戸。

出所）樺太庁農林部（1929a, b），樺太真岡郡蘭泊村大字蘭泊字富内岸澤（1932）より筆者作成。

　富内岸澤は表 3-1 に見られるように，1908 年に福島県の農家出身の佐久間喜四郎が無願開墾（翌年申請）を行ったことにより拓かれた村落である。佐久間自体もまず 1906 年に妻・弟と北海道へ渡り，その後に小樽で樺太の情報を聞きつけて，翌 1907 年に樺太へ渡っており，内地から直接富内岸澤に入殖したわけではなかった[19]。1909-10 年に転業入殖者が増加して，村落としての形が整った。佐久間が営農を始めた事を知った沿岸の漁師たちが馬鈴薯などの農作物を求めて訪れるようになり，佐久間が農業の有望性を説いたところ，転業入殖者が現われるようになったのである。また，1910 年には農事試験所宇遠泊分場長の農事講話を受けて，佐久間が蕓苔（セイヨウアブラナ）の栽培を行い，これが成功してさらに転業入殖者が現われた[20]。1932 年には村落内世帯数は 114 戸で，うち 3 戸はすでに入殖していた世帯からの分家などで生まれた世帯である。1913 年には福島県からの 25 戸の集団入殖が行われたと佐久間は記している[21]ものの，定着率は 8％に過ぎない。この福島の団体も含めて離農の経緯に関する詳しい情報は得られないものの，佐久間は 1920 年の水害で転住者が生じた事を記しており，こ

---

19) 樺太庁農林部（1929a: 1-3 頁）。
20) 樺太庁農林部（1929a: 3-4 頁）。
21) 樺太庁農林部（1929a: 4 頁）。

うした災害もまた離農者発生の背景の一つであったと考えられる[22]。このように，富内岸澤は内地からの直接の農業移民や集団的な移民によってその基礎が形成された村落とは言えないのである。

2) 入殖者間の社会的関係

次に入殖者間の社会的関係に着目して，この村落の社会的性格をより深く見てみたい。先述のように三木は樺太への移住過程の中で，情報収集に関して連鎖移住に類似した方法が見られると指摘しているが，実際には連鎖移住と呼べる現象が起きていたのか，起きていたのであれば，村落形成にどれほどのインパクトを持っていたのかを検証する。

まず入殖者世帯の本籍地を見てみると，「樺太」が21戸おり，全体の18％を占めている。これらの世帯のうち20戸が富内岸澤を本籍としており，入殖後に転籍した者と判断できる。さらにこのうちの15戸が1914年までに入殖しており，残りの6戸が1920年代に入殖している。本籍地からの分析を行う上で，樺太籍は攪乱要因であるが，本節では特に考察の対象としないこととする。ただし，福島からの集団入殖があったと言う1913年に入植した世帯のうち1932年もなお定着している樺太籍の者はいないので，やはり1913年の集団的入殖は不成功に終わったと言えるのである。

表3-2のとおり，その他内地籍者のうち，最多のものは青森県の20戸（18％），次に北海道からの再移民と考えられる北海道18戸（16％），それに佐久間の出身地である福島県16戸（14％），神奈川県11戸（10％）が続く。青森県，北海道，神奈川県は，単に出身県だけではなく，本籍中の字まで同じ世帯が複数存在し，集団移住，あるいは連鎖移住の存在が予想される。

この点を検証するために入殖時期と入殖戸数の関係に目を向けると，1912年を屈曲点としてほぼ直線的に傾向が変化する。1908-1912年までの5年間では，年間平均約10戸が入殖定着しているのに対して，1913年以降になるとそれが年間平均約3戸へと激減するのである。

本節では以下，富内岸澤村落の入殖世帯を，入殖時期で二分する。すなわち，

---

22) 樺太庁農林部 (1929a: 5頁)．

第3章　樺太の農業拓殖と村落形成の実像　105

表3-2　本籍別世帯数（1932年）

本籍地	世帯数	%	本籍地	世帯数	%	本籍地	世帯数	%	本籍地	世帯数	%
北海道	18	16	宮城県	1	1	埼玉県	1	1	島根県	2	2
青森県	20	18	福島県	16	14	千葉県	2	2	佐賀県	1	1
秋田県	2	2	新潟県	2	2	神奈川県	11	10	朝鮮	2	2
山形県	7	6	富山県	1	1	愛知県	2	2	樺太	21	18
岩手県	2	2	石川県	2	2	滋賀県	1	1	合計	114	100

出所）樺太真岡郡蘭泊村大字蘭泊字富内岸澤（1932）より筆者作成。

　福島からの集団移住があったとされる1913年までの入殖世帯を「初期入殖者」，それ以降のものを「後期入殖者」と呼ぶ。また，本籍地が字まで同じ世帯の集団をここでは便宜的に「同郷集団」，本籍地が字まで同じ世帯同士を「同郷者」と呼び，初期入殖者の内訳を丁寧に検証してみたい（表3-3参照）。1908年入殖の3戸は，お互いには同郷者ではないが，3戸とも後に同郷者が入殖している。1909年の入殖者6世帯では本籍地にバラツキがあり，佐久間の回想[23]に基づけば，近隣漁業者の転業入殖者と推察できる。1910年の13世帯には，佐久間の同郷者以外は本籍地にバラツキが見られ，やはり同様に転業者と見ることができるものの，半数以上が後に同郷者を持つことになる。1911年の7世帯のうち2世帯はすでに同郷者が入殖している。1912年は13世帯のうち2世帯はすでに同郷者が入殖しており，3世帯は後に同郷者が入殖することとなる。1913年については，全2世帯のうち1世帯は佐久間の同郷者で，もう1世帯は前年に同郷者が入殖している。このように見ると，初期入殖者には同郷集団が多く含まれていることがうかがえる。実際，初期入殖者44世帯のうち，19世帯（43%）が1932年時点で同郷者を有している。

　この点を，後期入殖者も含めて数量的に検証したのが表3-4である。同郷者を持つ世帯自体は，全体の28%を占めているものの，そのうち約60%が初期入殖者に集中し，後期入殖者のうち同郷者を持つ世帯で1913年までに同郷者が入殖していた世帯は6世帯約20%，1914年以降の同郷者を持つ世帯で1913年までに同郷者が入殖していなかった世帯も6世帯約20%となる。残りの世帯はそ

23）樺太庁農林部（1929a: 3-4頁）。

表 3-3　初期入殖者と同郷集団

入殖年	入殖世帯数	本籍地内訳
1908年	3	福島県安積郡中野村 (1/5), 青森県東津軽郡東嶽村 (1/2), 山形県東田川郡東村 (1/2).
1909年	6	石川県能美郡新丸村 (1/2), 山形県飽海郡酒田町寺町 (1), 山形県飽海郡西荒瀬村 (1), 愛知県名古屋市中区東川端町 (1), 富内岸澤 (2).
1910年	13	福島県安積郡中野村 (1/5), 福島県安積郡月形村 (3/5), 神奈川県中郡国府村 (2/5), 青森県東津軽郡小港町 (1/2), 北海道利尻郡石崎村 (1), 青森県東津軽郡水橋村 (1), 神奈川県横浜市根岸町 (1), 富内岸澤 (3).
1911年	7	福島県安積郡月形村 (1/5), 神奈川県中郡国府村 (1/5), 富山県射水郡大島村 (1), 北海道釧路郡鳥取村 (1), 新潟県西蒲原郡松野尾村 (1), 樺太真岡郡真岡町大字真岡手井澤 (1), 富内岸澤 (1).
1912年	13	福島県相馬郡金房村 (2/2), 神奈川県中郡国府村 (2/5), 青森県中津軽郡相馬村 (1/2), 北海道有珠郡伊達村 (1), 青森県北津軽郡加瀬村 (1), 山形県飽海郡吹浦村 (1), 神奈川県中郡土澤村 (1), 愛知県名古屋市中区松本町 (1), 富内岸澤 (3).
1913年	2	福島県安積郡中野村 (1/5), 青森県中津軽郡相馬村 (1/2).

出所) 樺太真岡郡蘭泊村大字蘭泊字富内岸澤 (1932) より筆者作成.
注1) 入殖後に分家によって生じた世帯は計数していない.
注2) 同郷集団については, 本籍地名横の括弧内に全体の人数を示した. 分子は同郷集団中のその年の入殖者数, 分母はその1932年までの入殖者数である. なお, ここでは本籍地は村名までしか記していない.

もそも同郷者自体を有していないので, 後期入殖者の9割以上がそれまでの入殖者とは同郷関係にはないことになる[24]. 入殖定着戸数の増加は, 初期段階では, ある程度, 「呼び寄せ」など母村との関係の影響力が見られるが, 時間の経過とともに, 島外での募集, あるいは現地での状況の影響力が強まっていったと考えることができる.

村落内には様々な社会団体が組織されていた. 1928年の段階で, 村落は2区9組に分けられており, 青年団, 女子青年団や敬老会, 矯風会, 教育後援会, 畜産組合, 実行組合, 納税組合, 貯蓄組合などが組織され活動していたほか, 学校も1校建設され, 3学級120名の児童が通っていた.

---

[24] ここでは, 総世帯数には分家で生じた3世帯は含めていない. また, 先述のように「樺太籍」の者のうちに同郷者が存在する可能性は否めないものの, これを加味しても, 後期入殖者の過半数が同郷者を持たないことになる.

表 3-4　同郷者を持つ世帯の内訳 (1932 年)

	世帯数	割合
1913 年までに入殖した世帯	19	61
1914 年以降の入殖者で 1913 年までに同郷者が入殖していた世帯	6	19
1914 年以降の入殖者で 1913 年までに同郷者が入殖していなかった世帯	6	19
総世帯数	31	100

出所）樺太真岡郡蘭泊村大字蘭泊字富内岸澤 (1932) より筆者作成。
注）入殖後に分家によって生じた世帯は計数していない。

3) 富内岸澤の経済的構造

　残念ながら，『沿革誌』には肝心の農地面積データが一切掲載されていない。その代わり家畜所有頭数に関するデータがある。大家畜として，馬，牛，小家畜として鶏，兎，狐，羊，豚についての 1932 年時点での飼養数が記載されている。ここではそれを経営規模の指標として富内岸澤の経済構造を分析し，とりわけ樺太農業史研究で軽視されてきた「馬」に特に着目しながら，まず農業経営の状態を分析する。

　入殖世帯を牛馬の有無と，入殖時期（前出の初期 / 後期）で分類し，各グループの平均小家畜所有数を比較したのが表 3-5 である。有牛無馬世帯は全体で 1 世帯のみであり，それを除外すれば，一般的には「無牛無馬→無牛有馬→有牛有馬」という経営成長の軌跡を読み取ることができる。初期入殖者の場合，有牛無馬 1 世帯を除けば，無牛無馬世帯がもっとも平均小家畜数が多く，リスクの大きい大家畜を飼養しないという戦略が存在していることがうかがえる。一方，初期入殖者の中の無牛有馬世帯の平均小家畜数と，後期入殖者の有牛有馬世帯のそれとは同程度であり，牛の導入よりも馬や小家畜の増強が一般的に優先されていることがわかる。なお，佐久間によれば当村落で乳牛の飼養が始まったのは，樺太庁から有畜農業を勧められ，畜産講習などが行われた 1920 年以後のことであり[25]，初期から乳牛の導入が図られていたわけではなかった。

　佐久間が樺太庁の刊行物に記載した 1928 年段階での村落データと『沿革誌』のデータから，専業率を比較すると，表 3-6 のとおり，その 5 年間で専業率が

---

[25] 樺太庁農林部 (1929a: 6 頁)。

写真 3-3　富内岸澤の牛の放牧
出所）全国樺太連盟北海道支部連合会所蔵・藤田隆夫氏寄贈。

上昇していることが確認されるものの、いまだに2割超が兼業状態であることもわかる。兼業率が3割超であった1928年段階での村落全体の収入内訳を見ると、6割弱が農産物収入で、畜産収入は1割弱に満たず、副業収入が3割超であり、農外収入の重要性が見て取れるのである[26]。

　以上、村落内の経済的状態を見たが、次に個々の経営状態も検証するために、佐久間が残した自身の経営データの分析を試みてみたい。佐久間は、村落内における上層農家と位置づけられるはずであるが、収入構成に目を向けると、それでも2割強は農外収入に依存している（表3-7参照）。そのうち「丸太運搬」が農外収入の55％、収入全体の1割強を占めている。佐久間は馬を2頭所有しており（表3-8参照）、丸太運搬には馬資本が投入されたと推測することができる。佐久間のような世帯でさえ馬資本の林業労働への投入価値が見出されるのである。

---

[26] 樺太庁農林部（1929a: 7頁）。

第3章 樺太の農業拓殖と村落形成の実像

表3-5 牛馬有無別世帯数および平均小家畜所有頭数

[単位：世帯数，（ ）内は割合，〈 〉内は平均小家畜所有頭数]

	無牛無馬			有牛無馬			無牛有馬			有牛有馬			合計
初期	7	(15)	〈29〉	1	(2)	〈31〉	14	(29)	〈12〉	26	(54)	〈23〉	48
後期	39	(60)	〈5〉	0	(0)		0	22	(33)	〈6〉	5	(8)	〈11〉	66
全体	46	(40)	〈9〉	1	(1)	〈31〉	36	(32)	〈8〉	31	(27)	〈21〉	114

出所）樺太真岡郡蘭泊村大字蘭泊字富内岸澤（1932）より筆者作成。

表3-6 専業兼業別世帯数

	専業	%	兼業	%	合計		専業	%	兼業	%	合計
1928年	72	69	32	31	104	1932年	89	77	26	23	115

出所）樺太庁農林部編（1929a: 6頁），樺太真岡郡蘭泊村大字蘭泊字富内岸澤（1932: 5頁）より筆者作成。

表3-7 佐久間喜四郎世帯の収入構成（1928年度）

[単位：円，%]

	農業所得	農業外収入				総計
		薪	薪運搬費	丸太運搬	合計	
額	2,929.80	315.25	80.00	484.00	879.25	3,809.05
割合	77	8	2	13	23	100

出所）樺太庁農林部編（1929a: 10頁）より筆者作成。

次に佐久間の農畜産物の生産状況に目を向けると，裸燕麦，玉蜀黍，葱，蔬菜はほぼ自家消費用，馬鈴薯は7割超が販売に仕向けられており，これはでんぷん加工業へとまわされていると考えられる（表3-9参照）。佐久間の経営を軌道に乗せ，転業入殖者増加の誘因となった蕓苔がすでに栽培されていない[27]のは，1913年には収奪的農法に限界を感じた佐久間がでんぷん工場の設立を提案・実施し，商品作物として馬鈴薯栽培を拡大したからである[28]。農地の7割は家畜飼料用にあてられており（表3-8参照），青刈燕麦，デントコーンのすべて，家畜ビート，牧草の8割以上，そして燕麦の4割が自家消費飼料へと仕向けられている。燕

---

[27] ただし，これは佐久間個人の事情であり，樺太全体としては蕓苔は栽培されており，第6章でくわしく論じる樺太庁中央試験所も，1930年代に蕓苔の有望性を雑誌『樺太』上で喧伝している（川瀬1933b）。
[28] 樺太庁農林部（1929a: 5頁）。

写真 3-4 富内岸澤近辺での木材運搬
出所）全国樺太連盟北海道支部連合会所蔵・藤田隆夫氏寄贈。

麦の5割超と，家畜ビート，牧草の残りは販売されており，村外の林業馬飼料のための燕麦市場への流通や，村内の他牛飼養世帯への飼料販売が考えられる。畜産物については販売用が9割を占めている（表 3-10 参照）。

佐久間によれば，1920年の水害以降，「虫害木の爲木材界の發展につれ村民も燕麥計り連作」[29]する状況が続いたと言う。また，1927年から流域で樺太工業による原木伐採事業が開始[30]されており，『樺太森林統計』からは，1934年まで富内岸川で流送が行われていることが確認でき，以上のデータが作成された1928年も1932年も，なお近隣での燕麦市場の興隆があり，各世帯で重点的に生産が行われていたと考えられる。食料作物の生産販売比重は作付面積で数％に過ぎず，食料市場への参入度は比較的低いと考えられる。燕麦の他は，加工用作物として

---

29) 樺太庁農林部（1929a: 6頁）。
30) 「模範農村富内岸 一戸一年の収益百六十五円 けれども成績は良好」『樺太日日新聞』1928年10月31日号。なお，記事見出しに「富内岸」とあるが，文中では「富内岸澤」と表記されている。

表 3-8 佐久間喜四郎世帯の生産資本（1928 年度）

	総家族数	11	人		牝牛	4	頭
農耕従事者	男	2	人	家畜	牝犢	1	頭
	女	2	人		牝馬	2	頭
	合計	4	人		牝豚	1	頭
土地	食料販売用	48	反		雌鶏	40	羽
	家畜飼料用	113	反		雄鶏	5	羽

出所）樺太庁農林部編（1929a: 7 頁）より筆者作成。

表 3-9 佐久間喜四郎世帯の農産物生産状況（1928 年度）

［単位：円，%］

農産物	家事仕向		販売仕向		飼料仕向		種子仕向		合計	作付面積	
	価額	割合	価額	割合	価額	割合	価額	割合	価額	反	割合
裸燕麦	129.6	100.0	0.0	0.0	0.0	0.0	0.0	0.0	129.6	6	3.7
玉蜀黍	101.5	84.6	18.5	15.4	0.0	0.0	0.0	0.0	120.0	1	0.6
馬鈴薯	98.7	15.9	451.2	72.7	42.3	6.8	28.2	4.5	620.4	11	6.8
甘藍	15.0	3.7	390.0	96.3	0.0	0.0	0.0	0.0	405.0	9	5.6
南瓜	22.5	17.6	60.0	47.1	45.0	35.3	0.0	0.0	127.5	1	0.6
胡瓜	64.8	43.2	85.2	56.8	0.0	0.0	0.0	0.0	150.0	0.5	0.3
葱	48.9	93.1	3.6	6.9	0.0	0.0	0.0	0.0	52.5	0.5	0.3
燕麦	0.0	0.0	375.0	55.6	270.0	40.0	30.0	4.4	675.0	27	16.8
青刈燕麦	0.0	0.0	0.0	0.0	125.0	100.0	0.0	0.0	125.0	5	3.1
デントコーン	0.0	0.0	0.0	0.0	60.0	100.0	0.0	0.0	60.0	4	2.5
家畜ビート	0.0	0.0	28.0	13.5	182.0	87.5	0.0	0.0	208.0	4	2.5
牧草	0.0	0.0	305.5	17.0	1,494.5	83.0	0.0	0.0	1,800.0	90	55.9
その他（蔬菜）	265.0	100.0	0.0	0.0	0.0	0.0	0.0	0.0	265.0	2.1	1.3
合計	746	16	1,717	36	2,219	47	58	1	4,738	161	100

出所）樺太庁農林部編（1929a: 8-10 頁）より筆者作成。

表 3-10 佐久間喜四郎世帯の畜産生産状況（1928 年度）

［単位：円，%］

畜産物	家事仕向		販売仕向		合計
仔牛	0.0	0.0	200.0	100.0	200.0
豚	0.0	0.0	330.8	100.0	330.8
鶏	0.0	0.0	2.0	100.0	2.0
鶏卵	30.0	51.3	28.5	48.7	58.5
牛乳	65.0	22.2	227.5	77.8	292.5
合計	95.0	10.7	788.8	89.3	883.8

出所）樺太庁農林部編（1929a: 9 頁）より筆者作成。

の馬鈴薯の生産を重視していたと考えられる。また，農外収入のための資本としての「馬」の重要性もあったと考えられ，上層農家による，燕麦（馬用）・牧草（牛用）の村内供給と村外への販売も行われていたと考えられる。つまり，労働・飼料市場としての森林資源開発，村内飼料市場が存在しており，富内岸澤村落の入殖世帯はこれらの市場に依存していたと考えることができる。

ところで，富内岸澤が「模範農村」と称された背景には，もちろん篤農家と称賛された佐久間や彼に率いられた入殖者たちの営農の成功もあるが，『樺太日日新聞』の記事を見ると，白米を主食とせず，燕麦や馬鈴薯を主食とすることで，食料を自給していたことも大きな理由であったようである[31]。同記事では，「悉く燕麦及びジャガ薯を以て日常の食糧に充て白米を用ふる者は殆どなく自給自足してゐる」とあり，多少の白米購入はあったようであるものの，それでいてなお，現金収入を要していたことを考えると，白米を主食としていれば，なお大量の現金収入が必要とされたことが推測できるのである。

3 楠山農耕地 ── 林内殖民地

1）資料と村落の沿革

模範農村と呼ばれた富内岸澤の次に，京都帝国大学樺太演習林古丹岸団地内に存在した楠山農耕地に目を向けたい。楠山農耕地自体の分析に入る前に，京都帝国大学樺太演習林自体についても概説しておく[32]。後の「古丹岸団地」となる森林を樺太庁が1915年に京都帝大へ移管し，翌1916年に「古丹岸団地」が同大の「大学維持資金」に編入され，この時に，『樺太演習林施業案』が編成される。同年に後の「亜屯団地」となる森林も樺太庁から移管される。大学組織による古丹岸団地の造材事業は，この1916年から開始されている。1923年には京都帝大に農学部が設置され，翌1924年には附属農場，附属演習林が設置されることと

---

31) 「模範農村富内岸　一戸一年の収益百六十五円　けれども成績は良好」『樺太日日新聞』1928年10月31日号，「ジヤガ藷と燕麦とが常食　真岡郡富内岸澤の農民連　健康状態も頗る良好」『樺太日日新聞』1932年3月5日号。
32) 演習林の基本的な沿革は，市河（1916, 1926），上田（1936）などの施業案類などの資料を基にしている。後の大学史，農学部史の記述もこれらの資料を基にしている。

なる。ただし，「演習林」という名称自体は，この正式な設置の以前から用いられていたことは『施業案』からも確認できる。

　楠山農耕地の農業・農村の実態を分析するために有益となる資料としては，まずは前述の『施業案』や各年度の『施業年報』などの演習林経営資料のほか，当時の学生による実習調査の報告書があげられる。

　現存している樺太演習林における学生実習報告は，5年度分ある。このうちの，『樺太演習林泊岸村楠山農耕地現況ニ就テ』[33]，『楠山農耕地農家経済状態調査』[34]の二つが農家経済調査である。学生実習報告としては現存していないものの，卒業論文としては現存している都地龍雄の実習調査[35]も加えるならば，林内殖民地「楠山農耕地」に関する計3件の農家経済調査が現存していることになる。いずれも当時の京都帝国大学農学部農林経済学教室在籍学生によるものである。

　『樺太演習林泊岸村楠山農耕地現況ニ就テ』は1928年夏に行われた樺太演習林における学生実習に参加した服部希信によって作成された報告書である。1928年度の学生実習に参加した学生は林学科を中心とした12名であった。これが，「植物班（第一班）」，「測樹測量植生調査班（第二班）」，「計画班（第三班）」に編成され，服部はこの「計画班」に属していた。この計画班には①古丹岸区事務所建設計画，②楠山作業所建設計画，③楠山農耕地計画の三つの課題が課せられていた。このように演習林の経営に関わる事柄を学生が引き受けて調査計画立案をしていたようである。この調査報告書は，農林経済学専攻の服部が楠山農耕地の社会経済的な報告書の作成を一手に引き受け，班の報告書とは個別に提出したものである[36]。

　『楠山農耕地農家経済状態調査』は，1939年夏に行われた学生実習の報告書である。1939年の学生実習に参加した学生は林学科3名，農林経済学科3名（宮武恵，真島毅夫，大槻正芳）の計6名で，農林経済学科学生には楠山農耕地の測量と，農家経済状態調査が課された。この調査の経緯と意義については演習林自体が，報告書の冒頭に以下のような記述を施している。

　　本調査ハ實習後半期ニ至リ俄ニ想起シテ着手セル爲メ極メテ短時間ナリシト又

---

33) 服部（1928）。
34) 宮武（1939）。
35) 都地（1941）。
36) 学生実習計画班（1928: 1-2, 16 頁）。

調査員（學生）ニ於テ当地方ニ対スル一般的豫備智識ヲ缺ケル等ノ爲ニ充分ナル調査ハ行ハレザリシモ演習林トシテハ既往ニ此ノ種調査ノ實績ナク偶々本年農林經濟學科學生ノ來演（引用者註：樺太演習林での実習のこと）ヲ機ニ本調査ノ出來タルコトハ農耕經營上參考資料タルベキモノト思料ス　尚將來之レガ調査ヲ徹底シ以テ農耕者ノ指導開發ニ努メ農耕地ノ目的ニ対シ遺憾ナカラシメタキモノナリ[37]

　この記述から理解できるのは，1938年の段階でなお演習林側が有する楠山農耕地に関する情報は乏しく，その関知も薄いということである。このことは現存が確認されている経営資料の中に楠山農耕地を直接的に取り上げたものが見当たらず，楠山農耕地についての恒常的な情報が専ら『施業年報』における土地貸付料の記載と，添付図の農地区画図に限られていることからも裏づけられるのである。従って楠山農耕地の実態を知る上で，これらの学生実習資料が貴重であることになる。

　『京都帝大樺太演習林農耕地調査概要』(1941年)は，1940年夏の学生実習に参加した都地龍雄が1941年に入ってから提出した卒業論文である。1940年の実習自体の記録は見当たらないので如何なる形で参加したのかは不明である。

　1939年の楠山農家調査も非常に多くの有益な情報を有しているものの，データの不統一や欠落が目立つため，農家経済の分析の対象には用いない。以下の分析では主に，服部と都地の記述やデータを用いる。ただし，1939年時の調査データは，これらの分析結果を支持するものであることは言い添えておく。

　楠山農耕地は樺太の村落としては重要な特徴がある。それは，一般的な農村ではなく「林内殖民地」という特殊な農村であることである。この「林内殖民地」という特性については充分に配慮する必要があろう。しかし，何に配慮すべきか。演習林の林内殖民地として，どのような特殊な条件を持ちえるだろうか。まず思い浮かぶのは，厳重な労務管理を伴う非市場経済的な状態である。これは，北海道大学の北海道演習林林内殖民地の事例研究[38]からも，想像されることである。また，北海道や満洲の林内殖民地や林業移民の事例[39]のように当初から入殖者を募り集団的に入殖させるという形態も考えられる。しかしこれらの点は，後述するように京都帝大樺太演習林では大きく事情が異なる。次に，これは樺太に特殊

---

37) 宮武 (1939)。
38) 有永 (1974)。
39) 北海道については村岡 (1953)，満洲については藤巻 (2004, 2005) を参照。

表3-11　楠山農耕地の沿革

年	事項
1914	立木の払下げを受けた造材業者が楠山に事務所を開設し，農地開拓実施。
1915	樺太庁が古丹岸川流域の山林を京都帝大へ移管。
1916	京都帝大が上記山林を大学維持資金に編入し，『樺太演習林施業案』を作成。この中で，林内殖民地設置の提言がなされる。
1919	造材と林業労働者による自発的農地開発→「演習林農耕地規定」設定へ。
1920	飯場が建設される（後に定住化）。
1925	仮貸付を開始＝「楠山農耕地」。
1926	仮入殖農家の契約の正式化を提言（『第一次検訂樺太演習林施業案』）。
1930	「貸地料」が帳簿（『施業年報』）に現われる。
1935	最大戸数40戸となる（以後，減少）。
1944	23戸，総農地面積41町8反。

出所）市河（1916, 1926），都地（1941），『樺太古丹岸演習林調査復命書』（1926年）京都大学フィールド科学教育センター所蔵，「大学演習林地域内農牧適地移管ニ関スル件（1944年3月20日）」『帝国官制関係雑件　樺太庁官制ノ部』外交史料館所蔵［茗荷谷記録M57］より筆者作成。

な事情であるが，一般的に農業移民が農地の貸付を受けた場合には5年後に検査を受け，その時点で経営規模などが基準を満たしていれば，その土地を無償譲与されたのに対して，京都帝大樺太演習林の場合，この条件がなかったのと，その代わり「地代」を演習林に納める必要があった[40]。このように，土地制度が演習林の内と外では異なっていた。まず「地代」であるが，後述するようにこれはごく僅少な額であり，通常「小作料」と称されているもののようには，経営上重要な費目になり得なかったので，量的に大きな意味はもたなかったといってよい。次に，演習林側が同意さえすれば，経営規模に関わらず土地の貸付を受け続けることができた。この点については，若干の考察が必要となるので，分析のなかで詳細を検討することにしたい。以上のように，これが林内殖民地と一般的な入殖地とを性格づける決定的な条件にはなったとは，必ずしも言えないのである。

次に，楠山農耕地の沿革について述べておく（表3-11参照）。京都帝大への移

---

[40] 毎年貸地料（農家経営を圧迫するような額ではない）を徴収し，利用権のみを与え，あくまで所有権は与えなかった。なお，北海道大学北海道演習林で行われていたような労働統制（有永1974）は，後述のように見られない。1944年3月に樺太庁長官・大津敏男は食料増産のために，内務大臣に演習林内の農耕適地の移管を願い出ている。この時点でもなお，入殖者は演習林に借地料を払う事で農地にアクセスしていた。また，周辺への食料供給地としては充分に機能していなかったようである（「大学演習林地域内農牧適地移管ニ関スル件」（政秘第（別）1号1944年3月20日　樺太庁長官大津敏男発内務大臣安藤純三郎宛）『帝国官制関係雑件　樺太庁官制ノ部』外交史料館所蔵［茗荷谷記録M57］）。

管前の1914年に,布施舟太郎という人物が林内立木の払下を受けて,林内の楠山に事務所を開設している。この際にすでに従業員の食料調達のために農地開拓を行っていた[41]。1916年編成の『樺太演習林施業案』[42]では,林内殖民地設置の提言がなされており,これは林業労働者や演習林職員の食料調達を図ってのものであった。また,1926年の『樺太古丹岸演習林調査復命書』[43]にも,造材のために入山した林業労働者世帯が蔬菜栽培を開始したことが記されている。1919年には大宝樺太事務所が林内に開設する。同事務所に雇われた林業労働者は,周囲に仮小屋を建て蔬菜栽培を開始し,演習林は止む無く同事務所に土地を賃貸し「演習林農耕地規定」を設定することになる。1920年には飯場が林内に現れるようになる。1925年に演習林側は,林内の楠山の44戸分を区画し仮貸付を開始する[44]。これが「楠山農耕地」である。翌1926年編成の『第一次検討樺太演習林施業案』[45]では,仮入殖させた農家との契約を今後は正式なものに移行することが提言されている。農家から徴収する「貸地料」の記載が演習林の帳簿(『施業年報』)に現れるのは,1930年である。1936年編成の『第二次検討樺太演習林施業案』[46]では,入殖農家を組織して直営事業するための戸数増加が提言されている。

　これらの記録から,森林資源開発の開始による林業労働者の入山と同時に,農地の開発・利用,農業生産が開始されたことが理解できる。演習林はこれを制度化したに過ぎない。演習林にとっての林内殖民地設立の意図は,余剰労働力の有効利用と,食料の安定供給にあったのだが,この点は林業労働者の希望と一致していた。というよりも,林業労働者は入山するや,すぐさま農業を始めているのである。樺太の冬山の飯場では,一般に野菜類,それも新鮮なものは不足していたという証言がある[47]が,おそらくこれは夏山についてもあてはまる。なぜならば,樺太は交通が不便だった上に,農業も充分に発達しておらず,保存性の高いコメや酒,それに地元でいくらでも漁獲される水産物以外の食物はなかなか手に入らなかったのである。林業労働者の中には,この現場が初めてのものもいたか

---

41) 都地 (1941: 10-11頁)。
42) 市河 (1916)。
43) 『樺太古丹岸演習林調査復命書』京都大学フィールド科学教育センター所蔵。
44) 『樺太古丹岸演習林調査復命書』京都大学フィールド科学教育センター所蔵。
45) 市河 (1926)。
46) 上田 (1936)。
47) 野添 (1977: 60, 78, 99, 126-127頁)。

写真 3-5　楠山農耕地
出所）京都大学フィールド科学教育センター所蔵。

もしれないが，いくつかの現場をすでに経験しているものも大勢いたことが予想される。林業労働者のこうした行動は，野菜不足を避けるために経験的に身に着けた行動であったとも考えられるのである。したがって演習林の敷地内だから，林内殖民地が作られ，そこで農業が行われたのだという認識はおそらく誤りである。このことは移管前に入山した林業労働者たちが，農地利用を行っていたという一事から言い得ることである。林業労働者たちの農地利用と定住化を制度化したのが林内殖民地であった，という認識の方が正確なはずである。

　以上より，楠山農耕地も富内岸澤同様に典型的農業移民によってその基礎が形成された村落ではないこと，および北海道や満洲で見られた林内殖民地や林業移民の場合ともその形成過程が異なることが分かるのである。

2）村落内の社会的関係

　仮貸付の正式化が提言された1926年には，すでに22戸が入殖しており，その後，複数区画を耕作する者も現われるようになった。表3-12のとおり，最大戸数は1935・36年の40戸であり，その後は減少し，1941年までに18戸が離農（退出）を行っている。離農理由については，すべてが明らかではないものの，1937年の2戸についてはより北部の敷香木材業の隆盛を見て移住[48]したという記述があり，他産業へと移動したことがわかる。なお，演習林経営資料や学生実習報告ではないものの，1944年の戸数が23戸であるという記述もあり[49]，戦時体制下においても，戸数が減少し続けたことがうかがえる。

　世帯数の変動が起きた理由に付いて，大きな変動のあった二つの時期から考察しておく。1934年，1935年の間に世帯数が急増したことについては，演習林の夏季施業の拡大に伴うものであると推定できる（図3-5参照）。演習林は林内労働力確保の手段として，林内殖民地を設定しているのであるから，事業量が増えれば設定戸数を増やすことは至極当然のことである。次に，1939年からの急減であるが，施業量に大きな変化はなく，この点からの説明はできない。前出の急減期に退出した8戸のうち，2戸は急増期に入殖した世帯で，残り6戸は1932年以前に入殖していた世帯である。入殖期間が比較的に長いからといって，この林内殖民地から退出して行かない，というわけではない。楠山農耕地については，1928年度以降，貸付区画図が年度ごとに残っており，そこから世帯の入退出が把握でき，定着率を計算できる。たとえば，分母を［1928年度の戸数＋1929～1941年度に就農した戸数］，分子を［1941年度の戸数］として，定着率を計算すると，66％となる。このように定着率についてみると，定着率は複数の指標をとってみても60％前後となるのである。実は，この値は統計から求められる一般的な入殖地の定着率と大差がない数値であり，楠山農耕地の土地制度の特殊性が結果としては住人たちの行動に大きな影響を与えていないと考えることが出来るだろう。少なくとも，林内殖民地であるからという理由だけで，樺太農業を考える際の参考にはなり得ないという考えに反駁する根拠にはなる。

48）都地（1941：23頁）。
49）「大学演習林地域内農牧適地移管ニ関スル件（1944年3月20日）」『帝国官制関係雑件　樺太庁官制ノ部』外交史料館所蔵［茗荷谷記録 M57］。

表 3-12 楠山農耕地の戸数変化

年	1921	1922	1926	1928	1930	1932	1933	1934	1935	1936	1937	1938	1939	1940	1941	1944
世帯数	(6)	(7)	(22)	26	(28)	29	29	30	40	40	38	38	38	(29)	31	23
増加					7				13				1		1	
減少					4				3		2	1			8	
増減					3				10		-2		0		-7	
貸付区画数				22		29			41	41	41		41		38	

出所)京都帝大樺太演習林『施業年報』各年度版(京都大学フィールド科学教育センター所蔵),服部(1928),都地(1941),「大学演習林地域内農牧適地移管ニ関スル件(1944年3月20日)」『帝国官制関係雑件 樺太庁官制ノ部』外交史料館所蔵 [茗荷谷記録 M57] より筆者作成。
注1) ( ) 内の数値は都地(1941)による数値。「増加」「減少」などの計算には含めていない。
注2) 1940年の数値については,浅野組の年雇労備者世帯は含まれていない。

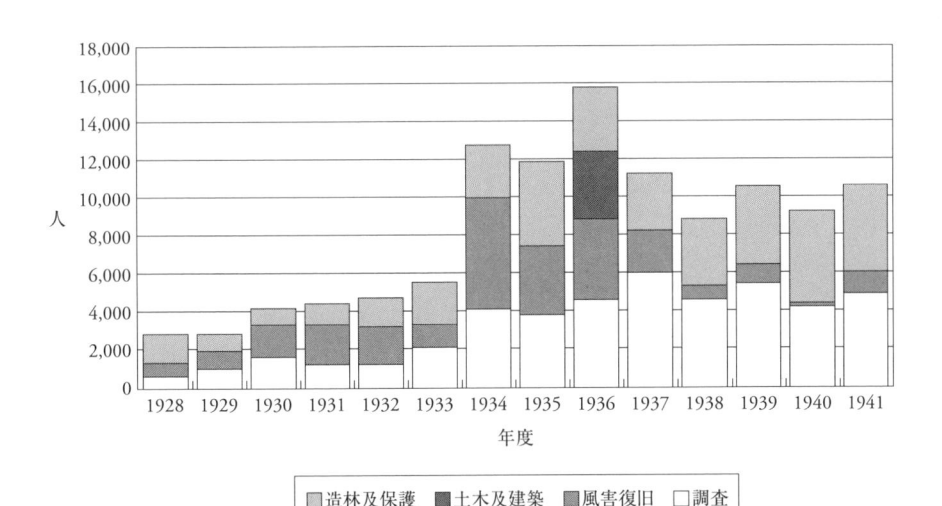

図 3-5 樺太演習林古丹岸団地の林内施業労働力投入量推移
出所)京都帝大樺太演習林『施業年報』各年度版(京都大学フィールド科学教育センター所蔵)より筆者作成。

　1940年時点の入殖者の来歴に目を向けると,「呼び寄せ」と思われる渡島理由(親類親子関係)は2割に満たない。残りは出稼ぎからの定住や,木材業経営者の転業入殖が占めている。また,渡島前も農林業に従事していた世帯が9割を超しており,渡島前の職業の延長として,林業労働者や入殖が行われていることが理解できる。残念ながら,富内岸澤のような本籍地に関するデータは一切ないものの,出身地に目を向けると,北海道が半数以上で,これに東北各県を加えると8割弱を占めることとなる。また同時に,同地域からの出身者が複数いるのは北海

表 3-13　楠山農耕地居住世帯の職種構成

	専業	兼業	その他	浅野組	計	子弟出稼	合計
世帯数	6	18	5	4	33	11	44
割合	14	41	11	9	75	25	100

出所）都地 (1941: 21 頁) より筆者作成。
注 1)「その他」とは農業収益が 20％以下の世帯。
注 2)「浅野組」とは造材業者の浅野組の年雇労働者であり，独立した経営主体ではない。このため他表では入殖世帯数に含めていない。
注 3)「子弟出稼」とは「子弟」(世帯主以外ということか) が日鉄炭坑事務員，人絹パルプ職工，馬追などをしている世帯。

道，青森，秋田の三地域に限られる。「部落に於ける支配勢力は同郷集団の北海道出身者が占て居て部落の共同性の程度を知る事ができる」[50] という記述があるものの，そもそもこれらは樺太住民中の本籍の多い地域でもあり，ここでいう「同郷集団」が富内岸澤で見たような本籍地の小字まで一致するものであると即断するには情報が不充分である。

　1940 年の村落内世帯の職種構成に目を向けると，表 3-13 のとおり，兼業農家が専業農家をはるかに凌駕し，なおかつそれとは別に農業収入が 20％に満たない世帯も 5 戸存在している。また，これとは別にさらに村落内の造材業者である浅野組に隷属する形の年雇労働者も 4 戸存在しているほか，「子弟出稼ぎ」という世帯が 11 戸あり非農業世帯が存在していることが確認できる。この 11 戸については，当初から非農家として移住したと考えるよりも，ある段階で高齢化等を理由に農地の貸付を受けなくなった世帯と考えることが妥当であろう。以上のように，兼業者が主であり，年雇労働者や非農家も存在する村落であることがわかる。

　このような多様な住民を抱える村落であるが，村落住民は様々な団体に加入していた[51]。かつての興農会は農事実行組合に改組され，1940 年 7 月には泊岸村全体の産業組合へと移行した。樺太製糖会社の特約甜菜組合にも 9 名が加入しており，技術指導，種苗無料配布，肥料供給，運搬補助等を受けている。納税組合も存在し，納税率も 100％に至っているという。無尽も，泊岸のものに 19 名，敷香のものに 3 名が加入しているものの，減少傾向にある。山火予防組合，在郷軍

---

50) 都地 (1941: 27 頁)。
51) 都地 (1941: 27-33 頁)。

人分会，青年団，処女会などの団体もあるものの，本部は泊岸にあり，楠山農耕地での活動は低調である。また，神社が集落の入口に演習林側と住民側の協力により造営されていた。富内岸澤の佐久間がそうであったように，楠山農耕地にも村落の中心的人物がいた。それが，農事実行組合長も務めている浅野辰之助である。浅野は農業経営者でもあるものの，主には造材業者として活動しており，集落内の林業労働者の統括者でもあった[52]。なお，浅野自体は林業労働力の需給調整を担う仲介業者であるため，農家数からは除外されている[53]。

写真3-6　楠山神社
出所）京都大学フィールド科学教育センター所蔵。

　楠山農耕地は，農業が営まれる村落ではあるものの，実際には森林資源開発関係者が定住化して形成されただけではなく，1940年段階でなお，村落内の有力者は造材業経営者であるなど，林業労働者の村落という性格が強い。次項ではその性格を経済的側面からも検証する。

3）楠山農耕地の経済的性格

　1928年と1940年の経営面積別戸数を示したものが，表3-14である。1928年には，1.5町以下が大部分であったのが，1940年には二極化が起きている。

---

[52] 都地（1941：25頁）。
[53] 都地（1941：20, 25, 64頁）。なお，戦後に浅野宅跡に居住した経験のある朝鮮人住民からの聞き取り調査（2009年，韓国安山市）によると，多くの書籍やレコードが放置されていたという。これらの書籍やレコード類は，記名があったことからもともとは浅野の娘の所有物で，引揚げ時に置き残していったものと思われる。この朝鮮人住民は，このレコード類から高水準の音楽に触れ，戦後に大陸からサハリンへやって来たロシア系住民に対して，教養面での優越感を抱くことになり，現在でもこの浅野の娘には感謝していると語った。浅野は確かに楠山農耕地においては，富裕層と考えられる。しかし，楠山農耕地，あるいは樺太における文化水準を知る上では，この証言は貴重である。

1928年の入殖者の農業経営に関する具体的な数値は残されていないものの，平均世帯像が記されている[54]。それによれば，経営面積1町歩，夫婦2人子供2人世帯，収入1,000円前後，農畜産収入400-500円，林業労働賃金収入500円前後，支出は700円前後というのが，1928年段階の楠山農耕地入殖世帯の平均像である。1940年段階の上層農（5.0町以上）と中堅農（1.5-5.0町）の経営データのサンプルは表3-15のとおりである。共に役畜としての馬を飼養しているものの，牛は飼養されていない。このことは楠山農耕地に一貫して見られることであり，導入意図自体に関する記述は1939年には見られる[55]ものの，牛の飼養事例に関する記述は皆無である。また，もう一つ一貫して見られるのは，収入に占める兼業収入の割合が大きいことである。表3-15では，中堅層では兼業収入が5割以上を占め，上層農でも兼業収入が3割を占めている。

　表3-16は，1940年の楠山農耕地における経営面積と馬関連農具や馬資本との関係を示したものである。馬資本と馬用資本の平均数がほぼ合致しており，経営面積が大きいほど馬の飼養頭数も多い。また，村落内の世帯間での馬関連農具（大農具）の無償貸し借りや，有償の貸馬・預け馬も行われていた[56]。こうしたことから各世帯は，経済活動によって得た利潤を馬とそれに関わる農具資本の形で資本として蓄積して農業の拡大再生産を行っていると考えられる。下記の記述は，楠山農耕地において，馬資本が林業労働だけでなく農業へも投入されていたことを示すものである。

> この部落の農耕は主として人力と畜力によつて行はれつつあり，各種の労働手段中，役畜の占める地位は最も重要なものであると云つた感が深い。（中略）林業労働の兼業性として馬搬を主とする為に役畜数が高位にあると思惟する。（中略）役畜所有が大である事は，農業経営の合理化よりも林業労働に於ける高賃金獲得手段としての所有が大である[57]。

　馬の汎用性と林業労働市場における高い価値が移民兼業世帯の馬資本重視を生み出していると考えられるのである。

　楠山農耕地で林業労働に従事している者の作業種を示したのが，表3-17であ

---

54) 服部（1928）。
55) 宮武（1939）。なお，服部（1928）のみ集落で犬が役畜として使用されていることを記している。
56) 都地（1942：44-45頁）。
57) 服部（1928：44頁）。

表3-14 楠山農耕地の経営面積別戸数（1928年・1940年）

[単位：戸]

経営面積（町）	0.5以下	0.5〜1.5以下	1.5〜2.5以下	2.5〜4.5以下	4.5〜5.0以下	5.0以上	合計
1928年	11	15	1	0	0	0	27
1940年	7	10	9	0	0	3	29

出所）服部（1928）および都地（1941: 39頁）より筆者作成。
注）1928年には演習林使用分も1戸と計上している。

表3-15 楠山農耕地の上層農と中堅農の農家経済事例（1940年）

	経営面積（町）	男（人）	女（人）	合計（人）	役畜（＝馬，頭）	小家畜（匹，羽）
上層農	6.7	3	7	10	3	4
中堅農	2.3	4	2	6	1	0

		農業粗収益	家事収入	兼業収入	合計	農業経営費	家計費	合計	差引
上層農	実額（円）	2,684	120	1,200	4,004	1,199	2,235	3,434	570
中堅農		756	100	1,100	1,956	578	1,126	1,704	252
上層農	割合（％）	67	3	30	100	35	65	100	
中堅農		39	5	56	100	34	66	100	

出所）都地（1941: 55-56, 59-60頁）より筆者作成。

表3-16 楠山農耕地の経営面積別平均馬関連農具資本および馬資本（1940年）

[単位：台，個]

経営面積（町）	プラウ	ハロウ	カルチベーター	馬車	馬橇	馬
0.1〜0.5以下	0.14	0.14		0.14	0.14	0.14
0.5〜1.5以下	0.6	0.6	0.6	0.6	0.6	0.6
1.5〜2.5以下	0.62	0.62	0.62	0.62	0.62	0.62
5.1〜	2.7	2.7	2.7	2	2	2.7

出所）都地（1941: 41頁）より筆者作成。
注）2.5〜5.0以下については，該当世帯がないため省略。

る。約半数が「馬夫」であり，馬資本の林業労働への投入が兼業収入につながっていることがここからも理解できる。馬資本を林業労働へ投入する背景としては，それに伴う賃金上昇が考えられる。表3-18は，『樺太森林統計』に掲載された1935年の古丹岸事業区における作業種ごとの賃金を示したものである。「馬夫」と同意と考えられる「陸運搬夫（馬曳）」の賃金は，他業種と比較して数倍の額となっている。とりわけ，最低賃金がいずれの他の作業種の最高賃金を凌駕していることは特筆に値する。こうした賃金体系の中で入殖者たちが林業労働に馬資本

写真 3-7 楠山農耕地の農家外観

出所）都地（1941：36 頁）

　を積極的に投入し，また積極的に馬の飼養を行ったと考えることができる。
　馬飼養頭数と経営面積とは相関関係が見られた。そこで，今度は村落全体の作付面積に目を向けたい。表 3-19 は，村落内入殖者の作物種別作付面積である。47％が燕麦で占められている上に，村落外の農地でも更に燕麦が生産されている。燕麦の栽培は，経営内の飼料自給や村落内外への飼料販売を目的としたものと考えられる。ここからも楠山農耕地においては，林業労働，馬資本，農業経営とが密接に結びつきあっていたことが理解できる。
　入殖者にとっての賃金労働市場は林業労働に限らなかった。漁業労働もまた重要な意味を持っていた。漁繁期には，農業・林業労働よりも高賃金のため漁業労働を優先したため林業労働力確保が困難であることを演習林側が記録しているほどである[58]。一方で，漁閑期などには各入殖世帯は日雇（雇用労働力）を沿岸漁村の漁業者や市場を通じて得ていた[59]。
　次に楠山農耕地における消費について検証する。樺太農家における現金収入の必要性について，竹野は，開拓資本の捻出と，米食習慣（米の購入費）のためだと論じているものの，米食習慣については竹野が用いた二つの農家経済調査からでは，具体的な詳細はつかめない。従って，楠山農耕地のデータは樺太農家における米消費の状況を知る上で貴重である。
　楠山農耕地の 1928 年の調査では，「主食物たる米の生産が不可能視されて居

58）『沿革誌』1916-1936 年度，京都大学フィールド科学教育センター所蔵。
59）都地（1941：43 頁）。

表3-17 楠山農耕地の林業労働者作業種別人数（1940年）

[単位：人，％]

杣夫		馬夫		雑夫		場夫		合計	
世帯	割合	世帯	割合	世帯	割合	世帯	割合	世帯	割合
9	26	16	46	8	23	2	6	35	100

出所）都地（1941：64頁）より筆者作成。

表3-18 古丹岸事業区における林業労働者の賃金（1935年3月末調）

[単位：円／日・人]

作業種	杣夫			陸運搬夫（手曳）			陸運搬夫（馬曳）			流送夫			土場巻立夫		
賃金	最高	最低	平均	最高	最低	平均	最高	最低	平均	最高	最低	平均	最高	最低	平均
	3.00	1.50	2.20	2.80	1.50	2.00	7.00	5.00	6.00	2.80	1.80	2.30	2.80	1.80	2.20

出所）樺太庁編『樺太森林統計』1935年度版より筆者作成。

表3-19 楠山農耕地の作物種別面積（1940年）

[単位：ha，％]

	燕麦	馬鈴薯	大根	瑞典蕪菁	豌豆	小麦	甜菜	裸麦	牧草	甘藷・人参・蚕豆	合計	燕麦（部落外小作付地）
面積	22.8	4.91	3.87	3.82	2.88	1.49	1.29	1.14	0.79	5.48	48.4	6.25
割合	47	10	8	8	6	3	3	2	2	11	100	100

出所）都地（1941：38頁）より筆者作成。

る現状に於ては農業を以て獨立の生計を営む事は出来ない」[60]と述べられているし，1940年の調査でも「稲作の耕境外にあるので主食物たる米は，農家必需品の第一位を占めてゐる」[61]と記述されており，米が主食であったことが理解できる。より数量的に把握するために，表3-20に楠山農耕地の米消費例（1940年）を示した。食費が家計費に占める割合は6-7割で，さらに白米だけにかぎっても購入費は家計費の3割を占め，現金支出の3割程度を占めており，費目として最大となっている。このように，移民兼業世帯について，現金収入の必要性を生む重要な要素としての米食習慣というものは充分に実証されるのである。竹野がその分析対象とした商業的農業世帯，あるいはその予備軍については，直接的にその米食を実証づけるデータは存在しない。しかし，樺太庁が1925年に刊行し

60）服部（1928：94頁）。
61）都地（1941：50頁）。

表 3-20　楠山農耕地の家計費（1940 年）

<家計費（円）>	農家番号 1	農家番号 4
米	640	300
麦及その他	70	20
副食物	650	190
調味料	80	50
嗜好品	80	40
小計	1,520	600
被服及身の回り品費	250	160
住居費	50	60
家具家財費	60	20
光熱費	115	20
保険衛生費	40	10
教育費	30	5
修養及娯楽費	60	5
交際費	50	40
冠婚葬祭費	50	6
諸負担	10	25
雑費	0	25
合計	2,235	976

出所）都地（1941）より筆者作成。

たパンフレット『樺太の農業』[62]には平均的な農業移民世帯の家計データ[63]が掲載されており，食費は生活費の 6 割を占め（表 3-21 参照），米購入費は食料費の 6 割（表 3-22 参照）を占めていることが了解される。これら数値と楠山農耕地の数値との間に大きな乖離はない。樺太で一般的に農業に携わる人々が米食習慣を維持・実現していたことは充分に言い得ることである。

また特に移民兼業世帯については，彼らが白米を購入できる商品市場と接続していた点に注意しなければならない。彼らの居住地域は市街地と離れたところにあったのかもしれないが，だからといって市場経済から隔絶していたわけではない。植民地における森林資源開発というもっとも辺境的な場所にいながら，彼ら

---

[62] 樺太庁内務部殖民課（1925）。
[63] ただし，第 5 章でも検証するように，この『樺太の農業』のデータは，厳密な平均値ではなく，あくまで樺太庁が自身の調査を基に描いた平均像であると考えられる。

表 3-21　農家の生活費内訳（1925 年）

家族数平均	4.3 人	
＜生活費＞	（円）	（％）
飲食費	801.6	62
被服費	265.0	21
什器費	27.5	2
雑費	192.5	15
合計（生活費）	1,286.6	100

出所）樺太庁内務部殖民課（1925）より筆者作成。

は貨幣経済および市場経済にしっかりと組み込まれていたのである。飯場においてさえ掛け買いなどでなく、その場その場で現金がやりとりされていた例が見られる[64]。

　楠山農耕地には、1世帯だけ慶尚北道出身の朝鮮人世帯が存在していた[65]。また、前述のとおり富内岸澤にも朝鮮人世帯が2世帯存在していた。これら朝鮮人の入殖過程は詳らかではないものの、樺太の飯場に朝鮮人の姿は珍しくなかった。たとえば、野添憲治が行った秋田県出身の樺太林業労働経験者への聞き取りでは、7名中5名が林業労働や土木現場、そしてそれらと関連した「女郎屋」に朝鮮人がいたことや、それらの朝鮮人経営者のことを語っている[66]。筆者の聞き取りでも、1920年代末に樺太へ渡り林業労働に従事していた朝鮮人のケースが見られた[67]。貨幣経済、商品市場、労働市場、こうしたものが帝国の辺境で成立していたのは、そこに資源開発拠点が存在していたからに他ならず、その資源開発拠点が要する労働力の再生産の一翼を担っていたのは、林業労働に従事しながら、農地利用を行っていた移民兼業世帯であったと考えられるのである。

---

64) 野添（1977: 25-26 頁）。
65) 本斗支庁管内では、既存3部落に朝鮮人用に約400戸分の入殖地を区画し、実際に朝鮮人が入殖したことが報じられている（「補助が砂な過ぎる為め開墾が出来ない　本斗の朝鮮人大挙して支庁長に陳情」『樺太日日新聞』1928年2月14日号）。このように、樺太においては、農村部落において日本人と朝鮮人が軒を並べていることは珍しいことではなかったようである。樺太が多数エスニック社会であったことは、こうした実態からも確認できるのである。
66) 野添（1977: 21, 48-49, 61-62, 87, 118 頁）。これらの人物は、1910-30 年代に樺太へ出稼ぎに行っていた経験を持つ。
67) 2000 年代に韓国へ永住帰国したサハリン残留韓人（朝鮮人）からの聞き取りによる（2009 年、韓国安山市）。実際に樺太へ渡ったのはこのインフォーマントの父親で、インフォーマント自身は樺太生まれである。

表 3-22　農家の食料費内訳（1925 年）

	（円）	（％）
米	288.0	67
麦	79.2	19
味噌	21.6	5
醤油	14.4	3
塩	8.4	2
砂糖	5.3	1
石油	10.8	3
合計	427.7	100

出所）樺太庁内務部殖民課（1925）より筆者作成。

4）林業労働者の定住化

　ここまでの議論で，楠山農耕地が林業労働者の定住化によって形成され，またその後も定住化した森林資源開発関係者によって主に構成されていたことが示された。こうした現象は，演習林の林内殖民地である楠山農耕地にのみ見られる現象なのであろうか。この点を，統計的データから検証してみたい。

　各河川における木材流送量が増大しているときに流域の農業人口も増加しているならば，森林資源開発と農業との間に何らかの関係があると考えることができるであろう。ただし，注意する必要があるのは，流送量を独立変数，農地利用を従属変数と単純に見ることは，不可能だということである。なぜならば，流域に農耕適地がなければ農地利用は起きないからである。逆に言えば，もし流送量の増大に伴い農業人口も増加しているような流域があれば，その流域には農耕適地があり，かつ農地利用が行われるようになったと考えることができる。

　表 3-23 は，敷香支庁管内で木材流送河川を持つ大字の農業人口変化を示したものである。1920 年と 1930 年の間に農業人口が増加している大字としては，新問，泊岸，内路，敷香，保恵，気屯，遠内が挙げられる。ただし，国勢調査の「農業人口」の中には林業従事者も含まれるので，農業集落ではなく「飯場」が形成されただけという可能性も考えられる。そこで次に，これらの大字での農業人口に占める女性比を検討する。飯場と農業集落の識別の指標として，農業人口に占める女性比を用いるのは，飯場では基本的に男性ばかりのはずであるが，女性比

表3-23 敷香支庁管内で木材流送河川を持つ大字の農業人口変化（単位：人，％）

大字	河川	1920年の農業人口				1930年の農業人口			
		男性	女性	女性率	合計	男性	女性	女性率	合計
新問	新問川	18	0	0	18	286	145	34	431
泊岸	古丹岸	62	11	15	73	122	45	27	167
内路	内路川	36	24	40	60	270	102	27	372
敷香	敷香川	420	27	6	447	888	212	19	1100
保恵	保恵川	0	0	—	0	221	40	15	261
気屯	気屯川	0	0	—	0	221	44	17	265
遠内	浅瀬川	1	0	0	1	215	2	1	217

出所）『第一回国勢調査結果表』（1922年），『昭和五年国勢調査結果表』（1934年）より筆者作成。
注）敷香支庁管内で木材流送河川を持つ大字のみを挙げている。

　が多いということは，飯場から独立した夫婦世帯による農業集落が形成されている可能性が示唆されるからである。表3-23から，新問・泊岸・敷香の女性比を検討すると，1920年には農業人口の女性比が僅少で，1930年には農業人口の女性比が増加していることが確認できる。これらの大字は，飯場ばかりの状態から夫婦を核とした移民兼業世帯が増加した状態に移行した，と推定することができる。林業労働者が定住化し，村落を形成したか，あるいは既存村落の中で定住化を図ったということである[68]。

　こうした林業労働者の定住化を森林資源開発資本はどのように見ていたのかについての興味深い記述が，樺太の森林資源開発に深く関わった王子製紙の樺太分社山林部の社内資料に残っている。夫婦揃っての共働きの柚夫は，作業効率も良い上に，生活も乱れることが少ないとして推奨され，さらに「カヽル共稼者ハ各所歓迎ヲ受ケ親方，小方ノ関係ハ格別ニ親密ヲ來タシ多クハ其土地ニ定住スルヤウニナル。」[69]というように，夫婦世帯の形成と定住化の関係が述べられているのである。しかし，林業労働者が夫婦世帯を形成し定住したからといって，そこで農業が営まれていたかは明確ではない。女性労働力や余剰労働力が農業に注がれ

---

[68] なお，野添の聞書きの中には，出稼ぎ経験後に郷里の家産を処分して，家族を挙げて樺太へ移住したケースが見られる。ただし，移住後は農業経営ではなく，出稼ぎ労働者を当て込んだ都市部の旅館経営を行っている（野添1977: 103-104頁）。また，出稼ぎではなく通年で山林労働に従事する者の多くは，家族を樺太へ呼び寄せていたと語る者もいる（野添1977: 49頁）。

[69] 王子製紙樺太分社山林部（1934: 65-66頁）。

表 3-24　樺太全域の林業労働力の出身地と専業兼業の割合（1930 年 6 月末調査）

	専業		兼業		計			
島内	3,493	（人）	5,103	（人）	8,596	（人）	72	（％）
	41	（％）	59	（％）	100	（％）		
島外	1,838	（人）	1,511	（人）	3,349	（人）	28	（％）
	55	（％）	45	（％）	100	（％）		
計	5,331	（人）	6,614	（人）	11,945	（人）	100	（％）
	45	（％）	55	（％）	100	（％）		

出所）樺太庁農林部編『昭和四年度樺太森林統計』樺太庁，1930 年より筆者作成。

るというのは，一つの可能性でしかない．この王子製紙の記述でも，男女ともに林業に従事する夫婦世帯が言及されているものの，農業に関する言及はないからである．

　そこで，表 3-24 に林業労働者の兼業率を 1930 年度の単年度分ではあるが示した．このデータから理解できるのは，林業労働者の 72％が島内居住者であることと，その 59％が兼業林業労働者であるということである．島内居住者であると言うことは，年間を通して島内に居住する者のことであり，いわゆる内地からの「出稼労働者」ではないことがわかる．そして，このうちの 6 割が「兼業」であり，林業労働以外にも就業しているのである．ここで，その業種の一つに農業を想定することはこれまでの議論からも極めて妥当であろう[70]．

4　農業拓殖プランから乖離する樺太"農家"群

　本章の課題は，北大植民学派の同時代的観察においては把握されながらも，近年の樺太農業移民史研究においては見落とされ続けた樺太農業拓殖の実態の一半を明らかにすることであった．そのために樺太農業史研究の未到達点としての農村研究という位相からのアプローチを試み，模範農村と呼ばれた富内岸澤と，林

---

[70]　また，表 3-24 には示していないものの同じ『昭和四年度樺太森林統計』のデータから，杣夫，運搬夫，流送夫の総人数中の島内居住者人数を見てみると，杣夫は 3,911 人中 1,363 人（35％），運搬夫は 739 人中 625 人（85％），流送夫は 5,619 人中 3,899 人（69％）であり，運搬夫の多くが島内居住の林業労働者で占められている．こうした林業労働者の中には馬を飼養している移民兼業世帯が含まれていた可能性が示唆される．

内殖民地として設置された楠山農耕地という二つの村落を事例とした。特に着目したのは，村落がどのように形成されたのかという点と，村落および個々の入殖者がどのような経済構造を持っていたのかという点であった。前者については，典型的農業移民によって村落が形成されたかどうか，また同郷集団など渡島以前の社会関係が村落形成に関連しているかどうか，後者については，兼業収入や馬資本の多寡などを指標とした。

　富内岸澤は，その基礎が内地からの直接的な農業移民によって形成されたわけではなく，当初は北海道への移住を考えていた佐久間喜四郎や，彼の入殖営農を見て現われた漁業者などの転業入殖者らによって形成された。初期の入殖者の間には，同郷集団がある程度見られるものの，後期の入殖者になるほど同郷集団を持たないようになっていくなど，内地での社会関係とは無関係に村落が構成されていった。入殖世帯の3割は農業収入よりも農外収入が凌駕する兼業農家であり，後に篤農家と称される佐久間さえ収入の2割は農外収入が占めており，その約半分が林業労働によるものであり，馬を利用したものであった。そして牛の飼養も見られるものの，まずは馬や小家畜の拡充が優先されている。また，燕麦は自家飼料として生産されたほか，流域や近隣での森林資源開発に伴う燕麦市場に応じて生産されていることが考えられ，森林資源開発は単に労働市場だけではなく，燕麦市場を通じても，入殖者へ現金収入を提供する場を作り出していた。

　楠山農耕地は，形式上は演習林の林業労働力需要に応じて設置されたことになっているものの，実際にはそれ以前から林業労働者の農地利用や定住化が進行していた。その後の入殖者も，林業労働者や造材業者などの森林資源開発関係者からの転業入殖が多く見られたのである。また，転業入殖といっても，実際には林業労働への従事や造材業経営は継続されており，兼業世帯が多数を占めているだけではなく，造材業者が村落内の有力者となっていたほか，1940年にはすでに非農家も多数村落内に居住するなど，村落内は多様な世帯から構成されていた。牛の導入は見られず，一方で経営面積と馬や関連農具の保有数には相関関係が見られ，なおかつ上層農でさえ収入の3割は兼業収入で占められており，農業と林業労働双方に投入される馬が個々の経営において重要な役目を帯びていた。また燕麦栽培も盛んであり，自家消費用や内外の市場向けに生産されていたと考えられる。米消費の具体的な数値からは，米食が現金収入を必要とする大きな要因の一つであったことが示された。

以上の 2 村落の事例から見えてくるのは，同郷や同族など渡島前の社会関係によって結びついた集団による渡島即入殖のような典型的な農業移民の姿ではなく，渡島後に直面した様々な状況を経る中で，森林資源開発に林業労働者等の形で関わりながら，農地利用も行って生計を営む移民兼業世帯の姿であった。そしてこの移民兼業世帯と，それが主な構成要素になっている村落こそが，北大植民学派が同時代的観察の中で農業拓殖遅滞の要因として批判の対象としながらも，その具体像が示されず，近年の樺太農業史研究の中でも見落とされ続けた，樺太農業拓殖の一半なのである。

　それではなぜ，移民兼業世帯の農地利用は，樺太庁の農家経営モデルに収斂しなかったのであろうか。その理由としては，①米消費のための現金収入の必要性，②馬資本中心の経営から牛資本中心の経営への転換の困難性が指摘できよう。後者については，竹野が用いた官製調査のデータからも同様の指摘が可能である。『農家経済調査』(1933 年) では，旧移民の方が，新移民に比べて農外収入が少なく畜産収入が大きい[71]。これは，牛の導入が原因であると考えられる。牛資本の拡大はその生産物の販売や牛自体の世話などのために労働力を村落近辺に拘束し，馬資本の林業労働市場への投入を抑制することになる。このことは，畜産収入が増大する一方で，農外収入が減少すると考えられるのである。牛資本が導入可能になったのは馬資本によって得られた現金収入の蓄積による寄与が大きいと考えられる。新旧移民の比較により，馬資本中心の経済行動から，牛資本中心の経済行動への移行が読み取れる。しかし，その移行に際しては，馬資本の不活性化という障壁があることも読み取れるのである。また，『樺太農家ノ経済調査』(1939 年) からも同様の現象を見出すことができる。経営面積規模が中間の階級は，経営面積規模が最小の階級よりも馬の平均飼養数が多いにもかかわらず，平均兼業収入については 3 階級間で最低なのである[72]。これは，経済活動によって得た利潤を主に牛資本として蓄積し，徐々に林業労働への依存を低め，製炭など農村近傍でできる兼業収入の拡大をはかったためと考えられる。中間の階級は，林業労働からそれに代わる兼業収入の方法を確立する過程にあり，兼業収入が最低となっていると考えることができるのである。

　次に，移民兼業世帯と商業的農業世帯との相違が生まれる理由については，移

---

71) 竹野 (2001: 88-89 頁)。
72) 竹野 (2001: 95 頁)。

民兼業世帯が森林資源開発拠点に生まれる農産物市場と労働市場に期待し、牛資本の導入ではなく、馬資本の拡充を目指していたのに対して、商業的農業世帯は畜産生産物の販売先としての都市市場に期待していたため牛資本の導入を図ったことに求められよう。しかし、後者においてさえ、初期の段階では馬資本の拡充とそれが生み出す現金収入を重視しており、森林資源開発と密接な関係を持っていたことは決して無視できないのである。商業的農業世帯にあっては、家畜としての牛と商品作物としての馬鈴薯・甜菜が重視されたが、移民兼業世帯にあっては、家畜としての馬と商品作物としての燕麦が重視されるのである。

　官製調査の問題点は、その対象農家が、転住せずにそこでの定着に成功していた農家に限られていると言う点である。つまり、これらの農家は明らかに専農へのベクトルを持った農家であり、着実にそれを達成しつつする農家であって、北大植民学派や樺太農政が批判の対象としている移動性や兼業性の高い樺太農家の実態では必ずしもないという点である。樺太農家一般の姿を把握するには、本章が例証した移民兼業世帯の実態は非常に重要であると考えられる。商業的農業世帯も移民兼業世帯も、本質的に決定づけられたものではない。結果として、ある種の経営形態を呈しているに過ぎないはずなのである。富内岸澤では、模範的な自給農業的世帯や、商業的農業世帯、そして移民兼業世帯とが混在していたであろうし、楠山農耕地では後者が優勢であったものの、これらの移民兼業世帯が牛資本の導入にふみきったり、経営規模を拡大してモノカルチャー的な甜菜栽培を始めて、商業的農業世帯の様相を呈することは充分にあり得ることである。実際、そうした経営プランを語る者もいた。たとえば、「農耕適地五萬町歩　敷香奥地の産業観察」(『樺太』第6巻第11号、1934年) という取材記事には、若い頃は林業労働に専念していたが、加齢により重労働が出来なくなってきたので、森林資源開発近傍で農業を行い農産物収入を得ようとする移民兼業世帯が現れている。この世帯の現状は移民兼業世帯と言えようが、彼らの描くビジョンは商業的農業世帯である。本書の関心から言えば重要なのは、移民兼業世帯の経済活動の基準が現金収入を確保することであり、そのために彼らは森林資源開発などの他産業に結び付きつつ農地にもアクセスしていたということである。また、米食の実践が、現金収入の必要性を生む原因の大きな物の一つであったということも、きわめて重要な点である。

　さらに、本章の分析から言い得る重要なことは、農民ないし農家というカテゴ

ライズは，観察者の側の勝手なカテゴライズに過ぎないということである。これは移民兼業世帯の分析により充分によく理解されるであろう。自家労働力，土地資本，技術，市場，そういったものを駆使して自身の望む生活を築こうとする各経済主体が，観察者の側の農家，農民といったカテゴライズに合致したかのように偶然見えるだけなのである。植民地エリートが「農家」「農民」という場合，いったいそれが何を指しているのかは，充分に注意しなければならないのである。北大植民学派や樺太庁が慨嘆していた農業拓殖の遅滞とは，典型的農業移民の不成功だけではなく，こうした移民兼業世帯による農地利用さえも含まれていたのである。

　本章で示したのは，農業拓殖の推進主体とされた農業に関わる樺太住民の生活と経済であり，ブローデルの言う中期持続であった。このような樺太農業拓殖の実態を背景として，樺太篤農家顕彰事業がどのように実施され，樺太文化論がどのように考究され，樺太庁中央試験所がどのように活動を展開し，そして樺太米食撤廃論の中に特殊なナショナル・アイデンティティがどのように現われたのかを次章以降で検討する。つまりは，樺太農業拓殖の社会史研究を試みる。

第4章

視覚化する拓殖イデオロギー
樺太篤農家顕彰事業

「皇太子殿下　大泊桟橋御上陸」（1925年）
（樺太庁 1936: 1697頁）

1 近代天皇制と農政

1)「昭和の大礼」と篤農家顕彰事業

　大日本帝国憲法が発布され皇室典範も定まった1889年以降，近代日本は「立憲君主制国家」としての道をたどることとなる。現実の政治の流れが欽定憲法制定を経ての議会開設となったことを踏まえれば，近代天皇制が確固たるものとして定置されたのもこの時期とみなすことは可能であろう。事実，その後この欽定憲法に関して，より民主度の高い解釈や運用をめぐる議論や運動が起きたのであり，そこでの争点はしばしば「天皇」という語が刻まれた憲法の各条項であったというのが，坂野潤治の論ずるところである[1]。

　安丸良夫は，既存の天皇制研究を「連続説」「断絶説」に分け自身を後者に入れ，「古い伝統の名において国民的アイデンティティを構成し国民国家としての統合を実現することは，近代国民国家の重要な特質の一つであり，そうしたいわば偽造された構築物として，近代天皇制を対象化して解析する」ことを課題に挙げている[2]。

　本章も近代天皇制に対して同様の観点をとりつつも，その問題関心はいささか異なる。その関心は，第一に，樺太農業と近代天皇制とがどのように繋累[3]を持ちえたのか，あるいは持ち得なかったのか，第二に，植民地政庁がいかに近代天皇制を自分たちの農業拓殖に関連づけ，移民社会の統合と前進を図ろうとしたのかという点にある。前章で明らかにしたような樺太農業拓殖の実態を前にして，樺太農政が近代天皇制を利用して実施した「樺太篤農家顕彰事業」の実態とロジックを明らかにすることで，樺太移民社会形成の一端，とりわけ植民地エリートが植民地住民と向き合った局面を明らかにしたいのである。

　樺太篤農家顕彰事業は二つの特徴を持っている。一つは，この事業が昭和天皇

---

1)　坂野 (2008)。
2)　安丸 (2001: 12頁)。
3)　本書ではこの語を「連関」の意で用いる。支配─被支配関係であるはずの天皇─国民（臣民）関係はしばしば親子関係に擬され，国民間の関係，そして民族間の関係も兄弟関係のように擬され，繋ぎ累ねられようとした。「繋累」の語は拘束性の他に親族関係も含意するので，上記のような近代天皇制の特性をふまえ，本書ではあえてこの語を用いた。

の即位の礼，いわゆる「昭和の大礼」(以下，「大礼」)を大きな契機としている点，第二に，この樺太の篤農家事業の高まりが，他の地域の類似した運動・事業と連動したものではない点である。

本章の課題は，第一に，樺太農政が樺太篤農家顕彰事業を通じて近代天皇制をどのように利用したのかという点を事象レベルで明らかにすることであり，第二の課題は，樺太篤農家顕彰事業において，近代天皇制と樺太農業拓殖とのあいだにどのような繋累のロジックが用いられたのか，またそれがなぜなのかを論理レベルで明らかにすることである。

本章の分析においては，樺太庁刊行物や経済調査などの政策資料，樺太現地で発行された新聞や雑誌などのメディア資料，大礼については内閣局刊行物や官報などを用いる。

2) 近代天皇制における「巡幸啓」と「式典」

大日本帝国憲法は1889年に発布，翌1890年に施行となる。この時期は日本憲政にとって大きな画期となるだけではなく，他の面から見ても大きな画期であったと指摘されている。形式的に見ても，1989年には，教育勅語が発せられ，「御真影」の交付も始まっている。

T・フジタニ[4]は，アンダーソンが，「想像の共同体」への帰属意識が誕生する一つの前提条件として，「出版資本主義」による「同時性」を強調している点[5]をふまえ，1889年の大日本帝国憲法発布式以降は，国民統合の手段として天皇が関与するイベントが，それまでの「巡幸 (imperial tour)」から，より近代的な一連の「式典 (national ceremonial)」へと移行する時期にもあたると論じる。

しかし，原武史 (2001) は，巡幸を「時代遅れの儀礼様式」[6]とするこのフジタニの見解を批判する。原は明治・大正・昭和の各代の天皇の巡幸啓の事跡を検討し，巡幸啓が1889年以降もなお国民統合の装置として充分に機能していたと述べる。つまり，徳川体制では「将軍が幼少であろうが暗愚であろうがその実像を

---

4) Fujitani (1998)。
5) アンダーソン (1991)。
6) フジタニ (1994: 222頁)。

人々が意識することは全くといってよいほどなかった」[7]のに対して，「明治以降の日本は天皇の存在を国民レベルで位置づけなければならない時代に入った」[8]のであり，その際に天皇の「身体性」が問われたのである。「身体性」が問われるとは，単に視覚化されるか否かというだけではなく，その個性も天皇との繋累を成り立たせるために問われるということだと本章では考える。

本章では，昭和天皇の皇太子期の樺太「行啓」をふまえつつ，「式典」としての大礼の意義を検討する。従って本章は植民地農政の観点から，「式典」を「対象化して解析する」近代天皇制研究としても位置づけられる。なお，本章で言う「式典」とは具体的に大礼そのものだけでなく関連事業を含む。

3）内地農政と近代天皇制

原のいう「可視化された帝国」が成立することによって何が起きたのであろうか。巡幸啓の際に沿道に居並ぶ国民的身体が形成されるというだけであろうか。原は「可視化された帝国」の完成を満洲事変以降においている。日本近代の国民統合をめぐる議論において，しばしばその議論はいわゆる戦時体制期のナショナリズムの昂揚を説明するためのものとして意義を確保される。しかし，そうした極限的状況の中でしか国民統合ないし近代天皇制の問題は問い得ないのであろうか。本章は「農業」という「産業」における近代天皇制の機能を検証する。

したがって，これまでの農業・農政・農村史研究が近代天皇制の問題をどのように扱ってきたのかを把握しておく必要がある。本節ではまず内地農民運動史研究[9]の分野において近代天皇制の問題がどのように扱われていたのかを確認する。

坂根嘉弘は，戦後の農民運動史研究には栗原百寿の系譜と宇野経済学の二つの系譜があるとしている[10]。その双方の関心は，主に明治・大正期や農村恐慌時の小作争議の展開にある。しかし，近代天皇制との関連で見れば，明治・大正期の小作争議よりも，日露戦後の地方改良運動や1930年代の農村経済更生運動の中

---

7) 原（2001: 218-219頁）。
8) 原（2001: 369頁）。
9) 本章では形式的に，他章同様に大日本帝国憲法発布以前の領土を「内地」，それ以降に編入された植民地やそのほかの勢力圏を「外地」と呼ぶことをここで今一度確認しておく。
10) 坂根（1990）。

に着目すべき現象が起きている。

　不破和彦によれば，地方改良運動では「イデオロギー的国民統合策」が重視され，1908年の戊申詔書発布後には「篤行者表彰規定」が設けられ，近代的な行政機構に国民意識をもって取り込まれるような「天皇制・国家主義イデオロギーによって教化訓育」された「村民」の創出が図られた。後述の山崎延吉もこの運動の重要人物であった[11]。

　森武麿は戦間期農村における下からの農民運動と上からの農民運動の対抗関係をヘゲモニー論によってとらえ，1933年を画期として農村支配体制が「大正デモクラシー」から「昭和ファシズム」へ転換したとする[12]。そして，そこで大きな契機となるのは農村経済更生運動による農村の再編である。大門正克は農村経済更生運動の特徴として，第一に農村の経済的組織化，第二に農村の社会的組織化，第三に運動の担い手として広範な村民の指定，第四に前記三点を促進するための「経済更正の精神」の喧伝，を挙げている[13]。この第四点は，経済観念・勤労精神の発揮，郷土意識の発揚，国民精神の高唱という内容を持っていた。第三点では，ある人物群への名指しと動員が行われた。それが「中心人物」「中堅人物」である。簡潔に言えば，「中堅人物」とは村内の自作農中堅・自小作上層であり，「中心人物」とは彼らを指導する村内イデオローグであり，これらの人物群は国民高等学校（農民道場）などで養成された[14]。この養成を担当した加藤完治や山崎延吉は，山形自治講習所や新風義塾において「愛国的農民」「皇道農業」「天皇帰一」などの観念による農業教育を行っていたイデオローグであった[15]。このように農村経済更生運動を通じて，近代天皇制は内地農村に入り込まんとした。

　さて，これらの人物群は「村民」「中心人物」「中堅人物」と名指されたのであり，本章が直接関心を持つ「篤農家」と名指されたのではなかった。この「篤農家」あるいは「老農」という名指しに関心を持ったのは，内地農民教育史の分野である。

　赤司政雄によれば，「篤農家」という言葉が公式な形で現れたのは，小作争議

---

11) 不破 (1978)。
12) 森 (2005)。
13) 大門 (1994: 306頁)。
14) 森 (2005: 194-201頁)。
15) 浜田 (1977: 135-151頁)。

が激化する傾向にあった明治末から大正期にかけての時期であった[16]。前述の山崎が愛知県農会主催の全国篤農家懇談会を1910年に開催したほか、各地の府県農会も地主篤農家大会などを開催するようになった。これらの場における「篤農家」とは自作農が中心で、かつての老農のような技術指導者ではなく地主―小作関係の調停者として位置づけられた[17]。

以上の如く内地農民運動史・農民教育史には二種類の名指された人物群がいた。一つは「村民」「中心人物」「中堅人物」であり、もう一つは「老農」「篤農」である。本章では、すでに農業を通じてある程度の実績を有するごく少数の有力な人物群である後者を「既存人物」、これから育成されるべき対象とされた各農村内の階層内の若手や階層の代表者、ないしは国民化の対象となった人物群である前者を「育成人物」と呼ぶこととする。しかしいずれにしろ、樺太篤農家顕彰事業の契機を1928年の大礼におくのであれば、時期的な連動性が認められず、それが樺太農政の独自の活動であったと考えることができるのである。

4) 植民地農政と近代天皇制

樺太の近代天皇制を問う前に、他の植民地、特に朝鮮での近代天皇制を確認しておく[18]。

植民地朝鮮の支配イデオロギーには段階的変遷が認められるものの、一貫して朝鮮においては異民族支配のイデオロギーの中枢に近代天皇制は取り込まれてい

---

[16] 赤司 (1973)。一般の内地農業・農政史では、たとえば井上 (1972) が指摘しているように、1921年や1936年周辺が小作争議激化の時期として挙げられる。しかし、赤司は「地主・小作関係が従来の温情主義的関係から対抗関係に変化し、小作争議が激化する傾向にあった」（赤司 1973: 118-119頁）として、この時期の「篤農」の実態を分析している。

[17] ただし農村経済更生運動においても再び「篤農家」という語が現れる。たとえば、1932・33年には大日本聯合青年団が「全国青年篤農家懇談会」を開催している。この会合は農村経済更生運動の一環であり、内地各府県、北海道、樺太から30歳までの134名の「青年篤農を招集して時局に関する研究討議を遂げ、以って農村の更正に資するあらん」という名目で開催された（大日本聯合青年団 1932）。1932年大会では樺太からも1名参加しているものの、この人物は樺太篤農家の範疇には入っていないし、ここでの「篤農家」という名指しは育成人物に対するものであった。

[18] 本章が樺太との類似性を指摘される北海道の農政・農業を比較対象としていないのは、近代天皇制を考える上では、被支配民族による抵抗が最も強く植民地として好対照であった朝鮮などの地域との比較から樺太農政の特色を描くことが適切だと考えるからである。

た[19]｡同様のことは台湾についても駒込武や若林正丈によって指摘されている[20]｡

さて，次に植民地農政と近代天皇制の繋累および「篤農家」という語の使われ方について確認する｡朝鮮植民地農政において，1910年代に「篤農家」という言葉が見られる｡そこで名指された朝鮮農民とは，朝鮮農政の提示する農事改良メニューを熱心に実行する在村耕作地主であった[21]｡1910年代には地主会も組織されていたが，官製団体であり活動は有形無実であった｡しかし，1919年の三・一運動を機に系統農会の設立準備が進められ，1926年には朝鮮の系統農会が成立されることとなる｡この系統農会が構成員を全農民に広げた一方で，地主のみを構成員にしぼった「地主懇談会」も新たに組織された｡朝鮮農政と朝鮮人地主が手を結ぶことにより，日本―朝鮮間の民族支配対立が，地主―小作間の階級支配対立という形にすり替えられようとした｡また，この「地主懇談会」の名称は実際には様々で「篤農家懇談会」という名称も見られた[22]｡これは1920年代の朝鮮農政においても，「篤農家」とは地主層を対象とする言葉だという1910年代の認識が引き継がれていたことの証左であろう｡しかし，その一方で，1920年代には反日本帝国主義的な性格を持つ小作人組合も各地で結成されるようになった[23]｡

1930年代には1929・30年の農業恐慌による朝鮮農村の疲弊を解決すべく「農村振興運動」が起こされた｡しかし，そこで目指されたのは地主―小作関係の改善ではなく自力更生という道であった｡富田晶子によれば，「準戦時下の農村振興運動は「皇民化」の名による戦争動員体制形成への布石」[24]であり，「総督府は「自力更生」の諸矛盾に対処すべく，ファッショ的イデオロギー注入をはかっていく」[25]こととなった｡その「イデオロギー注入」の対象となったのが，「中堅人物」と呼ばれた人物群であった｡朝鮮農政は従来，農村支配を旧来の在地両班層ではなく中間層としての新興地主層に担わせようとしていたが，この段になってその役割を朝鮮農政が直接育成した「中堅人物」に期待するようになったのであ

---

19) 朴 (2003)｡
20) 駒込 (1993),若林 (1992)｡
21) 松本 (1998: 33-44頁)｡
22) 堀 (1976: 2-6頁)｡
23) 大和 (1982: 22-23頁)｡
24) 富田 (1981b: 96頁)｡
25) 富田 (1981a: 166頁)｡

る[26]。前述の山崎はこの農村振興運動においても起用されており，特に1935年の「心田開発」政策以降は内地の農村経済更生運動同様に，「農民道」「皇国農民」「天皇帰一」といった観念が教え込まれ，朝鮮の農村に神道祭祀を導入することさえ試みられた[27]。

　以上の内地および植民地朝鮮の農民運動史・農民教育史から次のことが指摘できよう。第一に，既存人物に用いられる「篤農家」「老農」といった名指しに対して，育成人物に対しては「村民」「中堅人物」「中心人物」といった名指しが用いられた。第二に，近代天皇制が関連するのは，後者における天皇制イデオロギー教育においてである。すなわち各戦後・戦時体制に対応するための「村民」「皇国農民」の養成が図られた。第三に，この後者は農村社会の再編の一環として位置づけられていた。内地においては地主─小作階級支配関係，朝鮮においてはこれにさらに日本─朝鮮民族支配関係がその基底にある。ただし，これらの緊張関係を抜本的に解消することが目指されたわけではなく，その弥縫や隠蔽が図られた。第四に，これらの人物群の名指しには内地と朝鮮の間に時期的連動性と史的文脈の類似性は認められるが，それぞれは内地農政，朝鮮農政という別個の状況と活動の所産であった。また最後に述べ添えておきたいのは，樺太に限らず，内地にしろ植民地にしろ，農業・農民と「式典」，特に大礼との，観念レベルではなく，現場レベルすなわち農政のレベルでの関係性について論じた研究がほとんど見られないという点である。この点からも本章の意義を見出せよう。

2　行啓から大礼へ

1) 樺太と皇族

　樺太に関連した皇室イベントは皇太子行啓と大礼だけではなかった。そのほか

---

[26] 台湾でも1930年代に，日本人・漢人双方の青年を対象とした農業学校が設立されて農村の中堅人物を「皇国農民」として育成することが図られた（張 2001: 199-200頁）。先住民族についても，皇民化政策の推進と共に村の「中堅人物」の養成を目的とする「農業講習所」が各地に設立された（松田 2000）。また「篤農家」という言葉も見られ，たとえば台北州農会は「青年篤農家講習」を開催している（台北州農会 1937）。

[27] 青野（1991: 42-43頁）。

の皇室と樺太との関連を示すことにより，樺太における皇太子行啓と大礼の位置を確認する。

まず，最も早い樺太と皇室事業の接点は，1912年の明治天皇大喪に際しての「御下賜金」であった[28]。

大日本農会は1881年の設立時にその最高職である会頭に北白川宮能久親王を迎えて以来，現代にいたるまで最高職には常に皇族を迎えている。そして1894年から「農事功績者」への表彰事業を開始する。戦争によって中断される1941年までに，国内外の10,240名が受賞している。樺太からは，佐藤唯吉（1919年），須賀清次郎（1928年）ら4名が表彰されている。1919年は，関東州と満洲からも初めて表彰者が出たほか，台湾の漢人，朝鮮の朝鮮人からも初めて表彰者が出た年であった[29]。

行啓については，皇太子裕仁（1925年）を皮切りに，7名の皇族が1936年までに行っている。その後の戦時体制においても，東久邇宮稔彦王，昌徳宮李垠王などが行啓を重ねており[30]，1925年の皇太子行啓，1928年の大礼と昭和天皇中心の皇室イベントが続いた後に定期的な各皇族による樺太行啓が始まったことが確認できる。

2) 昭和の大礼の中の植民地

昭和の大礼およびその関連事業を本書では「大礼事業」と呼ぶこととする。近代天皇制の一環であるこの大礼事業を樺太農政がいかに独自に樺太で展開させたのかを明らかにすることが，本章の課題の一つである。しかし，そのためにはそもそも中央政府がこの大礼事業をどのように意味づけていたのかという点を検討しなければならない。

昭和の大礼とは簡潔に述べれば，1926年の大正天皇崩御を受け践祚した昭和天皇の即位礼である。『昭和大礼要録』[31]（以下，『要録』）によれば，即位礼自体は，1928年11月10日に京都御所にて行われ，引き続き諸儀を済ませた後の14日に

---

28) 樺太庁（1936: 1660頁）。
29) 大日本農会（2001）。
30) ГАСО. Ф. 2 и. Оп. 3. Д. 12（「甲倶楽部内苗圃」王子製紙株式会社樺太分社）。
31) 内閣大礼記念編纂委員会（1931）。

表4-1 昭和の大礼における顕彰者内訳

<地域別>	特例銀杯 所在	特例銀杯 活動	移植 所在	社会 所在	<民族別>		特例銀杯	移植	社会
内地	27	13	18	119	日本人		36	37	109
外地 樺太	2	4	4	0	非日本人	朝鮮人	9	0	0
外地 朝鮮	8	16	1	0	非日本人	漢人	1	0	0
外地 台湾	2	2	1	0	非日本人	朝鮮人或漢人	2	0	0
外地 大陸中国	0	8	8	0	非日本人	先住民族	1	0	0
外地 そのほか	0	2	5	0	非日本人	欧米人	0	0	10
外地 小計	12	32	19	0	非日本人	小計	13	0	10
不明	10	4	0	0	合計		49	37	119
合計	49	49	37	119					

出所) 内閣大礼記念編纂委員会 (1931), 『官報』(1928年11月22日付 [号外], 同23日付, 同29日付, 同30日付, 同12月10日付, 同29日付) より筆者作成.
注1)「特例銀杯」とは「公衆の利益を興したる廉に依」る「特例銀杯」授与者,「移植」とは「移植民功労者表彰」受賞者,「社会」とは「社会事業功労者表彰」受賞者,「所在」は受賞者の所在地,「活動」は活動地をさす.
注2)「特例銀杯」の「大陸中国」とは具体的には満洲および関東州を指す.
注3)「特例銀杯」の「そのほか」2名のうち, フィリピン (1), 海外移住者支援 (1).
注4)「不明」とは, 名前に添え書きされる住所の部分に勲等などが記載され, かつ受賞理由からも判断できない場合.
注5)「移植」の「大陸中国」は, 奉天 (1), 牛荘 (1), 長沙 (1), 北京 (1), 吉林 (1), 済南 (1), 鉄嶺 (1), 関東州 (1).
注6)「移植」の「そのほか」は, バタビヤ (1), パウル― (1), ペルー (1), アルゼンチン (2).

大嘗祭が行われた。このため昭和天皇は6日に行幸し, 27日に皇居へと還幸した.

大礼事業の中で, 樺太篤農家顕彰事業と関連するのはその中の恩典褒賞「特例銀杯下賜」と「移植民功労者表彰」である。またこれらの事業の意図を明確にするために, 後者と対にされていた事業である「社会事業功労者表彰」についても詳解しておく[32]。

「特例銀杯」の対象者は「孝子にして且節婦」17名,「孝子」15名,「節婦」9名,「忠僕或は忠婢」8名,「実業に精励」2名,「公衆の利益」49名であるが, 樺太も含めて「外地」の者や, 農業に関与する者で顕彰された者がいるのは,「公衆の利益」のみである。また,「公衆の利益」以外の項目は明らかに儒教的な徳目に沿ったものである一方で,「公衆の利益」の内実はいささか不明確であるから, この点を明確にする必要があろう.

地域別の内訳を「所在地」と「活動地」に分けて表4-1に示した。「所在地」

---
32) 当時の『官報』においてこの二つの事業は常に並べて扱われていた.

については，「不明」の10名を除くと3分の2が内地である。しかし，その一方で「活動地」については逆に3分の2が外地なのである。また受賞者49名のうちの4分の1にあたる12名が漢人・朝鮮人，さらに1名が台湾先住民族と判断できる。受賞理由も多様であり，たとえば樺太の4名については，教育（佐々木時造），農業（須賀清次郎），土木建築（高山小枝丸），水産業（保知清吉）となっている。

以上から，「特例銀杯（公衆の利益）」は主に外地で活動する日本人や，植民地政府に協力的な外地の被支配民族を重点的に表彰する姿勢が認められるのである[33]。

次に，「移植民功労者表彰」・「社会事業功労者表彰」の検証に移る。実のところ，本章が依拠している『要録』にはこの二つの表彰に関する記載はない。しかし，樺太篤農家自身も，また樺太現地メディアも，この表彰が大礼に関連したものだと認識していたのは明らかなのである[34]。したがって本章では，この二つの表彰事業が，少なくとも当事者たちにとって大礼と関連づけられていたという意味で大礼の一環とみなす。

さて，表4-1のごとく，「特例銀杯」で指摘したことがこの二つの表彰事業ではより明瞭になっている。漢人・朝鮮人・先住民族の名前が双方に見当たらない一方で，「社会事業功労者」には北海道アイヌの研究・教育に貢献したジョン・バチェラーのような欧米人が見受けられる。さらに，「特例銀杯」の例から類推するに，所在地が内地の地名で記載されていても活動地は外地である可能性は極めて高い。以上を鑑みるに，「社会事業功労者」は内地で活動した日本人・欧米人を，「移植民功労者」は外地へ進出した日本人を対象としていると判断できるのである。樺太の場合，後者の対象となった4名はすべてその後に篤農家と称せられる人物たちであり，内地から樺太へ渡り入殖した人々であった。

かくして大礼事業において，内地/外地，日本人・欧米人/被支配民族は明瞭に意識・区別されており，さらにこの区別は小森が指摘した「日本型植民地主義」の「文明/野蛮」観とも一致していると言える[35]。ここで取り上げた大礼の顕彰

---

33) 北海道や沖縄などに関わる人物も「公衆の利益」でのみ名前が認められる。
34) たとえば「御大典に表彰された篤農家が講演　全島農村を行脚する　豊原からも二人参加して」（『樺太日日新聞』1929年1月11日号）など。この二人とは須賀と的場である。
35) 小森（2001）。

事業は，その典型的な顕われであり，具体的に言えば日本人の外地進出を積極的に称揚する植民地主義の顕現であったと理解できるのである。そして，ここで樺太は完全に外地として扱われていた。

　大礼の大嘗祭に供される米・粟など（庭積机代物）を生産する農民は「正奉耕者」と呼ばれ，内地道府県，朝鮮，台湾，関東州，南洋，そして樺太から計111名が選ばれた。『要録』には樺太からは齋藤政次が「精粟」を献納したという記録がある[36]。このように大礼においては内地の農業だけではなく外地の農業も「式典」に結び付けられたのである。

3　樺太篤農家顕彰事業

1）樺太農政における「篤農家」

　では，樺太では「篤農家」はどのようにして，生まれたのであろうか。
　すでに述べたように，領有2年後の1907年に総合行政機関である樺太庁が設置され，農水省管轄の内地農政から独立した樺太農政が始まった。1920年代中葉には樺太は帝国内の人口・食糧問題の解決地として位置づけられた。朝鮮・台湾のような投資型植民地とは異なる移住型植民地としての役割を樺太庁も自認し，農業移民政策を拓殖の根幹としたのであった[37]。
　「篤農家」という言葉は，大礼以前からすでに樺太のメディアには現れていた。各種の顕彰事業自体が「篤農家」という言葉を使っていないにも関わらず，メディアは用いており，この時期には樺太でもこの言葉がある程度人口に膾炙していたとうかがえる[38]。

---

[36] ただし，樺太現地メディアでは前出の須賀も大嘗祭の机代物として馬鈴薯を「奉耕」し収穫祭を行うと報じられている（「須賀氏奉耕馬鈴薯収穫祭執行」『樺太日日新聞』1928年10月7日号）。これは『要録』では米・粟の献穀者しか記録されていないためであると思われる。本書では須賀も「正奉耕者」として扱う。

[37] 竹野（2000）。

[38] たとえば，1928年2月16日の『樺太日日新聞』には「本斗支庁に於て紀元節を卜し管内篤農家を表彰　農事組合にも感状を贈る」という見出しが見られる。しかし，この際の表彰状には「篤農家」なる言葉は現れてはおらず，「右者移住以来鋭意農業に従事し斯業の改良発達を図り其の功蹟顕著にして他の模範とするに足る仍て木杯を贈呈し茲に之を表彰す」という表現があるに過ぎない。前述の大

表 4-2　樺太篤農家一覧

名前	行啓	特銀	移功	正耕	農会	樺太篤農家事業			家族数	従業者数	耕地[ha]	農外所得	牛[頭]	馬[頭]
						講演	苦心	調査						
須賀清次郎	○	○	○		○	△	○	○	11	8	17.90	0.36	7	2
佐久間喜四郎	○		○			○	○	○	4	4	23.06	0.10	8	2
的場岩太郎	○		○			○	○	○	7	4	8.80	0.05	9	1
齋藤政次				○		○	○	○	10	3	12.50	0.50	12	1
塩澤広吉	○		○						1	1	5.40	0.00	3	1
大堀要八						○		○	9	2	7.75	0.32	0	3
藤本栄吉						○		○	3	4	6.80	0.03	0	2
吉田清五郎						○			7	2	4.50	0.19	0	1
布村伊八郎						○			4	2	4.60	0.27	0	1
三輪栄正						○			2	2	9.55	0.00	0	2

出所）樺太庁農林部（1929a），樺太庁農林部（1929b），樺太庁殖民課（1933），『樺太日日新聞』（1928 年 2 月 16 日号，同 10 月 7 日号，1929 年 1 月 11 日号，1941 年 10 月 21 日号）より筆者作成。

注 1）「行啓」=1925 年の皇太子裕仁行啓時の拝謁者，「特銀」=昭和の大礼の「特別銀杯」授与者，「移功」=昭和の大礼の「移植民功労者」顕彰者，「正耕」＝昭和の大礼の「正奉耕者」，「農会」＝大日本農会による顕彰者（1928 年），「講演」＝1929 年の樺太庁主催の大畜産講演会に講師として参加，「苦心」＝『樺太農家の苦心談』に登場，「調査」＝『農家経済調査』に「篤農家」として，1929 年時の経営データが掲載。

注 2）須賀清次郎も講師として選ばれていたが，病床に伏せたため講演集には名前は残っていない。

注 3）「農外所得」は所得にしめる農畜産業以外の所得の占める割合をさす。

　大礼から間もない 1929 年の 1・2 月に「樺太庁殖民課農畜産大講演会」が行われ，前章でも言及した佐久間喜四郎ら 3 名の樺太農家が島内を講演して回った。同年 6 月にはこの巡回講演会の内容が『篤農家講演集』（以下，『講演集』）[39]として刊行される。この「緒言」には，「本編篤農家講演集は昭和三年度島内篤農者として表彰を受けたる佐久間喜四郎氏，齋藤政次氏，的場岩太郎氏の諸氏」という表現がある。また本文によれば須賀清次郎も講師に選ばれてはいたが，病床にあったため参加できなかったという。この 4 名は大礼における「特例銀杯」「移植民功労者」「正奉耕者」の対象者である。そして，同年 8 月には『樺太農家の苦心談』（以下，『苦心談』）[40]が刊行され，10 名の樺太農家が紹介される。このパンフレットの「序」には，「篤農家」なる表現は現れていない。しかし，時をおいて 1933 年に樺太農政が作成した調査報告書『農家経済調査』[41]には，前述のよ

　　日本農会による表彰に際しても大日本農会は表彰理由として「農業上の功績功労の顕著なる者」（大日本農会 2001: 28 頁）という表現を用いているに過ぎないにもかかわらず樺太現地メディアは「篤農家」という表現を用いている。
39）樺太庁農林部（1929a）。
40）樺太庁農林部（1929b）。
41）樺太庁殖民課（1933）。

うに1929年度の「篤農家」の経営データが掲載されている。この「篤農家」10名と『苦心談』の10名とは完全に一致する。

かくして，1928年の大礼を契機とした上記の樺太篤農家事業を通して，これらの既存人物が樺太農政により独自に「篤農家」と名指され生み出されたのであった。(表4-2)

メディアについてみると，1931年には雑誌『樺太』に佐久間，齋藤，須賀らのインタビュー記事が現れる。『樺太日日新聞』に目を向けると，篤農家に関する記事は，1928年に8件，29年に12件，30年に2件となりその後はほとんど見られなくなってしまう。樺太で「篤農家」という言葉が取りざたされたのは，1928-31年の間と言えるのである[42]。

樺太篤農家顕彰事業が1928・29年を，メディアへの露出が1928-31年あたりをピークとするならば，これらの時期は樺太農政および樺太農業にとってどのような時期であったのであろうか。この点を検証し，樺太農政にとっての「篤農家」の位置づけを明らかにする。

1907年の樺太庁設置後，1912年に樺太農政は正式な農業移民制度を開始する。その後，改正を幾度か重ねながら，1928年に集団移民制度と自由移民制度の併用という形で固定化させ，1932年には集団移民制度の対象を島内出身者にも拡大する。そして翌33年には農業移民事業自体の募集宣伝を中止してしまう。一方，1932年の年末から雑誌『樺太』の誌面上で「樺太農業論争」[43]が繰り広げられ，メディア上に樺太農政担当者や樺太庁中央試験所のスタッフらの発言が活発に現れるようになる。そして，1934年には拓殖計画に伴い「樺太農法経営大体標準」(以下，「標準」)，つまりは農家経営モデルが樺太農政によって画定されることとなる。ここから指摘できるのは，件の1928年を樺太農政の転換期とみなせるのではないかということである。すなわちは，移民制度の調整から，経営モデルの調整への転換である。これを実証するために，数量的なデータに目を向けよう。

まず，1928年以前の農政パンフレットを検討する。1923年には『樺太之産

---

42) ただし，メディアが取り上げたのは本書が取り上げる10名に限っていたわけではない。また，1941年には再び「篤農家」と名指される人物群が現れ，「土の十二戦士」などと称されたが(「茆の道を克服して農村に擧るこの凱歌　全島篤農家建設の声　巡回座談会その一」『樺太日日新聞』1941年10月21日号など)，この時期の動向については，「食糧増産実行共励員」との関係なども含めてまた改めて論じたい。

43)「樺太農業論争」については，竹野(2001, 2005b)などに詳しい。また，本書第5章でも詳述する。

業』[44]，1925年には『樺太の農業』[45]が刊行される。双方に農家の経営データが掲載されている。しかし，この二つの間には大きな隔たりがあるのである。たとえば経営面積を比較すると前者が 3.7 ha であるのに対して，後者が 8.8 ha なのである。わずか二年間で島内の 1 戸あたりの平均経営面積が 2 倍以上に増加したなどと考えるには無理があるし，そもそも統計からいっても後者が純然たる平均数値であるとはみなせない。むしろ，ほかの項目を検討しても「標準」で設定された数値に近いと言えるのである。つまり，1925年の段階である程度，理想的な樺太農業経営像が樺太農政内部に形成され始めていたのであり，また同時にそれを体現するような実例も樺太内に実際に生まれ始めており，『樺太の農業』の数値は模範的な農家から得た調査結果であったと推測できる。北大植民学派の高倉新一郎は先述のとおり戦後に出版された『北海道拓殖史』において樺太農業を総括する文章の中で，「樺太の農業は，領有当初から始まつたが，最初から眞面目な農業者は尠なかつた。漁業或は商業の片手間に農業を營むか，農業で自家食料を得て雑業に従ふものが多かつた。（中略）農を専業とする農家と農村が出現したのは昭和三年以後の事に過ぎない」[46]と述べている。高倉がここであげている画期「昭和三年」はまさに 1928 年なのある。

　では，樺太篤農家の経営は，「標準」に影響を与えることになったのであろうか。この点を，「標準」に示されたモデルと『農家経済調査』の中の篤農家経営データを比較することで検証する。「標準」で示されたのは端的に言えば，食料・飼料・肥料を自給する有畜（牛）家族経営専業農家モデルであった。樺太篤農家 10 戸のデータを比較すると各項目についてバラつきが多いものの，中核的な篤農家 5 名については有畜（牛）農業を実現していることと，耕作面積については 7 名の篤農家が「標準」(7.5 ha) を超えていることを指摘できる。樺太農政は樺太篤農家を基にして「標準」のモデルを構築したのではなく，自身の論理に沿ってモデルを構築し，その際に樺太篤農家のデータを成功例として部分的に参照したと考えられる。また完全に参照するには篤農家間の経営にバラつきが多すぎる。ただし，1929年の「篤農家」調査に大礼に無関係な 5 名が加えられている点を鑑みるに，1929年時点では篤農家の経営データを参照しようとしていた意図はう

----

44) 樺太庁拓殖部 (1923)。
45) 樺太庁内務部殖産課 (1925)。
46) 高倉 (1947: 293 頁)。

かがえるのである。

　領有後，露領時代のロシア系住民の大半は本国送還されていたため，樺太農政はまず農業移民の招来を重視する必要があった。しかしやがて，農業移民の定着という問題を重視する必要が生じてきたのである。1928年はこの転換期であったと言えるであろう。樺太農政は定着の成功事例を内外に示す必要性に迫られていたのである。そして，樺太篤農家は成功事例として，樺太農業の一里塚としての役割を担わされたし，またそれ以上の役割は期待されなかったのである。このことは，1930年代に入り官民で農業経営モデルが議論される一方で，その議論の中で彼らが参照項にほとんどされなかったことからも理解できる。つまり，樺太農政にとって，樺太篤農家とは，内においては経営モデル構築のための間接的根拠，外に向かっては内実を不問にした形での樺太農業の成功事例としての位置づけを与えられていたと言えよう。しかし，このことは1930年代の動向と結び付けてこそ言い得る見解であり，1930年代の樺太農政にとっての位置づけとも言える。1928年の段階での樺太篤農家の位置づけは，むしろ近代天皇制との繋累の中に見出されるであろう。

2）樺太農政と近代天皇制

　樺太農政は，いかに，なぜ，近代天皇制と繋累を持ったのか。

　この点を『講演集』『苦心談』の中の篤農家たちの発言から検討する。ただし，これらを単純に彼らの生の語りとして扱うことはできない。全編樺太農政による創作という極論は退けるとしても，編集に関わっている以上ここには，樺太農政にとっての「篤農家」像が既存人物を用いて間接的に提示されようとしている意図を認めないわけにはいかない。

　検討に際して注目しておきたいのが，昭和天皇が有していた二つの個性である。一つは「樺太行啓」をした天皇，もう一つは「田植」をする天皇[47]という個性である。

　第一の個性である1925年の行啓と1928年の大礼とは常に結び付けられた。

　　畏くも皇太子殿下本島行啓の砌には樺太廳で奉拝の栄誉を賜り御大典には移殖

47）昭和天皇は「田植」をした初の天皇だった（高橋 1994: 256 頁）。

民事業功勞者として内務大臣から表彰状及銀牌を授與せられ今では皇恩の無窮なるに唯々感泣して居る次第であります[48]。

このように，大礼での顕彰は行啓とそれに際した謁見とを再度思い起させる。これは謁見した農家と大礼で顕彰された農家とが重なっているからである（表4-2参照）。

では第二の個性「田植」は樺太篤農家にどのような意味を持ったか。

> 最後に最も有難く力強い事は 聖上陛下に於かせられましては御践祚早々御自ら稲を御試作なされ我々農民へ範を垂れ給ふた事であります従来農民を土百姓等と嘲笑した者共は顔色がない筈であります斯の如き期難い聖上陛下を戴き又た今回の如き長官閣下の思召と謂い有難涙が流れるのであります吾々農民は自他共に大いに努力し御厚恩の萬分の一に報ひ奉らんことを希望して止まぬ次第であります[49]。

もちろん，この点は樺太以外の地域にも共通し得る点ではある。しかし，樺太の特殊な事情を拾い直して，解釈する必要がある。すでに述べたように当初樺太には農村など存在せず，また内地の農法さえすんなりと移植できるわけではなかった。そういうことから考えれば篤農家とは前例のない樺太の農村と農業とを作り上げた人物群だったのである。彼らの多くは村内の要職を務めるたたき上げの指導者でもあった。行啓（1925年）―田植（1927年）―大礼（1928年），という一連の流れを彼らの視点から捉えなおしてみよう。行啓時に彼らは農民として皇太子と謁見を許され，その践祚後には国家の絶対的権威である天皇が自ら田植をしたことを通じて，彼らの生業である農業が天皇によって顧みられる価値のあるものだと感得した。そして大礼において改めて彼らは天皇により樺太の農民として「見られた」のである。艱難辛苦に満ちた血と汗のにじむ樺太農業は，この1928年に改めて，天皇の視界に入る価値のあるものとして顕現させられたのである。

大嘗祭に際しての「正奉耕者」はまさに古代王権の儀礼である「食国（おすくに）」[50]になぞらえられよう。しかし，樺太篤農家はおろか，樺太農政官僚さえ「食国」の「伝

---

48) 佐久間（樺太庁農林部 1929b: 11頁）。
49) 齋藤（樺太庁農林部 1929a: 23頁）。
50) 古代王権の服属儀礼としての「食国」と新嘗祭の関係については岡田（1970）を参照。

統」を関知し連想し得るかは定かではない。けれども、「食国」儀礼はそうした「伝統性」が意識されなくとも、象徴的な意味を持ちえるであろう。樺太は稲作不可能地域であり、大礼において米を献穀できなかったのは樺太のみであった。原田信男[51]は近世までの日本社会において稲作の可否が「日本」の領域性の指標となっていたとする。もしこの感覚が樺太においても維持されていたとするならば、稲作不可能地域ゆえに米を献穀できなかったという事実は強烈なるナショナル・アイデンティティの疎外を引き起こすであろう。しかし一方で、粟であれ大礼という極めて重要な天皇儀礼に樺太の農産物を献穀したということは、樺太農業もまた日本農業であるという認識を作り出し、その疎外を克服するのである。

こうした行啓や正奉耕者、大礼での顕彰といった経験は個人的なものとして閉じ込められたものではなかった。齋藤は正奉耕者に選ばれたときのことを次のように回想している。

> 私の粟の出来は樺太約五萬の農民の不名譽であり農民の不名譽は全島民の不面目なのであります實に私の責任は大變なものでありました心の小さい私は若しも万一不出來の時は夜逃げするか切腹し様かと思つた位であります[52]。

樺太農民のみならず樺太島民全体を代表して正奉耕者を体験するという感覚を篤農家自身が有していたのである。メディアによる報道なども彼を樺太農民および樺太島民の代表であるかのように扱った。ここに、大礼という「式典」を通じて天皇と篤農家に繋累が生まれ、さらに国家と農民に繋累が生まれるというロジックが成り立つのである。

次に問うべきは、その繋累が、なぜ必要だったのかという点である。樺太篤農家に共通するのは精神主義である。樺太農政は確かに篤農家という成功事例を得たのであるが、超人的な努力が必要になるのであれば、その精神主義を安定的に保障してくれるようなイデオロギー、言わば拓殖イデオロギーが必要とされた。たとえば、主食問題である。樺太農政は樺太農家が主食を米から燕麦や馬鈴薯といった自給作物に転換させることに腐心し続け、第7章で論じるように1920年代中葉から見られるようになったそうした米食撤廃論は、ナショナル・アイデンティティに訴えかけたり、文化論を立ち上げる形でこの問題を解決しようとした。

---

51) 原田 (1993)。
52) 齋藤 (樺太庁農林部 1929a: 21頁)。

一方,樺太篤農家の中にも,非米食を説く者たちがいたが,彼らの精励の根拠は家運の再興であったり信仰心であったりと個人的でバラつきがあった。

また農業への動機にもバラつきがあった。以下は,前章でも言及した篤農家・佐久間喜四郎の入殖経緯である。

> 私が故郷に於て如何に働きましても到底一家を起す見込みがないと存じましたので十ヶ年北海道出稼のことを父に嘆願致しましたが,然し父は此の願を許して呉れませんでした。(中略)占領後間もないことであるから何か仕事があるだろうと考へまして四月五日小樽出帆の(引用者註：樺太行きの)船に身を委ねたのであります。(中略)何時迄人に使はれて居ても果てしがないと考へまして(中略)米,味噌と農具種子を買ひ手井澤に転住しました[53]。

成功事例である樺太篤農家さえ,渡島後に偶然的に就農し,その結果として専農化し得たに過ぎないのである。満洲の試験移民団のように内地で特別に教育・訓練を施されたり,表面上であれ帝国のためにと意気込んで海を渡ったりしていた[54]わけではなかった。従って,樺太農政にとって篤農家は二面性を有していた。樺太農業の成功事例であると同時に,精神面では偶然的で不十分であった。樺太農政は就農から精神主義まで,必然的であるような方途を導かなければならなかった。この時点で樺太農政は自前の農民養成機関やイデオローグを持ってはいなかった。そのため,大礼は絶好の機会となったと言えよう。樺太農政は成功事例である樺太篤農家を近代天皇制と結合させ,彼らの存在を喧伝したのである。樺太篤農家の精神主義には普遍性というものが無かった。しかし,国民国家において,国民ほど普遍性を持つ名指しはない。彼らを天皇儀礼と結びつけることで,あたかも彼らの就農・営農と言う私的行為が,拓殖・開拓といった公的なものであるかのように偽装を施したのである。彼らは見事に本分を果たした国民として人々の前に引き出され,ほかの国民にも同様の刻苦勉励を要求する根拠とされたのである。

「之れ蠧て一身一家の策を樹てるのみならず,帝国領土の開拓進展に貢献するものにして,樺太の開拓は即ち数十万の生霊と数十億の国帑とを犠牲に供したる日露戦役をして始めて意義あらしむるものと謂うべし」[55]といった国家事業たる

---

53) 佐久間（樺太庁農林部 1929a: 7-8 頁）。
54) 工藤（1940）。
55) 樺太庁拓殖部（1923: 6 頁）。

拓殖と私的就農営農とを国民観念を媒介に結合させ動員の根拠とする拓殖イデオロギーは，さら「式典」を介在させることでより説得力を帯びることとなる。

ただし 1930 年代に入ると，樺太農政の関心は，既存人物から育成人物へ，またメディアの関心も，樺太篤農家の経験談よりも，1929 年に統合・設立された樺太庁中央試験所のスタッフを初めとした植民地エリートの科学的言説へと移行して行ったのであった。

「標準」が策定される前年の 1933 年に提出された樺太拓殖調査委員会の答申書と説明書の中では「須ラク島民ノ拓殖精神ヲ振興シ以テ拓殖事業ノ大成ヲ期スルコト肝要ナリトス」として拓殖イデオロギーの重要性が強調されているし,「敬神崇祖ノ美風ハ実ニ拓殖精神ノ基調ニシテ」[56] というような文言は，同じく1930 年代に内地や朝鮮において農村に這い入ろうとしていた天皇制イデオロギーを彷彿とさせる。また，前章でも触れたようにこの拓殖計画によって各地に設立された「興農会」は「樺太拓殖道場」を行政の完全な補助のもと経営するようになる。ある拓殖農場では町村長の推薦を受けた 15 歳から 27 歳の青年 28 名の修練生が共同生活を送り，宮城遥拝，国旗掲揚，神社参拝，誓詞暗唱などの国家主義的儀礼が日課として行われていた。そして誓詞には「農民道」「殖産報國」といった言葉も見られた[57]。

こうした動きの中で，樺太農政における樺太篤農家たちの位置づけは樺太農業の一里塚以上のものにはなり得なかった。1934 年以降，官製の経営モデルと官製の精神主義や拓殖イデオロギーが現れ，それらを体現するべく育成された農村青年が樺太農政と農業の主軸となっていくと期待されたからである[58]。

---

56) 樺太拓殖調査委員会（1933: 14, 72 頁）。
57) 松尾（1939）。
58) 篤農家のうちでその後の動向が判明しているものは限られている。前注記の「土の十二戦士」の 12 名のうちには佐久間と三輪のみが入っている。敗戦後の 1946 年 2 月にソ連当局が作成した南サハリンの大規模農場のリスト（ГACO．Ф．171．Оп．1．Д．26）や，1949 年に全国樺太連盟が作成した『樺太人物鑑』には三輪の名前しか見られない。しかし，この点は世代交代や戦時体制論を含めて考えなければならないだろう。

4 成功者から功労者へ ── 拓殖イデオロギーの視覚化

　本章の課題は，第一に，樺太農政が遅滞する農業拓殖に対して，樺太篤農家顕彰事業を通じて近代天皇制をどのように利用したのかという点を事象レベルで明らかにすることであった。1928年に樺太農政は転換期を迎えていた。移民制度の調整から，経営モデルの調整への転換を図ろうとしていた。そして1928年までにはすでにある程度の樺太農家の成功事例が生まれており，樺太農政はこれら既存人物の一部を表彰事業や正奉耕者の形で大礼と結びつけた。その後，改めて「篤農家」と名指し，成功事例として喧伝した。樺太の農業と近代天皇制とは，篤農家と大礼とを媒介に結びついたのである。樺太農政は樺太篤農家が成功事例であること自体は満足していたが，その経営内容と精神面には満足してはいなかった。なぜならば，1928年の時点で1934年の「標準」に体現される経営モデルの腹案を漠然としてであれすでに有しており，それと樺太篤農家の経営実態の間には隔たりがあったからである。また樺太農政のモデルを実現するには精神主義が前提とされ，その普遍的な確立が要求された。そして用いられたのが，国民という普遍性であった。樺太農政は，樺太篤農家を「行啓」「式典」と結びつけることで拓殖という国家事業に本分を果たした国民として一般樺太島民の前に顕現させ，樺太農民に拓殖イデオロギーを受容させる根拠を作り出した。樺太農政は大礼に対して，拓殖推進という，単なるナショナリズムの移植や国民統合以上のより現場的な利用価値を認めていたのである。

　第二の課題は，樺太篤農家顕彰事業において，近代天皇制とのあいだにどのような繋累のロジックがなぜ用いられたのかを論理レベルで明らかにすることであった。樺太農政は大礼に現れた天皇を，篤農家たちを農民として「見る」天皇として演出した。「特例銀杯」「移植民功労者」「正奉耕者」，これらのいずれも天皇が篤農家を農民として「見た」ことの所産と理解させようとした。樺太はいまだ農民としてのアイデンティティが揺らぎ明滅する空間であった。しかし，天皇という絶対的権威によって「見られた」ことによりそのアイデンティティは安定化する。いわば天皇の「視界」に入ることにより，農民としての自己が認証されるのである。そして樺太農政はこの繋累を篤農家のみに占有させるのではなく，樺太農民と名指された人々にも，メディアなどを通じてひろく共有させようと

図った。樺太篤農家顕彰事業とは，成功事例の喧伝であるだけではなく，農民として天皇に「見られる」体験を共有させる試みでもあった。天皇に農民として「見られる」ことにより，樺太農民に自らが農民かつ国民であるのだと意識させ，国民の本分を果たすべく自発的に拓殖に参加するように期待したのである。

　内地や植民地朝鮮の農政が，イデオロギーによって異民族支配の正当化や地主支配の隠蔽を図ろうとしたように，樺太植民地農政は拓殖イデオロギーを構築せんとしていたのである。樺太篤農家顕彰事業とは，その試みの一つであった。農政の関心が既存人物から育成人物へシフトする点では，内地，朝鮮と類似しているが，その時期や状況はやはり異なる。その基底には，階級間ないし民族間の緊張関係の調整・隠蔽ではなく，農政の重要課題として「拓殖」があったのである。樺太を出稼地から健全な開拓地へ育成することが樺太農政の課題であった。

　拓殖イデオロギーの喚起を図った樺太農政は，「行啓」や「式典」で生まれた樺太篤農家と天皇との間の繋累を強調し，その繋累の一方を樺太農民・農業全般へ，また一方を国家へと伸ばそうとした。その繋累の枢要は，天皇に「国民」かつ「農民」として「見られる」ことにあり，その意義は私的就農営農の成功者を国家的な拓殖事業および移民社会への貢献者に演出することにあったのである。

第5章

形成される周縁的
ナショナル・アイデンティティ

樺太文化振興会

樺太文化振興会設立を報じる現地紙記事
(「研究後直に実行に移し"住よい樺太"建設に邁進 "文振"勢揃ひで長官挨拶」
『樺太日日新聞』1939年6月3日号夕刊)

1 小農的植民主義

1) 樺太植民地イデオロギーとしての小農的植民主義と樺太文化論

　樺太農政における小農的植民主義については，すでに論じたとおり学説史の観点から竹野が明らかにしている[1]。しかし，竹野の議論では学説史という観点を起点としているために，北大植民学派の議論の検討が中心になってしまっている。樺太の植民地エリートにおいてそれらがどのように内面化し，また言説としてあるいは政策として現れていたのかは，充分に検討されていない。北大植民学派は拓殖計画のための調査委員に高岡熊雄が選任されて以来，樺太農政に関わっていたわけであるが，このことは同時に，それ以前については直接的に樺太農政には関わってはいなかったということでもある。また，竹野の論述では北大植民学派がかなりの影響力を持ったように描かれてはいるが，拓殖計画は確かに中央政府が主導した面があるものの，樺太農政の側も関与していなかったわけではない。たとえば，拓殖調査委員会第一部委員の4人の主査の筆頭は高岡であるが，中央試験所所長であった三宅康次の名が入っているのである。本章第1節では，できるだけ樺太農政の系譜をたどりつつ，その中の小農的植民主義の存在とその原理とビジョンとを明らかにすることを課題とする。言うまでもなく，この小農的植民主義は樺太農業拓殖における農政側ひいては植民地エリート側のイデオロギーの重要な構成要素であったからである。

　また，1930年代中葉以降にはメディア上に樺太文化論が登場する。この背景には，「移民第二世代」と呼ばれる樺太生まれの世代の登場がある。こうした移民第二世代とまず相対する植民地エリートとは教育者であり，教育者の中から樺太文化論が提起され，さらに広く植民地エリートの中で醸成され，それが樺太文化振興会という一つの結実を生むのである。本章第2節では，この樺太文化論を一つの植民地イデオロギーとみなし，その醸成過程と内容を明らかにするとともに，そこで描かれた移民社会のビジョンを明らかにすることを課題とする。

1）　竹野（2003, 2005b）。

2) 樺太農政の方針

　樺太庁が設置される前年である1906年に，札幌農学校教授・南鷹次郎が，樺太民政署の嘱託として樺太へ調査に入り，拓殖の方針を定め「これが実施に当たつても，自分のよく手なずけた人物をやらなければならぬ」[2]と，門弟である栃内壬五郎を樺太へ送り出した。栃内は初代・拓殖課長として，初期の拓殖行政において指揮をふるった。樺太農政に最初に実践的に小農的植民主義を持ち込んだのは，この栃内であったと考えられる。

> 　即ち札幌農學校でこの農業經營法を學びその實施を體驗した栃内壬五郎氏が樺太領有當初の拓殖課長として平岡長官の下に赴任し樺太の殖民政策を立案した際，この北海道農法が殆んどその儘樺太に採用せられてゐるのである。栃内氏の立案した方策は當時の日本にあつては最新の知識に基いたものであると同時に當時の樺太にとつては又最も適切なものであったことには間違はなくその後單位經營面積が五町歩から七町五反歩へ，更に十町歩から十五町歩へと次第に少しづゝ繰り擴げられる様になったとは謂へ，栃内氏の立てた自給自足有畜自作小作農制には少しも狂ひも出來てゐない譯であり，更に又，その自作農制を確立充實すべく同氏の立案實施した，殖民地の區劃方法，道路排水の施設，農業移民の招來方法，土地處分制度，農業經營補助規定等は殆ど其の儘大なる更改を見ずに今日尚踏襲せられつゝあるものであって，此の事は其後に來るものゝ非創造性を責むるよりも栃内氏の識見を證據立てる資料と觀るを妥當と考へられるものである[3]。

　このように樺太農政の初期において，植民制度を確立したのも栃内であったと1930年代後半の植民地エリートも認識していた。栃内の持ち込んだ小農的植民主義が1930年前後の農政においてどのように継承されていたかを見るには，「樺太農業論争」の中の植民地エリートたちの言説を分析するのが適当であろう。この論争は，太田農場の経営者であり前・豊原商工会議所会頭でもあった太田新五郎と，樺太庁殖民課長であった正見透とが，雑誌『樺太』誌上で繰り広げた，樺太農業の行方をめぐる論争であった。この論争に，樺太庁中央試験所のスタッフも参加したのである。この論争は，機械化大農経営を実践しようとする太田に対して，正見が樺太農政の方針としての小農の植民主義を民間メディア上で表明し

---

2)　南鷹次郎先生伝記編纂委員会 (1958: 273-274頁)。
3)　「樺太産業革新の原理（農業篇）」『樺太』第8巻第7号，1936年，11頁。

たという重要な意味をもっている。樺太農業にとって革新的であった太田の樺太農業論は後に詳しく論じるとして，ここではまずこの論争に表われた1930年代の樺太農政における小農的植民主義について検証する。中央試験所スタッフは，この小農的植民主義に技術的・科学的論拠を与えるいわば援護射撃的な役割を担った。後述するように，農政による明確な農家経営モデルの提示は拓殖計画に伴う1934年の「樺太農法経営大体標準」を待たなければならないのであるが，この論争においてはそれに帰結する現場の小農的植民主義というものが樺太庁側の議論からうかがえるであろうし，そこに中央試験所すなわちは「科学」がいかに関係しているのかを見ることも可能なはずである。

　従来「樺太農業論争」という場合，雑誌『樺太』1932年11月号に掲載された樺太庁殖民課長・正見透の「庁政策に抗する二つの農業経営」をその始まりとしており[4]，本論でもそれを踏襲する。終焉の時期は明確に示されたことがないが，とりあえず，同誌1933年3月号の川瀬逝二「大農か小農か・有畜か無畜か」をもって最後とすることにする[5]。

　まず，「樺太農業論争」に至るまでに提出された樺太農業を巡る言説について検討していく。正見透は同誌の1930年6号および7号において，「堅実なる農村の建設」「樺太移民に就て」の二篇の記事を寄稿し，樺太における農業移民の方針について述べることになる。正見は近代国家の重要なる問題として，人口問題，食料問題，思想問題を挙げ，これらが相互に連環しており，第一次世界大戦におけるドイツ帝国の敗退の原因は食料問題悪化に伴う思想問題の悪化であると述べた上で，樺太の拓殖における食料問題に言及していく。ここでは専ら農業移民の食料問題が念頭におかれている。従って食料の生産の問題と消費の問題が，表裏一体の問題として論じられることになる。まず米の生産できない亜寒帯の樺太では，畑作生産を行うほかなく，そのために課題となるのが，地力維持と農家食料であるとする。地力維持に対しては機械化有畜農業の導入という農法，農業経営上の技術的要請を行う。しかし農家食料の問題に対しては，農業移民に対して，彼らの生活観，生命観，文明・世界観の変革を要求することになる。正見は「その國に於て，最も經濟的に，且つ多量に生産する食物を主要食物としてゐる

---

[4]　竹野（2005b: 33-34頁）。
[5]　竹野（2001: 90-91頁）の樺太農論争についての記述ではこれが最後に取り上げられる記事となっている。

國が，最も繁榮する國である」[6] という文明論と国家論レベルでの適地適作主義に基づいて，樺太農業移民は有畜農業によって生産される食料を消費するべきであると提唱する。従って，樺太農業移民が消費すべき食料とは，自分の畑の燕麦を売った現金で買った内地移入米ではなく，農家自身で植え育てた燕麦，馬鈴薯であり，漁民や市場から貨幣交換を経て手に入れた塩鮭や鶏肉ではなく，自らが飼い育んだ家畜の牛乳であり，鶏卵なのである。まず改めるべきは，酪農製品の消費が組み込まれていない現在の食生活である。次には「自分の所で飼つてゐた鶏でさへ，これをつぶして喰ふと云ふ樣は，よく爲し得ないのみならず，甚だしいのは人道にでも反してゐるかの如く思つてゐる人がある。(中略) 多年の習慣とて止むを得ざる事とは云ひ乍ら，斯の如き觀念が未だ取られない爲に，自家産の鶏を百匁三十錢に賣つて，鹽引きを百匁三十五錢で買つて來ると云ふ樣な實例を往々にしてみ受ける」[7] というような，肉食の忌避ないし動物屠殺への忌避の観念である。米食志向についても，「我が樺太は天照皇大神樣が，豊葦原瑞穂の國を汝行つておさめよと云われた時，其の範圍に入つてゐなかつたかも知れぬ。米は取れないが，馬鈴薯や小麥を食つていく事が，神樣の御意圖に合し又かくすることが繁榮の本であらうと思ふ」[8] と，国家神話である記紀神話を逆手にとるレトリックを弄して，豊葦原瑞穂の国の外の樺太を，再び日本帝国に回収するのである。この時点では正見は非白米食の実践を終生，樺太農業移民に強いる立場はとらず，経営が順調になるまでの「四五年間米を食はずに其の生産品を以て主要食料として行かうと云ふ決心」[9] を要求する形で非白米食の必要性を説いている。これは甘言のようなもので，4, 5 年すれば米を食えるようになると暗示しながら，記紀神話まで持ち出してレトリックを弄し，樺太での非白米食実践を正当化して恒久的な非白米食実践の要請を準備しているのである。

　そしてこのようなある種の旧弊の改善や「樺太を墳墓の地にする」という「固き決心」がなければ，樺太庁が「如何に助成をしても」樺太農業移民は成功し得ないと断じるのである[10]。

　このように殖民課長・正見の農業移民に対する姿勢は，まず農業移民の定着と

---

6)　正見 (1930a: 18 頁)。
7)　正見 (1930a: 17 頁)。
8)　正見 (1930a: 18 頁)。
9)　正見 (1930a: 19 頁)。
10)　正見 (1930b: 12 頁)。

いう目的がある。その実現のためには安定した農業経営が必要であり，樺太の農業地理的特性から米作は不可能であり，畑作を行わなければならない。畑作のために地力維持が要求され，また大面積経営を加味すると機械化有畜農業が必要となる。そして文明論的適地適作主義およびそこから必然的に導かれる暗黙の自給自足主義により，白米食の否定，酪農製品の消費が求められることになるのである。

　正見は「堅実なる農村の建設」において「私は馬鈴薯や小麥を食料化する道を講ぜずして，主要作物とせよと強いるものではなく」[11]と述べている。この「食料化する道」について応じたのが「樺太移民に就て」と同号の中央試験所の菅原道太郎による「島産燕麥の栄養価値及び其食糧品手的加工法に就て」である。

　菅原は「米が日本人にとつて建國以來の主食物」であり，「何とかして樺太にも米作可能の日を持ち來たさせたいと切望しないものは一人もゐない筈である」[12]としながらも，稲作不可能地域であるという現状においては，自給自足主義により米の代替品を見つけなければならないとして，樺太で生産できるパン用小麦，稞麦，馬鈴薯，燕麦の主食物としての適性を検討し，パン用小麦はその加工過程，稞麦は樺太の土壌，馬鈴薯は輸送貯蔵手段から不適切と判断し，最終的に燕麦に主食物としての適性を認めるのである。菅原はそもそもは燕麦食についてはその実現性も含めて否定的であったものの，ある席で栄浜村の乗富慶之村長から「うまい，うまくないの問題ではない，吾々は，米の出來ない樺太の住民は燕麥を喰はざるべからずと主張するんだ」[13]と反論されたことが燕麦食用化研究の契機となったのであった。樺太庁も燕麦を米の代替物として認め，菅原に燕麦の栄養価値や簡易で合理的な加工法への研究を命じており，この記事はその結果をまとめて掲載したものである。ここで紹介されている燕麦の食し方は，オートミール，ロールドオート，オートパウダー，粥，米との混炊などである。

　その後，中央試験所所長の三宅も「樺太展開の基調となるべき農業の現在と将来」と題した記事を寄稿し，自給自足主義に基づいて馬鈴薯と燕麦を主食物とするべき見解を明らかにする。さらに樺太では従来内地では実践されることの無かった新しい農業を目指さなければならず，樺太農業の研究の目標は「日本に於

---

11) 正見 (1930a: 18 頁)。
12) 菅原 (1930: 13-16 頁)。
13)「談話室」『樺太』第 2 巻第 7 号，1930 年，26 頁。

て最も合理化されたる農業」[14]であると述べる。ここには,樺太は日本帝国の「前線」であり,そこでこそ最も高い価値が実現されるという観念が認められる。こうした観念は,植民地エリート自身が,自分たちの存在意義を確認するためのものであり,後述する樺太文化論の中で,より明確になる。

このように1930年前後の農政において,適地適作主義,自給自足主義,機械化有畜農業,農業移民における白米食の否定などが本庁にも中央試験所にも共有されていたと考えられるのである。またこれに,まず農家は自給自足し,その余剰物を販売して現金収入を得るのが最も堅実な農業経営方法である,という認識[15]も加えることができるだろう。彼らが小農的植民主義を標榜していることは明らかである。

3) 樺太農業論争

しかし,実業界からこうした農政の小農的植民主義への批判が提出され,それが「樺太農業論争」を展開させることになったのである。その発端は太田新五郎が経営する農場の始動である。

雑誌『樺太』1932年11月号には太田(大澤)農場を紹介する「樺太の農業法を変革する完成した太田農場の展望」,太田農場経営者・太田新五郎による「樺太農業法の理想と見解　大澤農場の実験に徴して」,そして正見へのインタビュー記事である「庁政策に抗する二つの農業経営」の三篇が掲載される。

樺太の入り口である港町・大泊と首都・豊原間の鉄道は荒蕪地の中を貫いており,これはかねてより樺太の未開発性の消極的な象徴となっていた。この荒蕪地を開墾して欲しいという樺太庁の申し出に応えたのが,当時豊原商工会議所会頭の太田新五郎であった。太田は28歳の時に樺太に渡島し,木材業に従事していた。かねてより樺太で自分の思うままに農業を経営してみたいと考えており,幾度か就農するも失敗を重ねている人物である[16]。

太田は1932年に,大澤で167 haの土地を開墾し農場経営を開始する。この第

---

14) 三宅 (1931: 4頁)。
15) 菅原 (1932: 13頁) など。
16) 太田 (1932a: 43-44頁)。

一期の開墾が終了したのが、同年9月であり[17]、本格的な始動は翌年からである。
　太田農場の経営には特徴となる点がある。第一に大面積経営、第二に無畜農業、第三に機械化（内燃機関付き）農業、第四に化学肥料・緑肥の投入、第五に栽培作物の一本化である[18]。
　第一の点については、まず太田の農業経営の目的は中農経営の実現にあった。具体的数値については、その農法のモデルを米国式単一農業を採用した上で、播種期間、収穫期間、農具の効率等々から太田自身が算出したものである。このような大面積経営を前提とした場合、「牛馬一頭から取る堆肥は普通一町歩」という法則に従うと、太田農場の場合、160頭の牛馬家畜と、それを飼養するための飼料採取用地160 haがさらに必要となってしまうので、そのための経費は莫大になってしまう。太田は、今後の農業のモータリゼーションの進展も視野に入れている。また、無畜農業であるので化学肥料、緑肥を投入することになる。こうして第二、第三、第四点が導かれる。最後の第五点は、すでに第一点でもふれたが、燕麦への単一化については、馬鈴薯は輸送貯蔵コストが大きいために棄却し、燕麦は移入している状況であり、今後島産燕麦の需要増大が見込めること、適作物であること、燕麦に適用できる農業機械が発達していることをその理由に挙げている。
　これらの特徴諸点はことごとく、農政側の小農的植民主義およびそこから導かれた諸政策とは、隔たりのあるものであった。太田農場の経営と方針が喧伝されたこの同誌の同じ号に、インタビュー記事の形で正見の太田農場への批判「庁政策に抗する二つの農業経営」が掲載されている。正見の態度は、太田農場のような経営方法は樺太で一般化できるものではない点を指摘し、そういう経営があってもいいだろうという「寛容さ」を見せている。しかし、太田農場のような資本集約的農業が成功すれば、今後は島内の組合の結成や内地の資本が投下されるなどして、樺太農業の標準型になるのではないかという記者の質問に対しては、太田農場の経営はまったく不合理であるとして、樺太庁の方針を擁護することに徹している。たとえば、地力維持のために人間の食物以外のものを栽培する方法は不合理であると批判する。しかし、この正見による批判はあまりに表面的なものであり、正見の論に従うと人間の食物ではない飼料を栽培するための農地も、同

---

17)「樺太の農業法を変革する完成した太田農場の展望」『樺太』第4巻第11号、1932年、36, 42頁。
18) 太田（1932a）および「樺太の農業法を変革する完成した太田農場の展望」『樺太』第4巻第11号、1932年。

様に不合理になるはずである。正見が，緑肥栽培を不合理とし，飼料栽培を不合理としないのは，太田の行おうとしている緑肥栽培が，緑肥→燕麦（飼料用）→市場で販売→市場で食料購入→食料消費，というプロセスを経るのに対して，樺太農政の推奨する飼料栽培が，飼料→家畜→酪農製品→自家消費というプロセスを経るので，飼料栽培では市場を介さずに，農家内で生産と消費が直結している点に根ざしていると考えられる。農家における生産・消費のプロセスにおいて市場を介することが，「不合理」か否か，の指標となっているのである。農家は，まず自己消費用の食料を自己供給した上で，その余剰を販売して必要な現金収入を得ることが重要で，そうすれば生活する上での最低水準の所得は確保できるという発想が見える。しかし，問題となるのは余剰販売だけで必要な現金収入を賄えるか，ということである。これに対して，正見は「現金支出を漸次少なくするやうにと八釜しくいつてゐる」[19] というように，現金支出の削減ばかりを唱え，それは食料の自給，すなわちは白米食から燕麦食への転換の実践，という堂々巡りに陥っている。この結果，教育費や医療費，そして肝心の自己資本の形成についての議論は，捨象されてしまう。インタビュー記者も「この問題は，いつまでお聞きしても，結局水掛論になるやうです」[20] とインタビューを終えるのである。

翌月には，太田の反駁「樺太庁農業政策を駁す―正見殖民課長は自ら恥ぢよ」が掲載される。この記事はもちろん前号の正見の記事への批判であり，具体的には個々の正見の態度や農業知識への批判である。しかし，ここで表明されているのは，「役人・學者とはこんなものだ[21]」というが如く，植民地エリートへの批判と失望が現れている。「北海道の米作の如きも名もなき一百姓が創設したものである。然るに當時緯度の關係で米作は不可能だといつてゐた北大等も，今は學究的に創設したものと，我物顔してゐるではないか」[22] と農学を中心に不信感，失望感を示し，読者に学者の理論や知識を金科玉条として受け止めず，自分の判断で実験的農業を実践せよと呼びかけるのである。

翌号では，今度は正見の「太田新五郎の駁論を駁す　樺太庁農業政策に謬りなし」が掲載される。しかし，この挑発的な題に対して記事の内容は，この論争自

---

19) 正見（1932: 50 頁）。
20) 正見（1932: 50 頁）。
21) 太田（1932b: 9 頁）。
22) 太田（1932b: 13 頁）。

体が「中農」とか「大農」を巡る言葉の定義の問題の齟齬から生じたものに過ぎない，と論点のすりかえを図るものであった．そして「従つて，樺太に於て，太田氏の如き農場がまだまだありましても，決して「不用」或は「廳政策に抗するもの」と云ふやうなへんけふな事は申さないのであります」(傍点原文ママ)「しかし乍ら，私は農家に對して，絶對的な自給自足を強ひるものではなひと云ふ事をご承知願ひます」と途端に自身の農政上の立場を曖昧にしてしまっている[23]。

　太田は再び筆を執り，翌1933年2月号に「再び・樺太廳農業政策を駁す　正見殖民課長は猛省せよ　然らざれば自決を促さん」を寄稿する．この中で太田は「又農業經營の大中小だつて同じことです．お互の資力，能力，主義，方針に依つて自由に選擇すべきです．其の選擇權に依つて，私は自分の身に相應するものとして無畜主義に出で，大農組織を採つたことが，何が不都合なのです」[24]と，樺太農政の画一的樺太農業像と，それを生み出すための画一的農政への批判という，本来の論点を提示し直す．しかし太田自身が示しているように，岸本正雄長官時代は太田の経営を正見も支援していたのである[25]。従って，太田の批判は農政における一貫した画一的態度というよりも，その変転，しかも正見の記事に見られるような釈然としない変節への懐疑と不信感と憤りの表明でもある．

　太田は「文化農業」という語を持ち出して，青年層を農村に取り込み農業・農村を振興するには，「農業を面白くやつて行けるやうに」しなければならないと説く[26]。その一つの方策が，太田のように自身の能力や資力や方針に応じて自由な経営法を選択できることが前提であると太田は論じる．しかし，樺太庁は土地の大口処分をせず，画一的な農業経営を強いようとし，しかもそれは問題を抱えており，それらの実践が各所で農村の不振を生み出していると批判するのである[27]。

　太田はこの記事を，「読者諸君，樺太農政，拓殖政策について忌憚無き議論を起すべし」，と呼びかけて締めくくっている[28]。これは実業界から農政へ，言論を以て圧力をかけんとする動きの一つであると評価できる．このように雑誌『樺太』は，当時のメディアとして，実業界が農政の権力に抵抗的に働きかける場の役割

---

23) 正見 (1933: 20 頁)。
24) 太田 (1933: 10 頁)。
25) 太田 (1933: 12 頁)。
26) 太田 (1933: 17 頁)。
27) 太田 (1933: 13, 17 頁)。
28) 太田 (1933: 19-20 頁)。

も果たしていたのである。

翌3月号では正見による反駁は無く，代わりに中央試験所農業部長・川瀬逝二のインタビュー記事「大農か小農か・有畜か無畜か　正見氏対太田氏の論争を観る」が掲載される。

川瀬は「僕は他人の喧嘩の中へ這入りたくない」[29]と，論争自体から一線を引いた上で樺太農業の問題を論じる。太田のような資本集約型大規模面積経営を否定する理由として，帝国内の人口・食料問題の解決地としての樺太の立場を強調する。「樺太といふ植民地を開拓しやうといふ國家の意志を尊重すれば，どうしても何よりも人を多く入れるといふことが，重要問題である」[30]と述べ，樺太における小農経営が正当化されるのである。つまり樺太での小農経営は，農業地理的な要素や経済的要素に依ってではなく，むしろ帝国の植民地の立場としてまず要請されるものであることを，川瀬は改めて表明しているのである。自給自足主義も農産物価格変動のリスクを回避するための方法として肯定される。さらに樺太農政の要請する農業経営の実現には，ある種の精神的要素が要求されることを明示する。「百姓は他の勞働者と違つて多分に封建的氣分を以て，例へば，自分の土地の廣くなることを樂しみにするとか，土地に親しみを持つとかいつた方面に氣分が働いてやるのでなければ，出來るものではない」とし，「人各々天分があるが，百姓の場合には少し古い思想の，鈍重に働く人がいゝ」[31]と述べるのである。

このようにして，「樺太農業論争」は終焉する。樺太農業論争後の余波としては，他の識者による樺太農業への論及と，菅原道太郎の「寒帯農業論」が挙げられる。

他の識者による樺太農業への論及の例の一つとして山口清周「樺太農業に対する私見　太田・正見両氏の論争を読んで」を挙げておく。山口は農学士号を持つ北海道在住の農場経営者である。従って樺太社会そのものに属しているわけではない。しかし，島外からの視点として取り上げる価値があるものと思われる。なぜならば副題にもあるとおり，北海道にいながら山口は，樺太農業論争の動向を観察し，またそこに発言をしようとしているからである。

山口は，太田のような資本投下型の農業を，農業移民の誰にでも容易に資本が

---

29) 川瀬 (1933a: 8頁)。
30) 川瀬 (1933a: 11頁)。
31) 川瀬 (1933a: 16頁)。

集まるものではないとして批判し，「私は絶對的自給自足を主張するものではない」と斷りながらも，樺太の農産物の競争力の低さを指摘し「（引用者註：樺太の農業の大半を占める）勞働的農業者は林業，漁業に，勞働自體を賣つてゐるのであるから，先づ農業は寄生的存在であると云ひ得る。之を眞に農業的にするには農業經營自體の自給自足を本義とせねばならず，その餘剩を賣り出す程度のものとなるであらう」[32]と結論づけており，樺太農政と同様の見解を示しているのである。自給自足主義についても，自身も北海道の自分の農場で「オートミール，パン，馬鈴薯を主食として，米食の執着を離れて居ります」と述べ，樺太農業移民も自給自足主義に徹するとき「我々の理想の亞寒帯文化生活は實現に困難なものではあるまい」と説くのである[33]。また，山口には北海道を樺太の先例と見做す意識を見て取ることができる。北海道の成功をモデルとして，より不利な条件を加味しながら樺太で模倣すればよいという論調は，農政の「模倣主義」を批判する太田の立場とは対立するものである。このように，太田の試みは，北海道の「先例」からも批判されることとなるのである。

4) 寒帯農業論

　菅原の「寒帯農業論」は「寒帯農業の創造」という題で20数回に渡り『樺太』に掲載される。第1回は1933年5月号に掲載される。簡単に内容をとりまとめると，第1-6回が領有以来の樺太農業の実績，第7-8回が現代土壌学の草分けであるロシア帝国の土壌学者のワシリ・ワシリヴィチ・ドクチャイエフの伝記の翻訳，第9回以降がソ連の農業の紹介である。第7回以降については本論の関心からは外れるために深い考察の対象とはしない。
　菅原は「寒帯農業」という語を，樺太のあるべき農業を指す語であると共に，広く世界の寒帯地域で実現している，ないし実現すべき農業形態を指す語として提示し，これに内実を与えることが彼の寒帯農業論の目的であるとする[34]。一連の記事の内容を見ても分かるように，菅原はソ連の農業に一つの範を求めようとしている。特に菅原は土壌学が専門であることから，ポドゾル土壌の克服の先例

---

32) 山口（1933: 51頁）。
33) 山口（1933: 51頁）。
34) 菅原（1933a: 8-9頁）。

としてソ連に注目をしている[35]。しかし、彼の関心がソ連に及ぶのは、そのような自然科学者としての観点からのみではない。菅原は、社会主義思想に共鳴していたとも言われている。マルクスが農業理論を明示することがなかったため、マルクス主義において農業理論はその後継者たるエンゲルス、リープクネヒト、カウツキー、レーニンらによって展開されていくことになる。このマルクス主義的農業理論によって指導された農業の実態への関心、すなわちは一面に農業経済学的、もう一面においてマルクス主義者的関心から、菅原はソ連農業に関心を寄せていたのである[36]。また、樺太における寒帯農業の発展、実践の目的は、樺太での成功のみ求められているのではなかった。前述のように菅原は寒帯農業の範囲を樺太のみではなく、広く世界のほかの地域、具体的にはユーラシア大陸東部へも設定しているのである。このことは後の東亜北方開発展覧会でより明確になる。

　北大植民学派の高岡熊雄は、1924年の段階ですでに樺太庁の施政記念講演において、「樺太の國土はその地積に於て、吾國の植民地たる價値は決して大なりとは稱し難い。然しながら樺太の有する價値は我日本民族の大陸進出に對する足場として、試練場として極めて大なるものがあると云ふことを、島民諸君は銘記して努力して戴きたいのである」[37]と述べている。1924年は樺太がまだ明確には帝国内の人口・食料問題の解決地としての役割を自認する以前である。にも関わらず、すでに樺太は「大陸進出」という、帝国の大きな目的のための手段となる土地として、北大植民学派に位置づけられていたことになる。さらに驚くべきは、すでに述べたように「寒帯に於ける日本人生活の創造」において、樺太定着による日本人の弁証法的発展を力説したはずの菅原が、この樺太を手段化する高岡の言を、樺太青年が心に銘じておくべき三つの言葉の一つとして挙げている事である[38]。しかも、菅原は後の「樺太農業青年に送るの書」で再び、満洲国建国と共に興隆し始めた満洲移民事業のわきに取り残された樺太農業青年の将来への苦悩や不安を取りあげつつ樺太人のための樺太ということを唱導しようとするのである[39]。この一見相反する菅原の主張を、単に矛盾の並存と見るのではなく、一つの統一的見解と見れば、樺太人は樺太人のための樺太の拓殖に邁進した結果、大

---

35) 菅原 (1934: 19-21 頁)。
36) 菅原 (1934: 22 頁)。
37) 菅原 (1934: 22 頁)。
38) 菅原 (1934: 21-22 頁)。
39) 菅原 (1935a)。

陸進出のための「先例」を作り出すことができる，と解釈できる。この思想は，後述する樺太文化論の二大テーゼである「北進主義」につながるものである。

従って，菅原の言う「寒帯農業」とは樺太における成功のみならず，シベリアないし北満における「民族的競争」をも前提とした概念であり[40]，「民族競争」の仇敵としてのソ連にも関心があったことになる。このように，植民地エリートは帝国の拡大の事実と合わせる形で，樺太の発展と帝国の発展とを結びつけるロジックを，樺太農業の展開とは無関係に，着々と創りだして行ったのである。

菅原は，本来「自給自足有畜自作小農」経営であるべき樺太農家は，漁業，林業などの諸産業の発展に影響され，飼料となる燕麦を販売する「飼料販賣農法」に傾斜することになり有畜自作小農の姿は極めて歪められ，「何等自立的な經營目標を確立するに至らない」[41]ことになったと総括する。この菅原の樺太農業認識は，第3章で明らかにした樺太農業拓殖の実態とも重なっている。その一方で，明確で自立的な経営目標を掲げていた太田農場に対して，樺太農政ないし植民地エリートが積極的な評価を与えなかったのは，自給自足有畜自作小農への固執があったからである。つまりは小農的植民主義が，植民地イデオロギーの重要な要素であったことの一つの顕われなのである。

2　樺太文化論

1) 移民第二世代の登場

領有から30年近くが経過した1930年代中葉の樺太社会には樺太生まれ樺太育ちの「移民第二世代」が現れ始めた。そして「郷土」「故郷」としての樺太が意識されるようになったのである。

> 父の友達の人が病氣でなくなつた時に，亡くなつた人の知合の人々が樺太三界で流れて來て死ぬとは氣の毒なことだといつた。しかし自分の如き樺太生れにあつては樺太は郷土であるから，樺太は出稼地でもなければ，流れ着いた先でもない。

---

40) 菅原（1934: 21頁）．
41) 菅原（1933b: 14頁）．

こゝで働きこゝで死ぬことは何等氣の毒な事柄でなく，寧ろ本望である[42]。

　この一生徒の作文は，そうした移民第二世代の意識を如実に表していると言えよう。また，内地から赴任した教員が，教室で鰊など内地では人の食料ではないと侮蔑的に言ったがために生徒から論難されるなど，樺太生まれの移民第二世代と内地から来たばかりの人々の意識や生活習慣の溝を表すエピソードも現れ始めるようになる[43]。この状況の中で，豊原中学校校長の上田光曦や同校教員の市川誠一など教育現場[44]を中心として，島民アイデンティティや樺太文化論をめぐる議論がメディアを通じて提出されて行くようになる。

2）豊原中学校校長・上田光曦による国家主義的樺太文化論

　1934年4月『樺太』に上田光曦・豊原中学校校長が「樺太の開拓と開拓人の養成」を寄稿し，その後，この連載は同年12月まで全4回掲載される。

　上田のこの連載の目的は，樺太の意義を確認し，それに沿った行動を生み出すことを促すことにある。特に上田が教育者である関係上，具体的実践としての教育問題に重点が置かれている。上田の論の特徴の一つは，この樺太の意義を確認するために自分なりの樺太論をまず精緻に述べ上げることにある。このことによって，上田の歴史観，樺太観が明らかになるのである。またここで取り上げる理由も，彼が「文化」の問題を積極的にかつ詳細に論じていることにある。

　上田の樺太観で重要なものの一つは，1905年にサハリン島南半が日本帝国に編入されたことを「回収」[45]という言葉で示しているごとく，そもそも樺太／サハリン島は天皇王権国家に帰属していた地，すなわち「皇土」であるという歴史認識である。

　次に，開拓や移民という事業を近代以降特有の現象とはみなさずに，「日本人」

---

42) 市川（1942: 21頁）。
43) 杉本（1940）。
44) 樺太教育史研究者の池田（2009）は，樺太庁師範学校での歴史教育の内容と普及を西鶴定嘉（樺太庁師範学校教師）を中心に検証し，それが「愛島心」涵養を目指したものであったと論じるなど，本書とは異なる角度から樺太移民社会を分析しており興味深い。池田は，後述する「樺太文化振興会」を「樺太における文化面での戦争協力体制構築機関」と明確に位置付けている点では本書とは異なるかもしれないが，本書は樺太移民社会の形成過程そのものが，拓殖を含めての動員体制の構築過程であると考えている。
45) 上田（1934a: 15頁）および上田（1934b: 8頁）。

が絶え間なく繰り返してきた「日本精神」の中の「開拓創造の大精神」に基づく歴史的過程であるとする認識である[46]。

上田は，世界の移民史を南米型の搾取型と北米型の移住型に分類し，後者こそ樺太が参考とすべきモデルであるとする。特に，清教徒による北米開拓によって「其の堅忍不抜の精神はやがて清教精神として米国建國の大精神となった」[47]ように樺太開拓にも宗教と教育が重要な要素であるとする。前者は敬神崇祖の国家神道への帰依へ，後者は北海道における高等教育機関の早期の拡充を例示して，樺太における高等教育機関，特に師範学校の早期開設を提示することになる[48]。また南米型の搾取型植民地の方針が「剣と鶴嘴」であったのに対して，北米型の移住型植民地の成功の原因が「聖書と鍬」に求められることから，農業植民こそ開拓の基礎であるとする[49]。

本来の「日本精神」は明治時代以降，「歐洲文明に眩惑して己性（原文ママ）を没却し，皮相なる思想軽薄なる風習に染み」てしまったが，この「傳統の弊なき清浄の地樺太」は「斯かる開拓の精神を陶冶するには」「最も好適の地である」とするのである。そして「北方に於ける獨自文化の創造といふことが樺太にとって使命の一」つであると述べる[50]。

この「獨自文化」は内地のそれとは別個のものであるが，日本文化の一つとみなされる。「開拓創造の精神の陶冶と北方獨自の精神文化の創造とは，やがて我國民精神の内容を豊富にする」[51]ものであり，「島人によって生み出された北方文化は島の歴史をつくるばかりでなくやがては日本の文化に光彩を添へることになる」のである。このように樺太で独自の文化を創造することは，内地文化とは異なる文化をつくることになるが，それは決して対立するものではなく，むしろ日本文化全体を豊かにするというのが上田の文化観である。上田は幕藩体制時代は藩や地方ごとに特色のあった文化が，明治維新後には文化も中央集権的になってしまい，「郷土文化」[52]が精彩と内実を失い地方が疲弊していると論じるのである。

---

46) 上田（1934a: 12 頁）。
47) 上田（1934b: 10 頁）。
48) 上田（1934b: 15 頁）および上田（1934c: 27 頁）。
49) 上田（1934b: 12 頁）。
50) 上田（1934a: 13 頁）。
51) 上田（1934a: 14 頁）。
52) 上田（1934d: 24 頁）。

従って，上田のいう「日本人」とはある一つの文化を共有する集団の名称ではなく，まだ同化の完遂していない植民地在来民を除く帝国臣民への呼称ととるべきであろう。そして帝国内には様々な文化があるのである。そしてそのような「地方文化が統一せられて優越せる國家文化」が形成される。またその一方で，「日本精神」というようなものが「日本人」には根本的には備わっているのだと上田は認識している。

また上田は樺太を「北地發展の策源地」[53]の使命を担った地であるとする。つまり，日本人の不断の開拓移民事業の結果，北海道が開拓されることとなった。そしてこの北海道出身者を中心にして樺太が開拓された。従って，次なる北方開拓地である満洲への移民は樺太出身者こそ適当であることになるのである。

上田の一連の議論の中に，その後の樺太の種々の文化論のテーマや前提がすでに提出されている。第一に，樺太の意義がさらなる日本ないし日本人の北進のための準備地であることに求められること，第二に，その使命を達成するために樺太独自の文化を創造しなければならないということ，第三に，その開拓や文化創造において農業植民が基礎となること，である。

3 樺太文化振興会

1) 樺太文化振興会の設立

1937年5月，拓務省管理局長であった棟居俊一が樺太庁長官に就任する。「文化長官」とも呼ばれた棟居[54]は，1939年6月に樺太庁の予算を用いて「樺太文化振興会」(以下，「樺文振」と略称する)を設立する。この評議員には前述の菅原や上田など，現地メディアに多く登場する植民地エリートたちが名を連ねている[55]。そして，この樺文振を中心に「北進前進根拠地樺太」(北進主義)，「亜寒帯文化建設」(亜寒帯主義)といった樺太文化論の二大テーゼ[56]が確立し，共有され

---

53) 上田 (1934a: 11 頁)。
54) 荒澤 (1987: 208 頁)。
55) 「研究後直に実行に移し "住よい樺太" 建設に邁進　"文振" 勢揃ひで長官挨拶」(『樺太日日新聞』1939年6月3日号 (夕刊)。
56) この二つのテーゼの呼称は当時の論者によって異なる。本稿では，市川 (1939a: 17-18 頁) の用いた

ていくことになった。樺文振の趣旨とは，これまで疎かにされていた樺太における文化面を広範に育成しようというものである。その設立の趣意書より一部を抜粋すると以下のごとくである。

> 樺太ニ於ケル日本人ノ生活並ニ蓄積資源ニ對スル自由主義的投資經濟機構ニ依存スル求利移動的形質ヲ以テ其ノ主流トナシ，島民ノ生活様式ハ素ヨリ，其ノ學問藝術其ノ他一切ノ文化ニ至ル迄，專ラ溫帶日本ニ馴致育成セラレタルモノノ形容ヲ移入スルニ止マリ，本島ノ具有スル寒帶日本國土タルノ自然並ニ人爲的特殊性ニ立脚シ，其ノ特異條件ニ合一適應セル獨創的文化ノ實現完整セラレタルモノ甚ダ少シ。此ノ如キハ樺太ヲ以テ儼タル皇土トナシ，茲ニ日本人ニヨル恒久ノ樂土ヲ建設スルヲ以テ指標トナス本島開拓ノ本義ヲ顧ミテ寔ニ遺憾ニ堪ヘザルトコロナリ。
> (引用者註：東亞) 新秩序ノ樂土建設ヲ目標トスル東洋新文化ヲ創造スルコトヲ以テ世紀ニ擔フ民族的使命トナシ，國民總動員ノ體制ヲ鞏化シテ不退轉ノ躍進ヲ續ケツヽアリ。此ノ民族的使命ノ達成ニ方リ亞細亞溫帶ノ文化培床ヲ本土トシ，亞細亞熱帶ノ文化培床ヲ臺灣トスレバ，亞細亞寒帶ノ文化培床ハ樺太ノ國土タラザルベカラズ。
> 樺太ニ即シタル日本寒帶文化建設ヲ目標トスル島民ノ創造的活動ヲ旺盛ナラシメ，以テ拓地殖民其ノ他諸般産業ノ振興發展ニ資スルト共ニ，北方國土ニ於ケル日本人生活ノ安定向上ヲ期スルタメニ必須ノ急務タルノミナラズ，東亞新文化ノ創建ヲ目標トスル國策ノ達成上，樺太人ノ負フ國家的使命ニ外ナラズ[57]

これまで樺太は内地の「温帯文化」を移入しているに過ぎなかった。しかし，寒帯である樺太には温帯文化とは異なる「寒帯文化」こそ創造されなければならないのであり，この寒帯文化は東亜新秩序の中で，内地の「亞細亞温帶文化」，台湾の「亞細亞熱帶文化」にならぶ「亞細亞寒帶文化」と位置づけられる。従って，樺太における寒帯文化の創造は「樺太人」の負うべき国家的使命とされたのである。

この樺文振設立に先立つ同年の1月『樺太』誌上に棟居は「樺太の進路」と題する文章を寄せる。棟居はここで「北進基地としての樺太」という位置づけを明らかにし，「樺太のための樺太の小乘觀を一擲」しなければならず帝国の中の樺

呼称で代表させている。
57) 井手 (1940: 54-55頁)。

太という立場に立たなければならないとする。そして樺太には樺太特有の特徴があるのであるから，「樺太的」な文化を建設し，ここに新たな郷土を創造しなければならないと説く。棟居はこれまでの樺太開発が「物」の面にばかり拘泥していたことを反省し，今後は「人」を本位とする開発に力を入れ，「よく住むに堪へ，住むを歓び，郷土として愛し，墳墓の地として慕ふ環境を建設するために，努力を傾くべきである」と植民地住民に呼びかけるのである[58]。こうした棟居の精神は半年後の樺文振の趣意書によく現れていると言えよう。

樺文振の具体的な事業内容としては当初，第一に寒帯向きの住宅様式の研究と建設。第二に島産栄養食の研究，第三に農村娯楽施設素養啓培設備の助成，第四に学術研究の奨励である。このように「文化」といっても詩歌管弦書画文芸の類ではなく，生活文化に重点が置かれていた。樺文振は役員に官吏が多く，また資金の不足や会長を棟居長官自体が務めるなどの点から棟居在任中しか続かないのではないかと当初から危ぶまれていた[59]。

そして実際のところ，翌1940年6月には棟居が更迭され，7月には小河正儀が新長官に就任する。そして「小河長官が赴任すると，「樺太文化」の聲は忘れられたやうにピタリと鳴りを鎭め」，その活動も低調になってしまう。また棟居在任時についても「出發は島民の要望に基いたものであつた。しかし出來てしまつてからは棟居だけが持つ趣味が濃厚に浸み込んでゐて，島民の要望する方向に，文化振興會が圓滑に運營され具現されゐた譯ではない。」という評価を受けるにいたる[60]。

しかしながら，この時期に樺文振の内外で提出された樺太文化論の存在は，樺太移民社会の形成を論じる上で無視できない[61]。この前後に様々な論者によって，この樺太文化論に基づいた議論が提起されているからである。本節では，その代表として次の二人の議論をとりあげる。農業論争期に樺太文化論を打ち出した上田が校長を務める豊原中学校で教諭の職にあった市川誠一と，棟居更迭と共に樺

58）棟居（1939: 37-39頁）。
59）「時評 文化振興会の誕生」『樺太』第11巻第7巻，1939年，56頁。
60）荒澤（1940b: 32頁）。
61）こうした拓殖イデオロギー（少なくとも樺太文化論）は，樺太のみで共有されていたものではなく，隣の北海道でも理解されていたことがうかがえる。たとえば，北海道農会長・安孫子孝次と青森県六原青年道場長・小森健治の著作の中では，「〔引用者註：樺太は〕我國唯一の亞寒帯である。……（中略）……我大和民族の力により亞寒帯の樂園とし，北海道と併せ帝國北進政策の重要據点として繁榮せしめねばならぬ」（安孫子1943: 471頁）という記述も見られる。

太庁嘱託の職を辞し雑誌『樺太』の記者へ転向した荒澤勝太郎の二人の樺太文化論である。市川は教育者の立場として，上田の樺太文化論を継承するような論理を展開する点において，荒澤は青年問題から樺太文化論を展開するという点で重要である。

2）豊原中学校教諭・市川誠一の「亜寒帯文化建設論」

　市川は教育者の立場から，樺太において健全なる「開拓人」を養成するためにいかなる教育が必要であるかを問うことを課題とし，荒澤は樺太生まれの移民第二世代の立場から，「故郷」樺太に生きる「樺太ッ子」が如何に生きるべきかを問うことを課題としていた。

　市川も樺文振とも無縁であったわけではない。樺文振の第一回事業として，中等学校教員により組織されていた「郷土資料調査会」への助成が決定され，会は「樺太中等学校学術研究会」に名称を変更した。市川は1941年『樺太時報』第54号に，この樺太中等学校学術研究会論文として「樺太の精神的基礎付に就いての一考察」を発表するのである。

　市川は棟居が「樺太の進路」を発表した1939年1月『樺太』に発表した「樺太革新の原理」を皮切りに樺太文化論を展開していく。

　市川も上田同様に樺太は古来より皇土であるという立場をとり，樺太がポーツマス条約以降日本帝国の版図に入ったことを一般的な「領有」ではなく，「回収」「回隷」という表現をとる。また，植民開拓事業が明治以降の近代的現象とは認識せず，「日本民族」が不断に行ってきた活動であるとする点も同様である[62]。

　市川はこの不断の植民開拓事業を「皇道主義植民活動」であるとする。「皇道主義植民活動」とは新たな版図の住民を「皇國民化」することによって進められる植民活動であり，欧米の「覇道主義的」「帝国主義的」な搾取主義の植民地主義に対置される[63]。

　樺太の皇土としての特殊性は「北進して来た日本民族にとつては，史上初めて」の亜寒帯であることに求められ，人口数としては多くは無いものの，三十万島民は「日本民族一億を代表して」，「亞寒帯文化建設」の可否を測る実験地樺太で活

62）市川（1939a: 11-12 頁）。
63）市川（1939a: 12-15 頁）。

動を行っているのである。従って「亞寒帶文化建設」の是非は単なる島民のためだけではなく,「日本民族」全体の問題であるということになる。そしてこの「亞寒帶文化建設」が達成されるならば,樺太は「北進前進根據地」として更に北方の北樺太,黒竜江以北のシベリア,北満,蒙古方面の開拓に貢献できることになるとするのである[64]。

またこのためにこれまで出稼地としての消極的な面を形容するために用いられてきた「樺太的」「樺太人」という語も今後は,亜寒帯文化の建設,帝国の北進根拠地の構築の責任と期待を背負ったものとして,「無上の誇りを含んだものでなくてはならない」と述べる[65]。

この「亜寒帯文化」という概念は「皇道北方文化」に発展する。この「皇道北方文化」とは,アジア北方地域における皇道主義植民活動において実現すべき文化のことである。この「アジア北方地域」とは「亜寒帯」とは異なる地理的範囲を示すものであり,北満のみならず北海道も含まれる。そして現時点において樺太はこの皇道北方文化建設の「第一線」であり,「策源地」であるとされる[66]。

このように樺太を「北進前進根拠地」「皇道北方文化建設第一線・策源地」という場合,樺太は単なる「経路」ではない。樺太の意義は資源の提供や人材を輩出することにのみあるのではない。またむしろそれらの提供が内地の延長主義の中で行われてもならない。樺太がそこで建設された「亜寒帯文化」なり「皇道北方文化」なりの有する哲学・科学・技術などと言ったもので育成され,利用されるものを他の「亜寒帯」や「アジア北方」地域へ提供していかなければならない。樺太は北方アジア建設のための「中心」でなければならないと説くのである。市川はある拓務省の政務次官が樺太の拓殖学校に視察に来た際に,「諸君は此の學校で教育訓練を受け,將來宜しく滿洲の天地に活躍すべし」と訓示し,これに生徒たちは唖然としたという話を出している[67]。つまり,政務次官の頭には樺太は満洲開拓のための人材を育て送り出すための「経路」としてしか認識がなかったのに対して,拓殖学校の生徒である樺太ッ子にしてみればこの学校を出て「故郷」樺太の開拓に従事することが当然であったということの事例である。内地官

---

64) 市川(1939a: 17-19頁),市川(1939b: 36頁)。
65) 市川(1939a: 26頁)。
66) 市川(1939c: 57-58頁)。
67) 市川(1939d: 17頁)。

僚が樺太を資源や人材の搾取地として認識していることを物語るエピソードとして引き出されている。

　樺太は自己の発展を目的化しなければならないと同時に，帝国の一部分としての役割も果たさなければならないという，二重の課題を抱えるのである。そこで重要になるのは，樺太は資源面においても人材面においても搾取型の植民地であってはならないという認識である。

　市川によれば，樺太は内地のそれとは異なる独自の文化（亜寒帯文化，皇道北方文化）を建設し，この樺太独自の文化は同様の地理的特性を持つ亜寒帯，北方アジア地域での拓殖開拓事業に貢献することができる。このときの拓殖開拓事業とは必ずしも日本帝国の版図拡大のみを指しているのではない。樺太で建設された文化がこれらの地域でも受容されることによっても，文化的にこれらの地域を圧倒することとなり，その目的に適うのである。

3）雑誌『樺太』記者・荒澤勝太郎と移民第二世代の精神的欲求

　荒澤はジャーナリストという立場上，市川に比すれば体系的ではないものの，島内各層青年との交流から移民第二世代「樺太ッ子」の苦悩を描く。この苦悩は，樺太を「故郷」とする者ゆえの苦しみでもある。

　満洲開拓の興隆は前述のように植民地・樺太の立場を脅かすものであった。それは観念的レベルの問題ではなく，実際の個人レベルにおいても，特に青年層において大陸進出熱のようなものを樺太に生み出すことになった。荒澤はこれらを軽薄な「熱病」としながらも，その原因を青年層にとって樺太が魅力のないものと映じているためだと述べる。しかし，樺太を郷土とするからには，「今日の世代の樺太ッ子乃至次の世代の樺太ッ子のことを迄，ぢつくり考へてやる誠意がなくてはならぬ。樺太を郷土とする人間を遇するの途は，さうした根深い誠意によつて解決されるべきものだ」[68]と，彼らを批判する。しかし，その一方で今の樺太には彼らが居残るべき魅力がないことも，荒澤は認めているのである。樺太には再発見すべき価値などなかった。ただ，価値を創造しなければならなかった。

　またこうした「樺太ッ子」に疎外感を感じさせるのは，帝国内における樺太の

---

68) 荒澤（1939b: 62頁）。

扱いの低さであった。1939年の第74回議会（いわゆる「興亜議会」）の予算提出にあたり，南洋庁については数字の話が始まる前に前文句があったのに対して，樺太庁についてはそれがなく，すぐに数字の話に入ってしまったことに触れ，「今日の日本が樺太を正視の埒外に置いてゐるかの感を抱かせられる」「樺太は果たして朝鮮，臺灣，南洋更に大陸移民政策の別冊附錄であらうか」と樺太庁の扱いの低さを嘆くのである[69]。帝国が樺太に積極的に意味を与えてくれないならば，自身で意味を与えなければならない，それが荒澤のような移民第二世代「樺太ッ子」にとっての課題であった。そうした中で，どんな形であれ樺太文化論の興隆は待望されたものであり，「文化長官」とまで呼ばれ樺文振を設立した棟居の存在は大きかったと言えよう。

荒澤はこの棟居長官を「從來，ともすれば植民地的逸樂に惑溺しがちな樺太の青年を，全部とは言い得なくても，その一部分とも言ひ得る青年を，棟居前長官は樺太前進の體勢のうちに引き入れ或はそれらの精神面に北方的覺醒を贈つたのであつた」[70]と評価している。そして棟居の退官に際して，島内の青年と彼らの指導的立場にあった若干の知識人によって送別会が行われることとなった。その席では各自の今後の樺太建設のための抱負が語られることになった。荒澤は農村青年の切実なる言葉の中に，自分たちの故郷樺太の，自然条件の特性ではなく，史的特性への複雑なる思いを見出すのである。「樺太の産業形態は掠奪的搾取的經濟體制のもとに進められて來たと言はれる。殖民地だからといつて内地の私有物の如き考へ方で取り扱はれて來たと我々は聞かされた。」「中央の政治家も樺太に特殊な概念をでつちあげて來た。」「昨日までの屈辱の歴史を超えた新しい樺太の確立が要請されるのだ。」「唱へられた北進理念は樺太青年の覺醒によつて齎されたものであり，新しい方向が要請を明確にした」[71]と，荒澤は書き立てる。樺太の現状には不満でありながらも，自身を「樺太ッ子」と規定し，樺太を「郷土」とした者にとって，これらの感覚は引き受けなければならないものであった。

市川の樺太文化論は棟居の示した見解と大きな相違はない。「北進基地樺太」，「北方文化建設」という二つの大きなテーゼが掲げられたことになる。上田が提示していたテーゼも同様である。ここに，移民第二世代の精神的欲求に応える形

---

69) 荒澤（1939a: 73 頁）。
70) 荒澤（1940a: 27 頁）。
71) 荒澤（1940a: 28 頁）。

で「文化」概念を媒介にしての政治領域と文化領域の同調が認められるのである。しかし，上田が言及していた文化の礎としての農業植民への重視は，この両者からは抜け落ちている。

本書冒頭で述べたチェーホフ来島50周年はちょうどこのころの話である。なお樺文振は，すでに述べた『サガレン紀行抄』（樺太叢書2，1939年）と『サガレン島』（樺太叢書7，1941年）のほかに，西鶴定嘉『樺太探検の人々』（樺太叢書1，1939年），岡田宜一『樺太の鳥』（樺太叢書3，1940年），菅原道太郎『ツンドラ』（樺太叢書4，1940年），船崎光治『図説樺太の高山植物　上巻』（樺太叢書5，1941年），西鶴定嘉『樺太史の栞』（樺太叢書6，1941年），黒沢守『樺太の古生物界』（樺太叢書8，1942年）などを刊行している。

4 樺太文化論と周縁的ナショナル・アイデンティティ

この二大テーゼを背景とする樺太文化論は帝国の食料問題の深刻化に伴う全国的節米運動の樺太的展開の中で活発に議論されることになる。「亜寒帯文化建設」の根本に農業・農村を位置づけていくという議論が現れるのである。しかし，それについては第7章で詳しく論じるので，ここでは樺太文化論に表出するナショナル・アイデンティティに目を向けることとする。

上田，棟居，市川という教育分野と政治分野の同調による樺太文化論の意義は，「北進前進根拠地樺太」，「亜寒帯文化建設」と言ったテーゼを半ば公的なものとしてスローガン的に樺太移民社会に流通させたこと，またこのときの「文化」とは詩歌書画のような狭義の文化ではなく，科学や生産様式，生活様式など，かなり広い範囲で「文化」が定義されたことに求められる。さらに，このような「文化」概念の流通の背景には，それまで出稼地と認識されていた樺太を故郷ととらえる「樺太ッ子」としての移民第二世代らの精神的欲求が潜んでいた。

「北進前進根拠地樺太」という第一のテーゼは，島民の政治ナショナル・アイデンティティを確立させるためのものである。政治ナショナル・アイデンティティとは，すなわち国民としての自分たちの位置づけを明らかにし，故国へのアイデンティフィケーションを図ることである。その意味において「故郷」・樺太をナショナルな枠組みでいかに位置づけるかは重要な問題であった。ある農村部

の教員は，農村の優秀な子弟が農家を継がず軍隊に身を投じていくことを嘆いている[72]。そうした子弟にとって樺太の農業はナショナルな価値を持つものとは見えず，皇軍という組織と大陸で行われている戦争とに自己の政治ナショナル・アイデンティティの充足を求めたのである。またこの時期，満洲への移民事業も本格化し始め人口・食料問題解決地としての樺太の立場も脅かされ，樺太からも，満洲へ渡る者が続出する状態であった。こうした樺太の現状に対して，植民地エリートの多くは忸怩たる思いを抱いていた。いわゆる「興亜議会」（第74回帝国議会）を傍聴した移民第二世代のジャーナリスト荒澤の嘆きはすでに述べたとおりである。樺太移民第二世代が，ひとたび帝国の中の植民地としての樺太の位置づけについて考えを馳せ，またその現実に目を向けると，こうした政治ナショナル・アイデンティティの疎外にたびたびでくわすのであった。さらに，樺太住民には1925年の普通選挙法実施以降も参政権が付与されておらず，この時期の参政権獲得運動においても参政権の付与と内地編入とが引き換え条件となるため，総合行政機関としての樺太庁を維持しようとするグループと内地編入やむなしとするグループとが対立・膠着し続け[73]，市民ナショナル・アイデンティティそのものが疎外に晒され，その克服を巡るジレンマに苦しむという状態にあった。経済についても，先述のように「樺太の産業形態は掠奪的搾取的經濟体制のもとに進められてきたと言われる。殖民地だからといつて内地の私有物の如き考へ方で取り扱はれて来たと我々は聞かされた。」というように，帝国経済の中の従属的立場に置かれていることも充分に認識されていた。またそこに大いなる不満も蓄積されていた。移民第二世代の植民地エリートや，彼らを指導しながらもまた彼らの熱意に打たれた移民第一世代の植民地エリートは，樺太を帝国拡大（＝北進）の最前線として位置づけることによって，周縁的政治ナショナル・アイデンティティを確立しようと試みたのである。これが樺太文化論の第一テーゼ「北進前進根拠地樺太」の内容と内実である。

　第二のテーゼの「亜寒帯文化」とは，この周縁的政治ナショナル・アイデンティティの生み出す規範的文化に他ならない。この場合，国民全般に要求される普遍的な規範的文化ではなく，樺太に特殊な周縁的な規範的文化である。この点は，ここでいう「文化」の内容として，第一に生活面での文化が重視されている

---

[72] 山口（1940）。
[73] 塩出（2006: 41-42頁）。

点からも明らかである。具体的に言えば，島産品を主に利用した「栄養食」や寒冷地向けの「模範住宅」の開発普及が重要な活動内容とされていた。豊富な水産物と限定された農作物種，極度に寒冷な気候，そうした自然環境的差異に「合理的」に適応するには生活様式自体を変革する必要があると植民地エリートは判断していた。そしてまた，そうした変革が文化共同体からの断絶を意味し，文化ナショナル・アイデンティティを疎外するとも認識していた。そして，その典型的な例を彼らは主食米食問題に見ていたといってよいだろう。

　樺太農政における小農的植民主義は，かなり初期から共有されていた。その背景には，国民帝国内部での樺太の位置づけに関する認識，つまりは植民地エリートにとっての樺太の存在理由が深く関わっている。現実的には樺太の産業や経済を牽引していたのは，水産業や，林業，製紙・パルプ産業そして鉱工業であった。けれども，植民地それ自体の重要な意義として，日本内地の過剰人口の収容地という位置づけが与えられていたし，ことあるごとに農政も再認識していた。このため，経営内食料を自給し，さらに肥料などの生産資材まで自給するような生産単位の創設が目指された。結果として，自給的な家族経営農家によって拓殖を進めるという小農的植民主義が農政の根幹となるのであった。

　このことは，樺太庁発行の各種パンフレットや，現地メディアの中で樺太庁の農政スタッフらにより繰り返し強調されてきたことであった。また，前章でみたように，農業拓殖は遅滞してはいたものの，1920年代末には，次第に入殖営農の成功事例が現われはじめていたのである。しかしながら，こうした画一的な農業移民政策しか実施しようとしない農政に対して，樺太住民から批判が突きつけられる。これが，樺太庁殖民課長の正見透と起業家の太田新五郎との間で交わされた「樺太農業論争」であった。誌面を提供したメディア自体は，太田の主張に肩入れしていた感があるものの，結果として農政の方針が揺らぐことはなかった。その後の拓殖計画に合わせた「樺太経営大体標準」では，具体的な経営モデルが提示されるに至るのであった。しかも，かつてはこうした農政の方針に疑義を投げかけていたジャーナリストの中には，やがて樺太庁の示したモデルをそのまま引き写して『農家必携樺太農業宝典』[74]なる書を刊行する者まで現われるように，招来から定着へ，成功事例から経営モデルへ，経験から科学へ，と移行する樺太

---

74) 皆川 (1938)。

農政に対して，「樺太農業論争」以降，疑義を唱える者は少なくなっていく。かくして，実際の経済的比重は他産業に及ばないにも関わらず，移民社会のビジョンにおいては農業拓殖がその中心に据えられるというねじれた状況が生じたのであった。

　農業拓殖を移民社会発展の根幹に据えようとしたのは，樺太庁の農政関係者だけではなかった。その格好の例が，上田ら樺太文化論者である。樺太移民第二世代の登場に直面した教育の現場から，帝国の過剰人口収容地以上の樺太の意義の模索がなされた。やがて，こうした議論は，当時の樺太長官まで巻き込んで，官制文化団体である樺太文化振興会を結成するに至るのである。そこで共有された樺太文化論の二大テーゼは「北進前進根拠地樺太」「亜寒帯文化建設」なるものであり，帝国のさらなる北進に樺太移民社会の存在意義が求められていったのである。そしてこれらの議論では，しばしば農村がその礎に据えられたのであり，その農村とは，大農経営者を中心とした農業労働者の集合ではなく，自作家族経営の自給的単位だったのである。農家あるいは移民社会全体における自給性を意識するとき，避けて通れないのが，米食の問題である。そして，この米食を巡る議論と実態の中に，ナショナル・アイデンティティも含めて，樺太移民社会の抱える問題が凝縮されているのであった。第7章では，この樺太米食撤廃論を分析することで，樺太移民社会形成の縮図を得たい。ただし，その前に亜寒帯という長期持続に樺太庁中央試験所という技術者集団がどのように向き合い，これら植民地イデオロギーを受け止めていたのかを次章で明らかにしておきたい。

第 6 章

東亜北方開発展覧会の亜寒帯主義と北進主義

樺太庁中央試験所

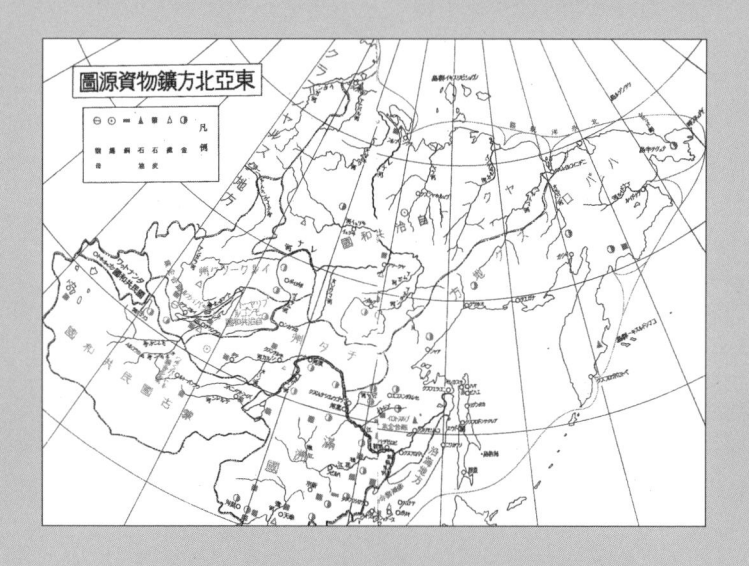

「東亜北方鉱物資源図」
(樺太庁中央試験所 1941: 36-37 頁)

1 樺太庁中央試験所の沿革と研究

1) 亜寒帯に向き合う農学

　帝国圏の地理的拡大は，必然的に自然環境や社会環境の異なる地域を含みこむことになる。言うなれば，普遍的な科学が，地域差という特殊性に対処するための技術として展開していく過程が生じるのである。こうした個性との向き合いを自然環境の面で最も意識したのは，農学という学問分野であり，もっとも地域差が表出するのも農林水産業のような自然環境の影響を受ける産業領域である。本章では，樺太庁中央試験所が樺太における「亜寒帯」というブローデルが呼ぶところの長期持続といかに向き合い，いかなる産業研究を行い，また樺太移民社会の形成にどのように関わったのかを明らかにする。

　近年の植民地研究機関の研究としては，農学者の系譜からアプローチした田中耕司や，盛永俊太郎の日本育種学史研究に依拠しながらも，中立と考えられていた育種学の現場におけるイデオロギー問題を抽出した藤原辰史らの研究が挙げられる[1]。日本帝国の植民地の代表的存在である朝鮮・台湾の農事試験場などの大きな関心事の一つは，稲作の改良であった。すなわち，「日本」の主食物である米の生産力を向上するために，在来および内地に共通の農業体系の合理化や近代化が，植民地研究機関の主要課題とされたのである。

　一方，北方の植民地樺太は米の産出できない地域であった。だとすれば，朝鮮・台湾および内地とは農業研究機関の帯びる方向性が異なり得ることは容易に想像できる。『日本農業発達史』第9巻の中で，東畑精一は農事試験所も含めた戦前の日本農学 —— 特に「未開発地域」である朝鮮，台湾，北海道を除く内地の —— に対して，「実践と研究との二重の相互関係」を充分に持たなかったとして厳しい評価をくだしている[2]。しかし，この東畑に限らず，農業研究機関史研究において樺太の研究機関をめぐる言及は見られず，こうした評価ないし実態が，植民地樺太の場合においてもあてはまるのかは充分に検証されなければならない課題として残されている。また樺太同様の北方帝国圏としては，北海道がある。

---

[1] 田中 (2006)，盛永 (1956)，藤原 (2007) など。
[2] 東畑 (1956: 600-604 頁)。

永井秀夫は，近代北海道の特質として，北海道が西欧技術文化移植のモデル地域となり，移植された技術文化は日本全体の近代化の中で先進的な役割を果たすことが期待されていたことを挙げている[3]。しかし，樺太の場合，こうした役割を担わされていたとは言い難い。そうだとすれば，樺太の技術開発者たちは，ただ単に樺太に適応する技術を開発普及するという目標に満足していたのか。また，永井は辺境論の北海道への適用性について論じる中で，「辺境性のみをもって北海道の特質を理解しようとすれば，その自然的特質からする特殊性をドロップすることになる。植民地的性格と，北方的性格（あまり使いたくない言葉であるが）とは一応別個のものである」[4]と述べている。これは樺太についてもあてはまることである。北海道と異なり，樺太は法制上も植民地という性格を持っていたし，現地のエリート層もその自覚の中で生きていた。この「植民地的性格」と，「北方的性格（＝内地との自然環境的差異）」が，技術の領域でどのように反映されたのか。これらの点は，樺太移民社会の特質を明らかにするために検討されるべき課題であると同時に，「帝国の科学」のありようを知るためにも解明されるべき点である。

　本章の課題は，第一に，樺太庁中央試験所（以下，中試）を中心に，非稲作圏である樺太の農畜林水産業技術開発の内実を明らかにすること，第二に，中試が植民地住民との間にどのような関係を構築していたのかを明らかにすること，第三に，中試の技術者たちの共有していたイデオロギーを明らかにすること，である。

　本章では，中試の刊行物と，現地メディアを中心的な分析資料とする。本章で用いる中試刊行物は表6-1のとおりである。中試の刊行物のうち最も重要なものとして，年度ごとに発行される『業務概要』が挙げられる。この資料により，その年度ごとの試験，調査，活動内容が把握できる。次に，不定期刊行物である『樺太庁中央試験所報告』（以下，『中試報告』），『樺太庁中央試験所彙報』（以下，『中試彙報』），『樺太庁中央試験所時報』（以下，『中試時報』）は，研究内容を外部へ公表したものである。順に専門性が低くなり，『中試時報』は農家に届くことまで考慮された内容となっている。『中試報告』『中試彙報』は500部，『中試時報』が2,000部配布された点[5]から見ても，『中試時報』の普及面での役割が理解でき

---

3) 永井（1998: 7頁）。
4) 永井（1966: 71頁）。
5) 発行部数については，『業務概要』各年度版を参照。

第 6 章　東亜北方開発展覧会の亜寒帯主義と北進主義　191

表 6-1　樺太庁中央試験所刊行物

部門・支所	定期刊行物	不定期刊行物		
	『業務概要』	『中試報告』	『中試彙報』	『中試時報』
農業部（第 1 類）	1930～42 年度	1 号（1931）～8 号（1937）	1 号（1932）～14 号（1942）	1 号（1930 年）～25 号（1937 年）
宇遠泊支所	1930～41 年度	―	―	―
恵須取支所	1937～41 年度	―	―	―
林業部（第 2 類）	1930～42 年度	1 号（1932）～14 号（1943）	1 号（1932）～16 号（1943）	1 号（1939）～9 号（1943）
水産部（第 3 類）	1930～42 年度	1 号（1933）	1 号（1932）	1 号（1930）～13 号（1935）
畜産部（第 4 類）	1930～42 年度	1 号（1939）	1 号（1932）～15 号（1942）	1 号（1932）～9 号（1941）
化学工業部	1938～42 年度			
保健部	1941～42 年度		1 号（1943）～2 号（1943）	
敷香支所	1941 年度			

非定期刊行物	
1931 年	『樺太庁中央試験所一覧』
1933 年	『特別彙報第 1 号　病害蟲防除要綱』
1936 年	『特別彙報第 2 号　質疑応答録"農業編"』
1941 年	『樺太庁中央試験所創立十年記念集』

出所）各刊行物より筆者作成。

る。本稿では，中試がいかなる技術を開発したのかという点も確かに重視するものの，同様にそのうえで普及に力を注いだ技術はどれかという点も重視して分析を行う。なぜならば，表 6-1 からわかるように，概ねどの部門でも普及性の高い『中試彙報』『中試時報』の刊行に力を入れているからである。また，非定期刊行物として重要なのは，設立当初の状況が詳しくわかる『樺太庁中央試験所一覧』（以下，『中試一覧』）（1931 年）と，10 周年記念に刊行された『樺太庁中央試験所創立十年記念集』（以下，『十年記念』）（1941 年）である。現地メディアとしては，日刊紙『樺太日日新聞』，月刊総合雑誌『樺太』，月刊公報誌『樺太庁報』『樺太時報』を用いる。

　本節では，『中試一覧』などを基に，中試の沿革と設立時期の時代状況について概説した上で，『業務概要』や不定期刊行物などから，農業，畜産，林業，水産業各部門について論じ，課題の第 1 点を明らかにする。第 2 節では，現地メディアを中心に，課題の第 2 点を明らかにする。第 3 節では，『十年記念』を手がかりに十周年記念事業として行われた「東亜北方開発展覧会」について考察し，課題の第 3 点を明らかにする。

2) 樺太庁中央試験所の沿革と背景

　樺太の日本帝国への編入は，ポーツマス条約後の 1905 年である。しかし，それ以前のロシア帝国領時代においても，日本人漁業者は樺太へ進出していたし，ロシア人による漁業も，日本の市場が販売先であった[6]。このように，水産資源開発は活発であり，領有後にまず他産業に先んじて興隆したのも水産業であった。

　林業については，ロシア帝国領時代は現地の用材，薪炭材の供給程度でしかなく，林業と言えるほどのものは発達していなかった[7]。すでに述べた事であるが，帝国編入後に「森林概況調査」が行われ，樺太のトドマツ，エゾマツのパルプ材としての最適性が確認され，パルプ工場の建設・誘致計画が始動し，実現していく[8]。さらに，第一次世界大戦の影響で，パルプ・紙価が高騰したため樺太の製紙・パルプ業に追い風が吹くことになる。また，1919 年以降のカラフトマツカレハ（マツケムシ）による虫害被害の拡大に伴い，官行斫伐事業と島外移出が開始された。さらに 1923 年の関東大震災後には復興木材需要も起こり，樺太材は製紙・パルプ材としてだけではなく，建材としても資源化されたのである。かくして，樺太林業は樺太の基幹産業化を果たす。

　一方，特別会計制度のもと独立採算制をとる樺太庁財政も，これらの産業に大きく依存していた。当初の樺太庁財政における重要な歳入は，漁業料収入であった。しかし，漁獲高の逓減と漁業料の引き下げにより，1918 年以降は，財政上の意義を失う[9]。それと入れ替わるように，森林収入が 1916 年以降，歳入における割合を増大し，漁業料収入に代わる財源となる[10]。しかし，1925 年には森林資源の想定以上の激減が露呈し，森林資源・収入の依存への危機感が持たれるようになる[11]。

　樺太は，1927 年の人口食糧問題調査会以降，帝国の人口・食料問題解決地としての期待と自認を新たにしていく。したがって，漁業料収入や森林収入の代替

---

6) ヴィソコフ（2000: 110 頁）。
7) ヴィソコフ（2000: 110 頁）。
8) 以下，林業の産業化に関しては樺太林業史編纂会（1960: 45, 53-45, 89, 106, 130 頁）による。
9) 平井（1994: 115 頁）。
10) 平井（1995: 104 頁）。
11) 平井（1995: 85 頁）。

財源としての農業の振興が注目されるようになる[12]。また，これを受けて1920年代末に，樺太農政は転換期を迎えることになる。すなわち，移民制度の調整から経営モデルの調整へという転換が起き，移民の招来から定着が目指されるようになる[13]。第4章の樺太篤農家顕彰事業同様に，中試の設立も，まさにこの転換期の1929年であった。

中試はそれまで樺太に存在していた各種の試験場などを統合したものであった[14]。農業関連では，1906年に貝塚種畜場，農事仮試作場が樺太民政署により設置された。1920年に前・農事仮試作所と，畜産部門を統合して，農事試験所が豊北村小沼に設置された。また，同年には西海岸の宇遠泊に分場が設置された。林業関連では，1909年に臨時工業調査所が大泊に設置され，林産物の製造に関する試験を行った。1912年に大澤試験林，1923年には保呂試験林が設置された。水産関連としては，1908年に樺太庁水産試験場が西海岸の楽磨に設置され，水産資源や加工技術の調査・研究が行われていた。

そして，1929年勅令第300号「樺太庁中央試験所官制」により，上記機関を統合して中試が設置されることになる。本部が小沼におかれた点からも，その中核が農業・畜産部門であったことがうかがえる。設立の目的は，「極北版圖たる本島の自然環境制約下に於ける諸條件に照應し農業，畜産業，林業及水産業に關する各般の調査試験並研究を行ひ」，「本島拓殖の進歩發展に資せんとする」[15]ことであると述べられている。このように科学一般の向上ではなく，樺太に適応した技術の開発が標榜された。

設立時には，農業部，畜産部，林業部，水産部，宇遠泊農事試験支所が設置された。その後，1937年に恵須取農事試験支所，1938年に化学工業部，1941年に敷香支所，保健部が新設される。当初は技師の人数は，11名（うち1名は所長を兼務）と定められていた。本庁農林部などの兼任者も含めると，1930年度以降の技師の数は，12-17名前後で推移する。1931年3月時点の全職員は71名，技師12名，書記3名，技手21名，嘱託6名，雇員29名という構成になっている。

---

12) 竹野（2000: 123, 129頁）。
13) 中山（2009: 7頁），および本書第4章。
14) 以下，特に断らない場合，中試に沿革については，樺太庁中央試験所（1931: 1-24頁）による。人事面については，内閣印刷局『職員録』各年度版で補った。また，新設部門，支所についてはそれぞれの『業務概要』および『十年記念』による。
15) 樺太庁中央試験所（1931: 1頁）。

写真 6-1 「樺太庁農事試験場全景（並川）」(1932 年)
出所）樺太庁中央試験所（1941：10 頁）。

また，1930年代の後半には，各部長の代替わりや，部門・支所の新設により増員が起きている。第1代・第3代所長（1929-1932, 1932-1938年）の三宅康次[16]は，北海道帝国大学農学部教授を兼任しており，第4代所長（1939-1940年）の奈良部都義は旧・農事試験場所長であり，中試設置後は畜産部長を務めていた。第5代所長（1941年）の川瀬逝二は，設立から1940年まで農業部長を務めるとともに，1935年からは拓殖学校長を兼務していた。第6代所長（1941-43年）の山田桂輔となると，工学博士であり，化学工業部・保健部の部長を務めるなど，所長の性格に多少の変化が現れる。しかし，少なくとも，1930年代については中試の基幹は農業・畜産部門にあったと考えることができる。

樺太庁における中試の位置づけを財政面から確認すると，中試の総決算額は，

---

16) 1905年に札幌農学校を卒業し，秋田県立秋田農業学校で教鞭を執った後に，1907年に札幌農学校の後身である東北帝国大学農科大学の講師，1908年に同助教授となる。1914年から3年間欧米諸国で在外研究員として土壌肥料学の研究を行い，北海道帝国大学が設置された1918年に同教授，1920年に北海道農業試験場長を兼務，1934年には同農学部長となり，1944年に定年退職を迎える。三宅は樺太だけではなく，北海道農業にも大きく貢献し「甜菜の父」と呼ばれることとなったほか，日本土壌肥料学会の創立委員や学会長を務めるなど，寒地農業や土壌学の重鎮であった。（石塚 1968）

『樺太庁統計書』によれば，30万円代から50万円代の間で推移し，樺太庁特別会計決算額全体の1％程度を占めていた。これは，警務費の2-3分の1，本庁費や教育費の3-4分の1，林務費の4-5分の1と額自体は比較的に少ないものの，これらの重要な会計項目と同格の項目として扱われていた。

次に植民地官僚としての身分に目を向けると，高等官等級表によれば，樺太庁において勅任官は長官と中試技師に限られていた。さらに，同等級であれば長官と同じ俸給が定められ，同じ等級にあっても各部長，鉄道・通信技師，中学校長よりも1.3倍の額であり，長官に次ぐ位置づけを与えられていた[17]。また，中試の所長および各部長は多くは札幌農学校や北海道帝国大学をはじめとする帝大出身者で占められていた[18]。

3) 中試の各部門の試験研究と刊行物

ここでは，中試の研究の特徴を，中試の刊行物を中心に，樺太の拓殖政策の動向と照らし合わせながら確認する。

(1) 農業部門

農業部門は，次の4科から構成されていた[19]。

第1科：種芸及農業物理（適作物査定，主要農作物品種改良，各種農作物耕種法試験，農業気象，農業用器具機械改良，農業経営試験，種子・種苗鑑定配布，実習生養成）

第2科：農作物の病虫害・雑草（病害虫及野草調査試験，害益虫調査試験）

第3科：農業の化学的研究（土壌調査試験，肥料試験，農産物分析加工調査試験）

第4科：醸造（醸造・発酵調査試験，酒類・酒精の材料品分析鑑定，酒類・醤油醸造実地指導）

上述のように，朝鮮・台湾においては，在来農法の改良が農学上の課題とされた。樺太において，在来農法というものがどのように評価されていたのかをまず

---

17) 樺太庁長官官房秘書課（1938：1-3頁）。ただし，勅任官は内政部長や医学専門学校長，師範学長へも拡げられる（樺太庁長官官房秘書課 1938：1-3頁，1944：2頁）。

18) 札幌農学校：三宅康次（所長・農業部長），北海道帝国大学農学部：田中勝吉（林業部長），三島懋（林業部長），東北帝国大学：村山佐太郎（水産部長）など。

19) 以下，各部門の構成については，樺太庁中央試験所（1931）による。

明らかにしておく。中試の技手を務めたことがある田澤博[20]が、残留ロシア人の農業について、「其の農業方式は極めて幼稚なもの」で、「極く粗放的な經營に終始したのみ」で、「邦領樺太の農業は邦人の手によつて初めて其の緒に就いたと云つても敢へて過言ではない」という評価をくだしている[21]ように、中試は関心を払わなかったし、そもそも残留ロシア人も極めて少数であった[22]。

次に、日本農学の花形であった稲作試験について見てみたい。樺太でも、民間による試験的成功は報じられていた[23]。また、1930年8月に拓務大臣の樺太視察に随行していた拓務省殖産局技師の矢島慧は、一週間の実地視察を基に、乗り越えるべき課題の多さを指摘しつつも、沿海州での水稲栽培の事例から、樺太における水稲栽培実現の可能性を示唆していた[24]。しかし、中試は「水稲ト授精稔熟ニ關スル試驗」を1932年度で打ち切り、その後は水稲試験を行わなくなる。中試が民間から寄せられた技術的問い合わせを集積して編纂した『質疑応答録"農業編"』の中でも水稲に関する項目があるものの、「經濟的に之を栽培することは殆ど見込みなきもの」と述べている[25]。また、同年には前出の田澤が全国誌『農業及園芸』の特集「各地稲作の研究」において、樺太では「稲作が經濟的立場を確保するに至るべきは到底近き將來に非ざる」[26]という見解を示している。

それでは、いかなる作物についての調査試験が重要視されたのかを、樺太における農業移民の食料問題をふまえて確認する。前述のように樺太の植民地として

---

20) 1924年に北海道帝国大学農学部農学科を卒業し、同助手を務めた後、1929年から中試や樺太庁観測所、樺太庁気象台に勤務した（田澤1945b）。
21) 田澤（1945a: 1頁）。
22) 北海道帝国大学農学部昆虫学教室の助手を務め、1927年に樺太庁に入庁し中試設立以来のスタッフであった玉貫光一は、戦後に刊行した回想記の中で、これらロシア人（実際には、ポーランド人であった可能性も強い）が栽培していた小麦（在来1号種）が冷害に強かった事や、彼らの牛馬がすぐれた耐寒性を持っていたことを記しつつも、「日本人移民や農業技術者は、こうした在来の耐寒性を備えた作物や家畜の育成改良をおろそかにし、アメリカから移入したものにのみこだわりすぎたようで、失敗も多かったし家畜の飼育にも余分な労力を要する結果を招いた」（玉貫1984: 173-174頁）と回顧している。また、ロシア人たちが使用していた牧草用の鎌も、日本人の体格には大き過ぎて使いこなすことができなかったことも記している（玉貫1984: 175頁）。
23) 田澤（1936: 479頁）。
24) 「樺太は研究すれば水稲作地にもなる　品種撰定と耕作施設の種々な研究とが必要だ　来島中の矢島拓務省技師の談」『樺太日日新聞』1930年8月14日号。なお、北海道では1892年に当時稲作の権威であった酒匂常明が北海道庁財政部長に就任して以降、稲作による農家経営の安定化が期待され、北海道庁はその導入に積極的になっていた（高倉1947: 190頁）。
25) 樺太庁中央試験所（1936: 49頁）。
26) 田澤（1936: 481頁）。

の意義は帝国の人口・食料問題解決地に求められ，稲作不可能地域である樺太は，食料問題に対しては，主食（米）供給地としての積極的貢献は不可能であることになる。したがって，農業移民の食料自給により，内地の主食物を消費しないという消極的貢献の道しか，樺太農政には残されないことになる。しかし，現実の農業移民の食料事情はと言えば，第3章でその一端を明らかにした如く水産・森林資源開発に伴う，現金・商品経済により，大量の移入米が消費される状況にあった。1925年樺太庁が発行した『樺太の農業』では，この状況が「遠ク樺太ニ來リテ白米ヲ食シ得ルニアラザレバ内地ニ歸ルニ如カズト豪語スルモノスラアリテ一般ニ組食（引用者註：「粗食」か）ヲ慾セザル有様ナリ」[27]と苦々しく述べられている。また樺太の農村・農業問題を専門とするジャーナリストによれば，「樺太の農家で米を食わぬ者は殆ど無い」状態で，移民前は米を食べなかった者も「樺太に来た途端に米を食ふ習慣がつくやうになつた」という[28]。

　このような状況に対して，中試はまず燕麦食を推奨する。1931年に刊行した「燕麦食の奬め」（『中試時報』第1類第2号）では，「元來農業を營む上に於て，自家用の食糧や飼糧は之を自分で作るのが安全にして，且合理的方法」であるとして，樺太農業移民における燕麦食の合理性を強調，栽培法から食用法，それに必要な器具の販売店まで紹介している。品種としては，「里子（1932-33年）」「樺里子1号（1934-40年）」「百日早生（1941-42年）」を推奨・配布している。

　燕麦食の推進をはかる傍ら，パン用小麦品種の開発も中試は行っていた。カナダ中央試験所から取り寄せた「ガーニット・オットウ・652」を，樺太に適したパン用硬質小麦品種「暁」として選定し[29]，それまでの小麦品種「札幌春蒔（-1932年）」「樺在来1号（1933-36年）」にかわって，1937年以降配布するようになる。その結果，島産小麦によるパン食の推進をいっそうはかるようになる。

　また食料自給率の向上をめざして，野生植物の栽培化・食用化も中試は視野に入れて研究を行っていた。樺太では，雪融けが遅いこともあり，特に春先に，蔬菜が不足しがちだったからである[30]。この野草食用化も，農家経営と結びつけて論じられていた。「南樺太有用野生植物」（『中試報告』第1類第1号，1932年）で

27）樺太庁内務部殖産課（1925：90頁）。
28）松尾（1940：95-97頁）。
29）川瀬（1938）。
30）川瀬（1937）。

は冒頭で，「野生の状態に於て利用するに止まらず，更に進んで之が作物化，或は作物改良上の基礎食物たらし」めて，「農業經營をして有利に導」くことが提案されている。このように，農家の食料自給化に中試が腐心していたことが明らかになるのである。

また，『業務概要』に記載された麦類以外の農産物原種の配布状況に目を移すと，1934 年まで大量に配布されていた馬鈴薯「北星」に代わって，1936 年以降は甜菜「クラインワンツレーベン Z 改良種」が中心的に配布され始める。これは 1935 年に「馬鈴薯ブーム」[31] が終焉するとともに，その後，甜菜糖業への期待が高まった[32] ことの反映であると考えることができる。

(2) 畜産部門

第 1 科：牛馬（繁殖，改良，飼養，管理，衛生，生産物処理，種牛馬貸付・種付，飼料作物耕作経営，実習生養成）

第 2 科：豚，緬羊，家兎，養狐，そのほか毛皮動物・家禽（繁殖，改良，飼養，管理，衛生，生産物処理，種豚・種緬羊・種兎・種狐・種禽・種卵配布・貸付・種付）

第 3 科：加工・利用（飼養・畜産物の化学的研究，畜産物の加工・利用，畜産製品改良）

畜産は農業と組み合わせて経営すべきものとして，領有当初から認識されていた。前章で論じたように 1930 年代中盤においても，初代拓殖課長・栃内壬五郎の影響力が語られていたし，また，その前の 1932 年末には前章で見たように，無畜機械化大規模経営をめざす企業家・太田新五郎と，有畜小規模経営の立場をとる殖民課課長・正見透とが雑誌『樺太』で樺太に適切な農業経営方法をめぐって「樺太農業論争」を展開していた。1934 年には，樺太拓殖計画に伴い「樺太農法経営大体標準」が策定され示される。これは，樺太農政を貫く農家経営モデルの具体化であり，畜産物は商品化（＝現金収入）の対象であると同時に，まず自家用食料であるとした，食料・飼料・肥料自給の有畜小農経営モデルであった。

ここで，中試の具体的な畜産部門の研究内容にふれる前に，農家の副業問題にふれておきたい。有畜農業は，家畜の世話のためにいわば農家を農村近傍にしばりつけるものである。家畜を導入する以前には農閑期に農村を離れ林業労働など

---

31) 竹野 (2001: 92 頁)。
32) 竹野 (2009: 9–10 頁)。

で得ていた分の収入を，家畜導入後に補うためには，農村において得られる副業収入の確立が必要となるのである。すでに第3章で論じた如く，樺太庁の行った『樺太農家ノ経済調査』(1938年)のデータからも，馬資本中心の兼業農家が牛資本中心の専業農家に移行する際には，その移行段階における「兼業収入」(本章で言う「副業」のうちの一部を含む)が減少しており，副業確立の成否が，牛資本導入，経営面積拡大および専業化(定着化)に深く関わっていたことが指摘できる。

　前出の『質疑応答録"農業編"』では，農家副業問題についての項目も掲載されており，有望な副業として8種が挙げられている。その第三に，「乳牛を飼養してその産乳を自家用又は乳製品の製造原料に販売すると共に厩肥を製造し地力の維持増進を図ること」，第四に，「農産残渣を利用して養鶏養豚並に緬羊の如き小家畜の飼養を試み，卵肉及毛の自家用及販売品を生産すること」，第五に，「養狐，養兎の如き毛皮動物の飼養を策して販売用又は保温衣服の自給自足を図ること」が挙げられており，副業として大家畜，小家畜の飼養，加工，消費，販売が推奨されている[33]。実際に，『業務概要』からは，商品化，自家消費化のための乳酪製品の加工製造利用方法についての7件の調査試験項目が確認されるだけでなく，一般向けの『中試彙報』，『中試時報』でも，これらを紹介するものが6件刊行されている。

(3) 林業部門
第1科：造林・更新・保護（人工造林試験，天然更新試験，森林保護試験）
第2科：森林主副産物利用の試験研究（木材の理化学的性質，木材処理・保存・利用，林産物製造，分析鑑定）
第3科：施業・管理経営（森林施業法の試験研究，成長・材積算定法の試験研究，試験林の管理経営）

　産業としての樺太林業は，パルプ・製紙材を供給することで発展した。しかし，『業務概要』などから見るに，中試がパルプ・製紙技術の開発に積極的に携わった形跡はない。「とどまつ及えぞまつ病虫害被害材利用ぱるぷ製造試験」(1937-38年度)，「簡易曹達ぱるぷ製造ニ関スル調査」(1939年度)なども行われ，1941年に庁営簡易曹達パルプ工場が操業するものの収益性は低く民営化は不可能視さ

---

33) 樺太庁中央試験所 (1936: 222 頁)。

れる[34]など，有益な成績も残していない。パルプ・製紙技術の主流である大プラント型のパルプ・製紙技術は，民間企業が先進的であり，中試は，廃物利用のための試験的な技術開発にとどまっていた。

また，現場レベルや労務管理の技術についても，「風倒木処分ヲ中心トセル集材，運材ノ集約的機械化試験」(1937-40年度)，「森林作業法ニ関スル試験調査」(1932-36年度)などがあるものの，試験林内部の問題に対処するための技術にとどまっていた。こうした現場レベル・労務管理の技術に関心を持っていたのは，やはり森林資源開発の末端に関わっていた民間企業であり，たとえば，王子製紙樺太分社山林部は，社内研究会誌『樺太山林事業ノ研究』(第1号[1932年]-第5号[1942年])を発行していた。樺太庁にとって，森林資源は確かに財源ではあったが，立木売払の形態をとっていたため，森林の保護，更新のための基礎的研究試験にのみ関心が注がれていたと考えられる。

ただし，この林業部門においても，農家副業問題に関わる研究がなされていた。それは，人工樟脳や，セルロイド，香料などの原料として需要の高まっていた針葉油（テレピン油）の製造技術の開発である。針葉油については，1909年に樺太庁が工業試験を開始するが，採算性が見込めないために，1916年には試験所を廃止した。また農家副業として普及するために，器具の貸付，生産物の買い上げを試験的に始めたが，農家の移動性が高いために，これも1912・13年度で挫折している[35]。しかし，民間の久米豊平が，1926-1931年にかけて従来の乾溜法ではなく，蒸溜法による針葉油抽出法を開発し，製造業者が増加した[36]。この同時期に，中試は「針葉油抽出試験」(1931-32年度)，「針葉油蒸溜工業ノ経済的調査」(1933年度)を行い，1935年には「樺太に於けるトドマツ針葉油の製造に就て」(『中試彙報』第2類第6号)を刊行する。注目すべきは，その中で「専ら伐木造材に伴つて副産物として生ずる枝葉を利用し副業的に行ふべきもの」と述べられている点である。つまり，中試は針葉油製造を農家副業であるべきものと捉え，実際に移動・使用・維持の容易な蒸留装置の開発を行っていたのである。

---

[34] 樺太林業史編纂会 (1960: 263頁)。
[35] 樺太林業史編纂会 (1960: 59頁)。
[36] 樺太庁 (1936: 471頁)。

(4) 水産部門

第1科：生態・海洋・漁場（ニシンの種族・習性・生活史調査，タラバ蟹の習性・生活史調査，マスの種類・習性・生活史調査，サケの種類・習性・生活史調査，タラの種族・習性・生活史調査，スケトウタラの種族・習性・生活史調査，海藻の種類・分布調査，イタニソウの習性・生活史調査，海洋の水温・比重の分布と海流調査，浅海漁場調査，湖沼調査）

第2科：漁具・漁法・漁船・実習生（タラ漁業経済試験，スケトウタラ漁業経済試験，コウナゴ漁業経済試験，本島樹皮・ツンドラ泥炭の漁網染料試験，水産科実習性養成）

第3科：加工・利用（魚介藻類の簡易製造利用試験，ニシン食用化試験，タラ・スケトウタラ凍乾品製造試験，製塩試験）

第4科：増殖・保護（タラバ蟹抱卵人工飼育試験，カレイ人工孵化試験，ニシン人工孵化試験，サケ人工孵化試験，パルプ廃液の魚介藻類への影響調査，木材流送のサケ稚魚への影響調査）

　水産部門において特徴的なのは水産物の加工品製造のための技術の開発普及が目指されていたことである。特に，樺太漁業興隆の中心であったニシンの食用化や，加工が重視された。ニシンはそもそも，肥料の原料であり，従来は食用とはされていなかった。ほかの魚介類も，島内の加工施設・技術および流通販路が不十分であり，移出と再移入に偏重していた。こうした状況を背景に，島産品消費（および移出）運動が，官民によって展開されていた。この運動は群発的であったが，長官夫人や女学校が参加・協力したり，1930年代中盤には島産品愛用のポスターが作成配布されたりと，決して小さな動きではなかった。中試は，これらの運動を背景としながら，減少した漁獲高を補うための付加価値化（加工）のための技術の開発と普及に取り組んでいた。

　これらの運動は，一般家庭へもアピールするものであり，農業側の食料問題を念頭としていたわけでは必ずしもない。ただし，沿海部の農家も春先の群来の季節には，漁業労働に関わることが多く，ニシンの食用化などは，決して農家自給率の向上を無視したものではないと考えられるのである。さらに，「家庭工業ニ據ル養狐飼料ニ適スル魚粕製造調査試験」（1934-40年度）など，水産物を家畜飼料化する技術開発も取り組まれていた。こうした動きは，畜産部門の側にも見られ，「乳牛ノ経済調査試験」「（引用者註：各種飼料の）乳牛飼料価格比試験」（1930-

42年度）などでは，飼料として植物性のもののほか，「鰊粕」などを含む水産物も含まれていた．

4) 樺太庁中央試験所の技術

こうして中試の設立当初に設けられた4部門の試験研究を総覧してみると中試の技術の特徴が分かる．第一に，大プラント型の産業科学を目指していたわけでは決してなかったということであり，第二に，島内自給的な技術体系の開発を目指していたということである．第二の点は，すでに論じた小農的植民主義と合致するものであることが理解できよう．とりわけ農業部門，畜産部門の試験研究内容を検討するとこのことがよく理解できる．また，第一の点は林業部門に目を向けると理解しやすい．林業部門の試験研究は基本的には，樺太の国有林経営の保続利用を意図したものが主であり，林産加工業を研究対象とした場合も，それはあくまで農家の副業問題が出発点であった．また，他部門においても加工に関する試験研究は，大工場を必要とするものではなく，農家などの自家経営が資本を蓄積して行えるような小規模なものであり，一次産品の生産現場において加工によって付加価値を与えることを意図したものであった．

なお，1939年以降には新設部門が現われるのであるが，これについては第3節で詳述する．

2 樺太移民社会の中の樺太庁中央試験所

1) メディアの中の中試

前節では，中試の研究開発とその普及の特徴を明らかにした．本節では，中試と外の世界との関係，いわば植民地住民との「距離感」を確認しておきたい．なぜならば，中試の特徴を明らかにするためには，「試験所の門戸は農業・農民に対しておのずから閉ざされていた」[37]という評価が，中試についても言い得るこ

---

37) 東畑（1956: 604頁）．

となのかを検証する必要があるからである。

　まず中試はその設置以前から現地紙を賑わせる話題を提供した[38]。中試の設置が迫った1929年5月の段階で，いまだなお敷地の選定が終わっておらず，これが同年8月に樺太の主都・豊原の近郊である小沼に決定すると，豊原に本社を置く現地紙『樺太日日新聞』が，小沼に中試の敷地が選定されてしまったのは，豊原が誘致運動で出遅れたからであり，これが豊原の有力者間の連帯・公共心の欠如の顕れであると紙面上で批判を行った。当の有力者らは，長官に直に説明を求めて訪問し，その結果，有力者ら豊原陳情委員会の連名による釈明記事が掲載された。さらに同日の社説「豊原と小沼」では，「中央試験所の建設事業が開始すると同時に小沼は豊原の一部であると云ふ心持になつて活動をして欲しい」という露骨な住民感情が表明された。この一件からも，中試は決して植民地住民から不可視化された機密研究機関としてではなく，設立当初から植民地住民にとって充分に可視化された存在だったことがわかるのである。

　また物理的空間としての中試も，植民地住民からは必ずしも縁遠い存在ではなかった。『業務概要』から参観者の属性を調べると，どの部門においても，「官吏及公吏」「農畜産業」「水産業」「商業」「教員及学生」「其の他」のうち，「教員及学生」の数が突出している。これはおそらく学校の見学先として，中試が利用されていたためだと考えられる。

　こうした中試の開放性をもっともよく示したイベントが「中試参観デー」である。中試参観デーとはいわば，中試施設の一般公開である。第一回は1934年に行われた[39]。翌1935年の中試参観デーに合わせて，『樺太日日新聞』に連載された記事によれば，小沼の中試施設の中の多くの場所が公開されている[40]。自然科

---

38) 以下，中試の敷地選定問題については，次の新聞記事（『樺太日日新聞』）による。「樺太中央試験所位置建物の一切設計は三宅博士に一任されん」1929年5月10日号，「敷地選定難に陥つた樺太中央試験所いよいよ決定を見て官舎などは直に着工する模様」1929年7月5日号，「樺太中央試験所の位置愈よ小沼と決定　三宅博士住民に感謝　水産試験場も充実する」1929年8月29日号，「試験所の小沼行きは町民が冷淡の為　町長の選定にも注意を要する　豊原の某有力者憤慨して語る」1929年8月29日号，「豊原陳情委員連名で中央試験所位置の問題に就て釈明す」1929年9月1日号，「社説　豊原と小沼」1929年9月1日号。

39) この中試参観デーに際して，所長の三宅康次が現地紙に寄稿して趣旨を解説している。（「中試参観デーの開催に際り　樺太産業開発と科学的研究」『樺太日日新聞』1934年8月16-18日号）。

40) 『樺太日日新聞』（1935年7月28日-8月10日号）。また，前年同様に三宅所長も趣旨解説を寄稿している（「第二回参観デーの開催に際り　樺太産業開発と科学的研究」『樺太日日新聞』1935年8月10-19日号）。

学系の研究機関でここまで一般公開してしまえば，期間中は通常の試験業務の遂行が困難であったと思われる。また，期間中は各部が各種の「相談所」をもうけて，技師をはじめとしたスタッフが，参観者の技術的相談にものっていた。このことからも，このイベントが中試全体をあげてのイベントであったことが理解される。さらに，記念スタンプや絵葉書も用意し，牧場わきの屋外休憩所ではカルピスをふるまうなど，研究機関の見学というよりは，一種のレジャーのような様相を呈している。『業務概要』から見ると，中試の参観者数も，1933年から1934年にかけて約4倍に急増し，1935年には年間参観者数が1万人を超えている。また，同じく『業務概要』によれば，中試と植民地住民との接点としては，このほかに実習生制度や，講話講習，実地指導などがあった。それらは中試スタッフを地方へと送り込んだり，あるいは若い植民地住民を短期的に中試へと受け入れることで，中試スタッフが植民地住民と顔を見える関係を築く一つの契機となったと考えられる。

　参観の他にも中試は植民地住民との間に関係性を築いていた。たとえば農業部は講習講演のために最大年間延べ45人（1939年度）を派遣し，平年でも20人ほどを派遣している。同様に水産部は最大89人（1932年度），畜産部は最大51人（1932年度）を派遣している。実地指導では，農業部は最大171人（1934年度），水産部は最大216人（1936年度），畜産部は最大27人（1932年度）を派遣している[41]。質疑応答件数に目を向けると，農業部は最大170件（1935年度），林業部は最大30件（1939・40年度），水産部は最大338件（1935年），畜産部は最大248件（1935年度）の質疑応答が植民地住民との間で行われている。また，中試設置以前の各前身機関が農業移民に与えた影響の一端は，第3章の富内岸澤の事例にも見られるのであり，中試設置以前から植民地住民との間に関係性を築いていたことがうかがえるのである。こうした活動を通して，中試は植民地住民に対して技術の普及に努めるとともに，その過程で植民地住民の要望や関心を把握するという相互性が生まれていたと想像できる。その一方で，植民地住民の農業の方向性と，中試のそれとが齟齬をきたしている場面も垣間見られる。たとえば，畜産部の普及事業の詳細に目を向けると植民地住民の関心が小家畜に注がれており，副

41）ただし，林業部は講習講演が最大年間2人，実地指導は1934年度の90人を除いては実施されていないという僅少さである。なお，これら数値は各部門の『業務概要』の各年度版から集計したものである。

写真 6-2　実習生試験畑
出所）全国樺太連盟北海道支部連合会所蔵・小笠原成雄氏寄贈。

業問題に貢献していると評価できるものの，樺太農政が示した有畜農業の要である乳牛や酪農製品製造への植民地住民の関心は極端に少ないなど，拓殖の実態がこれらの数字にも如実に表れている[42]。

2)「科学」と「文化」── 中試スタッフと樺太文化論

　中試と樺太移民社会の距離感は，決して大きなものではなかったといえる。こうした距離感の中で，中試スタッフは自ら現地紙にも記事を寄稿していた。主食転換のための燕麦食の推奨，「暁」や有用野生植物，針葉油製造法，水産物の加工法の紹介記事も多くみられる。たとえば，菅原道太郎「島産燕麦の栄養価値」（『樺太』第2巻第7号，1930年）では，他の作物と比較しての燕麦の自給食料としての優位性が，多面的に解説されている。また，中央試験所発表という形で，『樺

---

[42] 質疑応答件数をみると，小家畜への問い合わせがほぼ100-200件前後で推移しているのに対して，大家畜への問い合わせは30件未満に過ぎない。

太日日新聞』には，短期連載の記事も掲載されていた[43]。『中試報告』，『中試彙報』，『中試時報』といった自前のメディアだけではなく，現地のメディアも用いて，中試は自分たちの技術を樺太移民社会に普及させようと試みていたのである。

また，純粋な技術問題に限らず，より広汎に農業問題や，拓殖問題を論じるものも多くみられる。「樺太農業論争」の以前に，三宅は「農業の現在と将来」(『樺太』第3巻第4号, 1931年)，「樺太の農業はどう成立せしむるか」(『樺太』第4号第5号, 1932年)といった記事を現地誌に寄稿している。また1930年代を通して，特に目立つのは第5章でも詳しく論じた技師・菅原道太郎の言論活動である。樺太農業論争で重要な役割を担った殖民課課長の正見透が農政畑のスポークスマンであったとすれば，菅原は技術畑のスポークスマンであり，中試の象徴ともいえる人物であった。菅原は，技術者でありながらイデオローグでもあるという多面的な知識人として，樺太移民社会に認知されていた。菅原は，上記のとおり農家食料問題へ言及するほか，副業問題へも「樺太農業に於ける副業の要否」(『樺太』第9巻第5-8号, 1937年)で言及し，さらに「寒帯に於ける日本人生活の創造」(『樺太』第4巻第7号, 1932年)，「樺太の導標は何であるか」(『樺太』第5巻第1号, 1933年)，「寒帯農業の創造」(『樺太』第5巻第5号-第7巻第6号, 1934-1935年)，「樺太農業青年に送るの書」(『樺太』第7巻第1・3号, 1935年)，「日本の躍進と樺太拓殖の将来」(『樺太』第10巻第1号, 1938年)といった一連の記事や，『樺太農業の将来と農村青年』(1935年)を執筆し，樺太のあるべき拓殖と島民の，特に農家青年の在り方について論じることで，一種のイデオローグとなっていた。菅原の思想の枢要は，樺太拓殖においては，樺太的生活様式の確立が必要であり，そのためには「温熱帯日本的偏執性を清算し」，「寒帯日本人にまで私等の魂を揚棄」するべきであるというものであった[44]。この菅原のイデオロギーが中試のイデオロギーとして結実したのが，次節で論じる「東亜北方開発展覧会」であった。

次節で見るように東亜北方開発展覧会のコンセプトと，樺太文化論の二大テー

---

43)「島産愛用の見地から燕麦食の奨励　中央試験所発表」(1934年6月14・19日号)，「季節を語る島内に自生する食用野草　樺太庁中央試験所」(1935年6月11・12日号)，「林利増進の方途　『針葉油』の製造法　経費低廉，操作容易なる好副業　中試，農山村に奨励」(1935年11月12・19日号)，「『すけとう鱈』の漁業と其加工利用法に就て　将来有望にして着業者激増の傾向　中央試験所水産部発表」(1935年1月22・29日，2月5・13日号)，「本島重要水産業の鱈製品の造り方　塩蔵，素乾，凍乾，塩乾，肝油等々　中試水産部発表」(1935年3月12日号)など。
44)菅原 (1932: 18-20頁)。

ゼの類似性は，同調として捉えることのできるものであり，さらに，その担い手は重なっていた。すでに指摘されているように，樺太文化論の中で注目すべきは，そこでいう「文化」という概念が詩歌管弦の類ではなく，主に衣食住の生活文化を念頭に結びついていたということである。それと同様に，中試スタッフの間で，「科学」といった場合，それは「文化」と深く結びつくものとして認識されていた点は，指摘しておくべき点であると思われる。この点を，東亜北方開発展覧会よりもさかのぼって確認してみたい。

三宅康次は初代所長就任期に「農業の現在と将来」(1931年) を現地誌『樺太』に寄稿し，「吾々が永らくなし來つた農業とは全然趣を異にした特種のもの」であり，「日本に於て最も合理化されたる農業」のための，樺太の特殊性に適合した技術開発の必要性を述べている[45]。

その五年後には，『質疑応答録"農業編"』(1936年) の巻頭で所長として，「亞寒帯産業の振興」のために，「郷土に即せる産業文化を興して」，「本島亞寒帯産業の合理的發展を促」すことが中試の使命であると述べている[46]。

ここで述べられているのは，亜寒帯（樺太の特殊性）に適合した科学＝文化の必要性である。第4代所長・奈良部都義も，東亜北方開発展覧会の「開催趣意書」において，樺太は「東亜北方地帯を光被すべき文化活動發現の民族基地」の使命を帯び，中試は「寒帯文化」を発展させ，「日本寒帯開拓體系を創造具現」し，「獨創的開發體系發祥の科學的中樞機關たるべき國家的使命」を有していると述べている[47]。科学＝文化の認識が踏襲され，かつ樺太文化論の二大テーゼとの混淆を果たしていることがうかがえるのである。

すでに見てきたように，中試の重要かつ特徴的な研究テーマは，食料・資材の自給・消費利用であり，生活文化自体の変革を要求するものであった。科学技術と文化論の接続は前提となり，また常に要請されるものとなっていた。その結果，新しい「文化」を生み出す主体としての「科学」という立場が構築されていった。中試の構築した生活科学と対比すべきは，製紙・パルプ業などにみられた工場プラントの中の「科学」としての産業科学である。パルプ製造技術はあくまでプラント内のためのものであり，人々の生活や，文化というものと接触すること

---

45) 三宅 (1931: 4頁)。
46) 樺太庁中央試験所 (1936: 序)。
47) 樺太庁中央試験所 (1941: 150頁)。

のないものである。一方，中試の目指していた科学とは，新たな文化，それも生活に深くかかわる文化，を創造するためものとして，理念的に位置づけられていったのである。

3）東亜北方開発展覧会

1929年に設立された中試は，1939年に設立10年目を迎えた。そこで行われた10周年記念事業の中核をなすものが，この「東亜北方開発展覧会」である[48]。会場は，中試参観デー同様に小沼の中試本部であり，当初その開催期間は8月13日-15日の3日間の予定であったが，予想以上の好評ぶりに，25日まで延長された。「樺太物産展示会」が同時開催されたほか，8月11・12日には「試験研究発表講演会」が催され，16名の中試スタッフが講演をおこなった。また，15日には関係者を招いての「試作食料試食会」が開かれた。これは，島産品料理試食会であり，展覧会の来賓であった棟居俊一・樺太庁長官はこちらにも参加した。来観者数は，約1万2千人であり，これは当時の豊原郡総人口の25％に相当する数である。このイベントが大きな集客力を持ったものであったことを示している。

さて，この展覧会の名に冠された「東亜北方」の意味をここで確認しておきたい。ここでいう「東亜北方」とは，東経100度（バイカル湖）以東，北緯40度（長城）以北に，東経100度以西のモンゴル人民共和国を加えて，本州，朝鮮，北海道を除いたアジア地域を指す[49]。会場には「東亜北方綜覧室」が設けられ，「シベリア」，「満洲国」，「蒙古人民共和国」，そして「樺太」という順に各地域・国家の歴史や特徴が解説された[50]。この展覧会の趣旨は，樺太の開発についての知識を普及するというよりも，むしろこの「東亜北方」というコンセプトを，島民に啓発しようとするものであったことが理解できるのである。

---

48) 以下，「東亜北方開発展覧会」の詳細について，特に断りがない場合には，樺太庁中央試験所（1941）による。
49) 樺太庁中央試験所（1941：149頁），また巻末の附図を参照。
50) 樺太庁中央試験所（1941：24-32頁）。

4）樺太文化論との同調

　東亜北方展覧会に顕れたのは，樺太にとどまらず，東亜北方への帝国の拡大のために自分たちの技術は意味を持たねばならのだという，技術者たちのビジョンである。所長・奈良部都義は「開催趣意書」において，「樺太をして邦人安住の樂土たらしむるを以て足れりとせず」，「開拓の成果を移して東亜北方の地帯に滲潤せしめし寒帯諸民族を誘導扶掖」すべきと述べ[51]ている。また試作食料試食会における奈良部の「所長挨拶」の中には，「民族北進基地の樺太」，「綜合的科學研究機關たる當所」，「北方文化の確立は先づ食卓から」[52]といった言辞が現れている。

　こうした言辞と類似性を持つのが，前章で論じた樺太文化論の二大テーゼである。第一のテーゼは，「北進前進根拠地樺太」（北進主義）というものであり，樺太は帝国のさらなる北方への拡大のための根拠地とされる。第二のテーゼは，「亜寒帯文化建設」（亜寒帯主義）というものであり，第一のテーゼを実現するための生活文化の創造が標榜されたのである。これらの基礎部分は教育者らを中心に1930年代中葉に醸成され，それらが樺太移民社会の植民地エリート層に共有されるようになり，その結実が1939年6月に設立された「樺太文化振興会」であった。この樺太文化論の背景には，移住者として樺太に定着した植民地官僚をはじめとするエリートと，「樺太は朝鮮，台湾，南洋更に大陸移民政策の別冊附録であらうか」と嘆く，樺太生まれのいわゆる「移民第二世代」と呼ばれた層の，植民地コンプレックスがある。大陸での移民

写真6-3　樺太庁中央試験所創立10年記念式典における棟居俊一長官（左）と菅原道太郎技師（右）（1939年）
（樺太庁中央試験所 1941: 23頁）

51）樺太庁中央試験所（1941: 149頁）。
52）樺太庁中央試験所（1941: 151-152頁）。

事業や戦線の拡大は，この点をさらに意識させていた。そして，この東亜北方開発展覧会は，同年8月の出来事である。この二者の類似性は偶然では説明のつくものではない。この類似性を必然として説明するための人物がこれまで幾度となくその名前が挙がってきた菅原道太郎である。

菅原は，この東亜北方展覧会の企画部長を任されていた。そしてまた，樺文振では評議員を務めていた[53]。菅原は，「文化長官」とまで呼ばれ，樺文振設立の立役者であった棟居俊一・樺太庁長官と親しい仲にあり，また同じく評議員の九鬼左馬之助・樺太庁立豊原病院長と菅原とは，短歌同人を通じて，「肝胆相照す仲の文化人」であり，さらに九鬼と棟居長官とも「肝胆相照す仲」であったと言われている[54]。このように菅原は，樺太の文化サロンの重要な一角を担う人物として活躍していたのである。やがて，大政翼賛会樺太支部ができると，菅原は事務局長を務めることになるなど，政治的にも重要な人物となり，現地メディアを通じて島民へプロパガンダを発していく[55]。また，そののちに第5代所長を務めることとなる当時農業部長であった川瀬逝二も，この評議員のひとりであった[56]。このように，樺太文化論などの文化活動に対して技術者たちは無縁・無関心だったどころか，実際には中試スタッフの中には，その中核を成していた者もいたほどであったのである。

3 拓殖から総力戦へ

1) 中試の新設部門

「それまで（引用者註：1945年春まで）は戦争からおき忘れられたように静かだった樺太」[57]と戦後に樺太関係者らにより編纂された『樺太終戦史』で回顧さ

---

53)「研究後直に実行に移し"住よい樺太"建設に邁進 "文振"勢揃ひで長官挨拶」（『樺太日日新聞』1939年6月3日号（夕刊））による。
54) 荒澤（1986: 208, 211頁）および荒澤（1987: 126, 214頁）。
55)「敗戦思想断じて許さじ」（『北方日本』第16巻第1号，1944年），「推進員各位に寄す」（『北方日本』第16巻第3号，1944年）など。
56)「研究後直に実行に移し"住よい樺太"建設に邁進 "文振"勢揃ひで長官挨拶」（『樺太日日新聞』1939年6月3日号（夕刊））による。
57) 樺太終戦史刊行会編（1973: 171頁）。

れるように，樺太は終戦直前までは帝国の中では最も戦局の影響を被らなかった地域とも言える。しかしながら，まったく無縁だったわけではない。本節では，樺太移民社会がどのように戦時体制へと移行して行ったのかを，樺太庁中央試験所を中心にして検討する。こういう場合，軍国主義の浸透などを検証するのがスタンダードな研究手法かもしれないが，本書ではすでに何度も述べたように，ある意味では物質的な側面からのアプローチを重視している。近代国家における戦時体制とは，総力戦体制を意味する。それはすなわち人的資源も含めた資源動員体制の確立である。本節では，これまで樺太移民社会で拓殖のための資源動員に深く関わってきた中試が，今度は総力戦体制の中でどのように樺太移民社会に関わっていくこととなるのかを論じる。

1937年7月7日の盧溝橋事件以降，樺太でも変化が起きる。一つは同年11月に「防空法施行令」が発せられ防空体制が強化される[58]。もう一つは，同年5月に発刊された樺太庁メディアである『樺太庁報』の中に，この「防空」や「時局」といった言葉の入った記事が現われるということである[59]。さらに1938年以降は国境警備が厳重になる[60]。同年1月には岡田嘉子越境事件が起き，翌1939年5月にはノモンハン事件が起き，樺太混成旅団新設発令に至るのである。こうした状況下で，中試は新たに三部門を新設する。

(1) 化学工業部

化学工業部は1938年に設立され[61]，分科は持たず以下のような試験研究を行っていた。

1938年度：4件。海藻や魚類内臓などの化学的利用（成分抽出）や，醸造等が主。
1939年度：6件。同上。
1940年度：6件。同上。

---

58) 樺太終戦史刊行会編（1973：16頁）。
59) 「防空」が記事名に初めての出るのは白井八州雄「非常時の備へ防空演習と島民の覚悟」（『樺太庁報』第3号，1937年），「時局」については，関壽「時局と婦人の覚悟」（『樺太庁報』第5号，1937年）である。
60) 以下，国境警備厳重化については，樺太終戦史刊行会編（1973：59-60頁），および鈴木康生（1987：31，59-62頁）による。
61) ただし，構想自体は中試設立時からあったことは後に現地メディアでも報じられている（「樺太中央試験所の位置　愈々小沼と決定　三宅博士住民に感謝　水産試験場も充実する」『樺太日日新聞』1929年8月29日号）。

1941年度：13件。レンガや石炭ガス，ツンドラ練炭の製造に関するテーマが追加。

1942年度：32件。有機物，無機物双方の研究項目が一気に増加。

その研究開発の特徴を，化学工業部自身は東亜北方開発展覧会で次のように述べている。

> わが經濟力に餘裕ありとするも海外依存資源の消費節約抑制に止まらず，積極的に遺棄資源の探索とその活用しわれら大政翼賛の實を舉げ得るものと信ずる，これ化學工業の重大使命でもある。
>
> 化學工業は實に科學に基いて資源を創造する手段であり，遺廢資源に對する聖戰（CRUSADE FOR WESTE AND OBSOLESCENT）とも稱されてゐる。現に喧傳せらるゝ代用品工業の如きも畢竟するところ化學工業に外ならない[62]
>
> 化學工業は國防産業の第一線にあるものである[63]

このように，農家食料・副業問題，島内産業振興という従来の樺太拓殖を中心に見据えたものよりも，戦時に対応するための代用科学の確立を中心に据えていたと言える。また，1941年以降は工学博士の山田桂輔が中試所長に就任し，42年から化学工業部長・保健部長も兼任するようになるなど，それまで農学一辺倒であった中試に変化が現われている。

(2) 保健部

保健部は1941年に新設され，これも分科を持たなかった。1914年度の『業務概要』によれば，設立目的は「亜寒帶樺太ニ適應セル衣・食・住ノ試験研究機關トシテ創設」されたのであった。しかしながら，施設の建設や技術者の招聘に困難を生じ，始動が遅かったとも述べられている。研究内容としては，以下のとおりに構成されていた。

衣…「島内織物原料ト其ノ交織ノ調査研究」（1941-42年度）

　　「本島ニ適應セル織物組織ノ研究」（1941-42年度）

　　「各種繊維染色ニつんどらノ應用試験研究」（1941-42年度）

---

62) 樺太庁中央試験所（1941：106頁）。
63) 樺太庁中央試験所（1941：118頁）。

「島内野生繊維植物ノ調査研究」(1942 年度)
住…「耐寒住宅ニ關スル試驗研究」(1942 年度)
　興味深いのは，こうした設立目的や実際の研究枠組みが，すでに論じた樺太文化振興会の方向性（樺太文化論）と同調していると言う点である。

(3) 敷香支所

　敷香支所は，保健部と同じ 1941 年に新設された。分科は持たず，1941 年の『業務概要』によれば，その設立目的は「東海岸北部地帯特殊資源並ニ其ノ利用ニ關スル調査試驗研究並ニ同地帯營業者ノ啓發指導」であった。そして以下の試験研究項目を有していた。

馴鹿…「北方特殊動物資源利用ニ関スル調査試験事業」
　　　「馴鹿ノ改良蕃殖利用ニ関スル基礎調査」（ヤクート人の飼育法の調査）
　　　「馴鹿体躯改良ニ関スル試験」
　　　「馴鹿生産物利用法改良ニ関スル試験」
　　　「馴鹿病患ニ関スル調査試験」
　　　「北方野生動物資源利用基本調査事業」（及び黒貂）
樺太犬…「樺太犬ノ改良利用ニ関スル調査試験事業」
　　　　「慣行樺太犬利用法ニ関スル調査」
ツンドラ等…「北方特殊植物資源利用ニ関スル調査試験事業」
　　　　　　「極北農法創案ニ関スル調査試験事業」
　　　　　　「北方特殊資源利用ニ関スル調査試験事業」（ツンドラの馴鹿飼料化）
森林…「北方系森林ノ育林及利用法創案改良ニ関スル調査試験事業」
農業…「地下農業ノ創案ニ関スル調査試験」
　　　「極北農業経営適正規模ノ創案ニ関スル調査試験」

　研究開発の特徴は，樺太（実際には敷香を中心にした北部地方）に特殊な資源・環境を利用するための技術開発を標榜していたという点である。さらに重要なことは，あの菅原道太郎が支所長を務めていたということである。また，敷香は樺太農業拓殖においては最奥地であったものの，北進主義の影響を受けて次第に「最前線」として植民地エリートに認識されるようになっていった地域である。たとえば，敷香支所が設置された 1941 年 7 月に東海岸を視察し敷香へも訪れ，

菅原の案内の下，奥地まで視察した内務部長の江口親憲は，現地紙に感想を語る中で，敷香を「日本民族が北方に進出する最前線の據點」[64]と述べている。

以上の如く，新設3部門のうち化学工業部は，総力戦体制への順当な貢献として一般的な代用科学の開発を目指し，他2部門はなお樺太の特殊性に応じる研究開発を目指していたことが明らかになるのである。さらに，保健部は樺太文化論との同調が見られ，敷香支所に至っては，すでに植民地イデオローグの地位を確立していた菅原道太郎が支所長に据えられ，樺太北部（サハリン島全体で言えば，中央部）からサハリン島のみならずシベリア全体を見据えるような研究に本格的に乗り出し始めていたのである。

2）樺太庁博物館叢書

1940年に樺文振は，『樺太庁博物館叢書』シリーズの刊行を始める。この第1巻は，中試技師であり後に畜産部長となる廣瀬國康の『となかひ』であった。廣瀬は樺太の中でも敷香地方にしか生息しない馴鹿を，先住民族を通して積極的に利用することを提唱しており，単なる生物としての馴鹿の博物学的な紹介とはなっていない[65]。

第3巻『にしん』は，当時水産部長であった石井四郎による著作で，「時局柄大いに食用に供するやうに利用に努めねばならない」とし，「「にしん油」も，食用や化学工業用として利用の途の広いものであって，資源の少ない我國に於ては貴重なものである」と言い，島内資源の活用を呼びかけているほか，「樺太に於ける拓殖の一歩の後退は我が國北方政策全体の一歩退却なので，樺太を大和民族の安住地たらしむることこそは我が北方政策の「北の生命線」なのである」と，「北進主義」が明確に見てとれる[66]。

1942年の第7巻では，技師の中島忠（医学博士）が序を寄せ「樺太の食糧問題は内地のそれと一律に取扱う訳には行かず，独自の立場から研究せねばならない」

---

64)「敷香は北進拠点　開拓は自主的に　内務部長敷香で語る」『樺太日日新聞』1941年7月30日号。なお，この時点ですでに日ソ中立条約は調印されている。
65) 廣瀬（1940: 15-16頁）。
66) 石井（1940: 28-29, 37頁）。

写真6-4 中試スタッフが執筆した『樺太博物館叢書』
出所）各刊行物より。

とし、「米の出來ない樺太では、先づ米に代るべき雑穀の増産を圖らねばならぬと同時に又ヴィタミン性食品の摂取にも特別の顧慮を払わねばならぬ」と述べ、野草の食用化を勧めている[67]。

これら叢書の中にも樺太文化論が反映しているほか、「時局」に応じた島内資源の動員が呼びかけられ、そのための中試の技術が再提起されている。

3）技術と人事

このように中試の試験研究において、農政の方針や植民地イデオロギーと如実な対応関係にあるのは、単にそれらが樺太移民社会において支配的なイデオロギーであったというだけではなく、中試の技術者自体が樺太庁の農政畑との間に人事交流や重複があったという直接的な背景もあると考えられる。たとえば、1937年以降の技師レベルの人事[68]を見てみると、菅原道太郎は、本庁農林部技師（1937年）・殖産部技師（1938-41年）を兼任し、技師・田畑司門治は本庁農林部技師（1937年）・殖産部技師（1938年）、殖産部技師林業課長（1939-42年）、経

---
67) 福山・根津（1942: 1頁）。
68) 内閣印刷局『職員録』各年度版を参照。

済部技師林業課長（1943年-）を兼任している。その他，堀松次は本庁技手（1937・38年），坂本順次郎は本庁内務部技師（1937-40年），深尾太郎は本庁殖産部技師（1940-42年）・経済部技師（1943年-），中島忠は本庁警察部技師（1937-41年）・警察部衛生課長（1942年）・内政部技師保健課長（1943年-）を兼任している。

さらに，菅原道太郎は内地編入後には大政翼賛会樺太支部の幹部に任ぜられて拓殖イデオローグから総力戦体制イデオローグへと変貌して行く。この過程を以下，詳しく検討してみたい。

4) 孤島化と内地編入

大陸での「時局」の進行の中で，樺太庁は再度自己の植民地としての意義を打ち立てる。それが具現化されたのが，1941年3月7日の「樺太開発株式会社法」により設立された国策会社「樺太開発株式会社」である。森林資源，水産資源，鉱物資源（石炭）供給地としての意義を確保し，国策会社・樺太開発会社による総合開発でこれを実現するというのが，新たに認識された樺太の植民地としての意義であった[69]。

日米開戦以降は，帝国全体で総力戦体制確立に向けた再編成がおこなわれる。その一環で，1943年2月に「樺太内地行政編入に伴う行財政措置要綱」が閣議決定され，1943年4月1日をもって，植民地・樺太は内務省所管の一地方庁となり，「内地編入」がなされるのである。実質的には経過措置等により，内地編入されたからといって，劇的な変化があったわけではないものの，「樺太北海道連絡協議会」「北海地方行政協議会」そして「北海地方総監府」の発足などにより北海道とのブロック化が試みられた[70]。

この内地編入とほぼ同時進行する形で，樺太の「孤島化」が進んだ。南進政策のため帝国内の船舶が南方へと動員され，樺太への配船が激減したのである。1943年の秋には樺太庁警察部長から，内務省警保局経済保安課長等にあてた報告の中に，石炭の滞貨発生について次のような記述がみられるようになる。

今後本島ヨリノ海上輸送ハ時化其ノ他ニ災サレ益々之ガ輸送ニ制約ヲ受クル状

---

[69] この「樺太開発株式会社」については，樺太終戦史刊行会編（1973）および竹野（2009）に詳しい。
[70] 樺太内地編入の詳細については，樺太終戦史刊行会編（1973: 62-73頁）を参照。

況ナルヲ以テ早急配船ノ要アリト認ム[71]

また，状況は製紙・パルプ分野でも同様であった。

> 現在ノ船腹不足ニ因リ滞貨激増シ生産抑制ヲ余儀ナクセラレテ居ルモ王子工場トシテハ戦力ノ増強上生産抑制ハ回避スベキ方針デアルガ配船ノ増加ヲ望ミ得ナイ。軍部ノ意向モアリ全般的ニ生産ノ抑制ハ現在ガ最低限度デアル。船舶事情ヨリパルプ輸送ヲ製紙ニ切換ヘ輸送強ヲ期スル為努力シテ居ル[72]

三木は1943年10月に企画院が「樺太ニ於ケル炭礦整備要綱」を定め多くの炭鉱が廃止・休止となったとしている[73]ものの，その直後の同年11月には樺太庁は石炭の増産増送計画「昭和十九年度物動計画大綱」を関係機関に発しており[74]，上記「整備要綱」以降も樺太庁が独自に増産計画を練っていたことがうかがえる。しかし結局は，1944年に入ると，朝鮮への移出は停止，内地向けも1941年の20％にまで減少し，貯炭の山では自然発火さえ起きてしまう状況であり，『樺太終戦史』はこのときの状況を，「樺太が戦力に寄与する最大のものであった石炭産業はこの時点で戦力から脱落したということになろう」[75]と回顧する。1944年2月11日には「決戦非常措置要綱」に基づき，樺太庁令「樺太炭礦整理委員会規則」が公布され，結果，島内消費用の9炭鉱以外は閉山するに至るのである。海上輸送力回復の試みもなされたが，それは充分な結果を挙げることができなかった[76]。

こうした形で，樺太は帝国を構成する一地域としての意義を失って行くのであるが，樺太庁関係者がこのことに心を砕いたのは，何も彼らが愛国主義者だったからなどという観念的な理由からだけではない。樺太からの物資を移出できない

---

71) 樺太庁警察部長発，内務省警保局経済保安課長・北海地方行政協議会参事官（管下各支庁長）宛「石炭ノ滞貨状況ニ関スル件」（経保秘第1959号1943年10月8日）（ГАСО．Ф．1и．Оп．1．Д．159．）。
72) 樺太庁警察部長発，内務省警保局経済保安課長・北海地方行政協議会参事官・北海道庁東北各県警察部長（管下各支庁長）宛「パルプノ生産抑制ト滞貨状況ニ関スル件」（経保秘第2195号1943年11月10日）（ГАСО．Ф．1и．Оп．1．Д．159．）。
73) 三木（2012: 344頁）。
74) 樺太庁警察部長発，内務省警保局経済保安課長・北海地方行政協議会参事官（管下各支庁長，警察署長）宛「本島産石炭ノ増産計画ト之ガ対策ニ関スル件」（経保秘第2303号1943年11月23日）（ГАСО．Ф．1и．Оп．1．Д．159．）。
75) 樺太終戦史刊行会編（1973: 93-94頁）。
76) 樺太終戦史刊行会編（1973: 124-125頁）。

ということは，同時に物資を移入できないということを意味し，これは樺太における食料事情の悪化と直結したからである。当時，樺太庁の食糧課主要食糧主任であった泉友三郎は，1945年初頭に樺太への食糧割り当てを確保するために中央機関を奔走した際のことを以下のように回想している。

　「樺太などは何の役にも立たん！」と，放言した軍需省の課長の，佐官の肩章に今更ながら憎悪が湧いてくる。何が役に立たぬのか，採算もとれぬ無謀な戦争をひき起こし，それまで，石炭を，木材を，紙を，魚粕や鰊を，根こそぎ持ってゆきながら，いまになって輸送條件の逼迫から自ら放棄した軍需資源であることをたなにあげて，役に立たぬなどと放言してはばからない赤ら顔の男の，冷酷な瞳が私の胸にやきついている[77]。

このような状況の中で，樺太庁は「国土防衛」を最後に残された存在意義として，樺太自身の生き残る道を模索しなければならなくなった。

5) 針葉油

後章でも論じるように官民の努力により，結果としては，食料不足は免れたのであるが，その過程においては滞貨を発生していた木材・パルプや石炭に代わる資源によって帝国への貢献を図ろうという試みが起きていた。それが航空燃料となる針葉油（林産油，テレピン油）の再開発である。すでに述べたように元々は，農家の副業と林産業の廃棄物の有効利用と言う目的で研究が進められていた。しかし，この段階になると直接的な戦争資材として着目されるようになる。1944年11月，1945年2月と内地に技師を派遣して増産体制の準備を行い，1945年3月には「林産油課」が設置されるに至るのである。さらに，翌4月には「聖旨奉戴林産物生産増強協議会」結成，「林産油増産本部」設置，5月には協力団体「樺太林産油協会」結成と，樺太庁の期待の度がうかがえる。なお，中試にかつて所属していた村上政則（技師）や吉野深造（技手）もこれらに配されていた。しかしながら，結果としては生産した針葉油も他の資源・資材同様にその大半が滞貨の運命をたどる[78]。

---

77) 泉（1952: 28-29頁）。
78) 樺太終戦史刊行会編（1973: 95-101, 158-159頁）。

興味深いのは，1930年代に人工樟脳やセルロイド，香料の原料となる針葉油の開発に力を入れていたのが農家副業として確立するためであったのに対し，この時期においては戦争資材である航空機燃料として開発と生産が進められた点である。当時王子製紙落合工場でこの生産に実際にあたっていた松田勝義によれば，蒸留釜2基，乾留釜4基があり，勤労動員の高等女学校生徒，年配職員，それに「徴用」で来たという朝鮮人とで生産にあたっていた[79]。これは原料輸送コストの発生を避けて山中での生産を考えていた1930年代の中試の技術とは異なる生産方式である。すなわち，勤労動員によって原料輸送コストを縮減し，工場生産によって生産能率増大を図ったのである。

6) 総力戦体制イデオローグ・菅原道太郎

1930年代には樺太移民社会において拓殖イデオローグとしての地位を確立していた菅原は，1940年代においてもなお，樺太移民社会において大きな存在感を有し続けていた。1940年には「広義農業」という食料・物資の総合的な島内自給体制確立の必要性を独自に構想し[80]，その後1941年には敷香支所長に就任し，同年9月にはツンドラ地帯植物の食用化研究に関して記者発表したり[81]，1943年4月には作家・寒川光太郎との対談で，「日本の将来に横たわる北方圏で馴鹿を飼育することになると，ゆうに共栄圏に住む民族の食糧の自給自足は可能」[82]になると豪語するなど，その北進主義を樺太メディア上で発信し続けていた。そして，1943年7月に大津敏男が樺太庁長官に就任し，同年11月には国民報国会から内地編入を受けて改組された大政翼賛会樺太支部の事務局長に菅原道太郎を抜擢する。菅原は拓殖イデオローグから総力戦体制イデオローグとして，引き続き北進主義を鼓舞し続ける。

しかしながら，ここまでの内地編入や孤島化の進展に鑑みると，この時点においてなお，菅原が北進主義を鼓舞し続けられたのかは少々疑問が残る。1941年の日ソ中立条約と日米開戦により，客観的に見れば空想的北進は挫折したかに見

---

79) 松田 (2007: 120-123頁)。
80) 菅原 (1940b: 39頁)。
81) 「ツンドラに芽生える寄生植物の食用化　科学の夢・実現へ　菅原技師画期的研究」『樺太日日新聞』1941年9月27日号。
82) 菅原 (1943: 44頁)。

えるからである。1941年4月の日ソ中立条約後の1942年10月に樺太混成旅団参謀に任ぜられた鈴木康生大佐は，着任に当たって中央から「特に「対ソ紛争防止」に関し，何回も繰り返しご要望を受け恐縮した」[83]と回想録に記しており，帝国全体の北守南進方針に従うことを樺太混成旅団も要請されていたことがうかがえる。

こうした一抹の疑問を抱えながら，総力戦体制イデオローグとしての菅原を分析することを避けるためにも，ここで一つの資料を検証しておきたい。それは，最後の樺太庁長官となった先述の大津敏男がソ連占領軍に逮捕された際に作成された訊問調書である[84]。この訊問の主な趣旨は国策研究会[85]の活動と思想，とりわけソ連領内への日本帝国の拡大意図である。大津は，国策研究会の『週報』にはソ連領への侵攻についての具体的な記述はなかったとしつつも，1942年2月下旬に行われた日本地方長官会議での大東亜省大臣・青木一男の発言について以下のように供述している。

> 青木ハ大東亜ト云フ領土的概念ニモ触レタリ。即濠州，印度，馬来，フィリッピン，ニュージーランド，蘭印，ビルマ，中央アジア，支那，佛領印度支那，蒙古，満洲，ソ聯沿海州，北カラフト，カムチャッカヲ含メテ其等ノ領土ノ夫々ノ民族ガ他國ノ奴隷下ヨリ解放セラルノ為ニ日本ハ援助スル必要アリ

さらに，1943年7月の樺太長官就任時の樺太の軍事的状況に関しては以下のように供述している。

> 樺太ニ於テ行ハレタル準備即チ兵力増加，軍需供給ノ増強等ノ事實ヨリ見テ然リ。右ハ同時ニ満洲ニ於テ行ハレタル對蘇作戰準備ノ一部分ナリシト思料スルモノナリ。

---

83) 鈴木 (1987: 31頁)。
84) IPS Doc. No. 1954: Typewritten Affidavit of OTSU. Toshio. Japanese subject. on KOKUSAKU-KENKYU-KAI. 14 Feb. 1946 (日本国国会図書館憲政資料室所蔵日本占領関係資料)。当資料は，ソ連軍侵攻後に軍事審査官クドリヤフツエフ大佐軍事審査官が，通訳をつけて大津敏男から訊問した際の調書である。訊問の応答自体が日本語で行われたことと，日本語で書き起こした調書に大津が確認のサインを行ったことから，本報告では日本語版の調書を資料として採用した。ソ連軍による調書であり，大津がどこまで正直に答えているのかは不明であるが，当時の大津の認識を知る手掛かりとなる数少ない資料なので，参考の対象とした。
85) 官僚や研究者，政治家，労使関係者らにより1937年に結成された民間研究団体。陸軍統制派とも結びつきが強く総力戦体制の推進を目指していた (松島 1975: 185-217頁)。

日本政府ハ夫レ等ノ措置ヲ採リ独ソ戦ニ於テソ聯不利ノ情況ヲ考慮シテ蘇聯領土即北樺太及沿海州ニ侵入準備ノ一定目的ヲ有シタル事ニハ疑フ餘地ナシ。

　樺太混成旅団参謀であった鈴木康生大佐の回想に反して，大津は独ソ戦の戦況如何によっては，軍部が北進する可能性があると認識していたことがうかがえるのである。菅原は，大津の腹心となって大政翼賛会樺太支部の事務局長に抜擢されたわけであることを考えると，こうした認識が菅原にも伝えられ，これが菅原の北進主義の隠れた根拠となったとも推測できよう[86]。

　菅原の具体的な言動に目を向けてみよう。菅原は1944年1月に雑誌『樺太』の後継誌である『北方日本』に，大政翼賛会樺太支部事務局長として「敗戦思想断じて許さじ　忠誠心を五大目標へ」という文章を寄せる[87]。その中で，菅原は「(引用者註：樺太の大政翼賛運動は) ただ単に内地の亜流を汲む程度のものであつてはならない。われわれ北方の第一線に戦つてゐるところの四十五萬島民は，いまこそ (中略) 内地を指導するところの一大翼賛運動を展開しなければならない」と述べ，樺太に先行して開始されていた内地の大政翼賛運動の成果僅少を批判し，拓殖イデオロギー同様の亜寒帯主義に基づいて，国家への貢献を呼びかけるのである。具体的な項目としては，食料増産，石炭増産，地下資源活用，海上輸送確保，水産資源開発を五大目標に挙げる。さらに，「四十五萬島民の食糧は四十五萬島民自らの額に汗し，自分の力で，腕でツンドラ地帯に打ち込んで，絶対自給体制を確立しなければならない」として，「州民皆農運動」を主導し，1944年度の実績は，1941年の「国民奉公会運動実践強化要目」の実績の合計906 ha[88]に対して，2,380 ha（専業農家の実績除く）[89]と好成績を残している。

---

86) また，内地編入後の1943年に樺太庁が作成したと考えられる『樺太開発計画 (案)』には，「寒帯厚生科学研究所」の設置が盛り込まれている。この研究所は中央試験所を発展させたものではないものの，樺太医学専門学校の医科大学への昇格に伴い新たに設置する「寒帯ニ於ケル保健衛生特ニ衣食住ノ綜合的研究機関」とされ，その設立目的については，「本島ハ帝國北進據點トシテ時局下愈々其ノ重要性ヲ加ヘツ、アルガ北緯五〇度線以北ニ進展シ大東亜共榮圏ノ建設ト皇國永遠ノ發展ヲ期センガ為ニハ之ノ特異ナル自然環境下ニ於ケル北方生活ノ確立ヲ圖ルハ喫緊ノ要務タリ」と述べられており（樺太庁 1943: 112-113 頁），この開発計画案においても，なお樺太庁が北進主義と亜寒帯主義に基づく科学動員を図ろうとしていたことが理解できるのである。なお，この研究所の設置実現は確認できていない。

87) 菅原（1944: 66-69 頁）。

88) 樺太終戦史刊行会編（1973: 21-23 頁）。

89) 菅原（1945: 17 頁）。

1945年の初頭には、「目標は三つ、州民よ奮起せよ—昭和二十年の翼賛運動展開について」を同じく『北方日本』[90]へ寄稿し、「皆農強化」、「畜産報国運動」、「水産増強」を呼びかける。1945年5月1日には、皆農運動により、「決戦勤労体勢」に入り、午後は食糧増産へとなる[91]など、食料増産体制が強化されていく。1945年6月13日に、大政翼賛会樺太支部は解散し、樺太国民義勇隊が編成されると、菅原は幕僚長へと任じられる[92]など、菅原は総力戦体制下の樺太移民社会で、一技術者以上の役割を担わされたのである。

この菅原について、先述の食糧課主要食糧主任の任にあった泉友三郎はその回想記の中で、ソ連軍侵攻による豊原陥落前夜に馴鹿の肉を焼いて食べながら、北海道での「樺太村」構想を語る「大政翼賛会事務局長であり、農業科学者であり、かつ又、民族北進論者の菅原道太郎」の姿を描写しつつ次のように評している。

> 菅原は科学者か政治屋かわからん。あの男のほらを聞いていると、胸がすっとするから不思議だ。彼への世論はいろいろあったが、彼を憎む者はまれであった。その行動に、ドンキホーテ的飄逸さと美しい夢があるからであった。いずれにしても、敗戦間もない混乱のどよめきのなかにあって、南樺太の人々の今後の生き方について、このようなプランをつくりあげる思想の底に、流れている彼の情熱と、南樺太に対する絶ちがたい愛情が、たちこめているのである[93]。

菅原は、農業技術者、あるいは科学者という立場から、他の樺太植民地エリートと共振しながら拓殖イデオロギーを形成し、樺太植民地住民に対して樺太のビジョンを示し続ける人物であった。菅原のこうした言動のすべてをその個性に帰すべきではない。いな、むしろ菅原は樺太移民社会を象徴し過ぎてさえいる人物である。その言動を追うことで、樺太移民社会の形成過程が理解できるのである。

4 農学と植民地イデオロギー

植民地樺太は、日本帝国の拡大によって生まれた空間である。樺太農政は、樺

---

90) 菅原 (1945: 17-19頁)。
91) 樺太終戦史刊行会編 (1973: 169-170頁)。
92) 樺太終戦史刊行会編 (1973: 193頁)。
93) 泉 (1952: 36-38頁)。

太の先住者であるロシア人による在来農法に評価を与えなかった。その結果，樺太農政は新たに樺太に適合した農法を考案しなければならなかったのである。初代殖民課長・栃内壬五郎によって有畜小農方針がうちたてられると，その後それが踏襲されていくことになった。初期の樺太農政は，農家経営の内実よりも，まずは移民の招来を優先し，移民制度の調整に傾注していた。しかし，この方向性に変化が現れたのが，1920年代末である。ちょうど，財源であった水産資源，森林資源の枯渇が広く認識され，また人口食糧問題調査会により，植民地としての意義が帝国の人口・食料問題解決地であることを強く自認し始めた時期でもある。農業移民の招来よりも，農業移民の定着が課題とされ，農家の食料問題，副業問題が取り組むべき問題となった。

中試がそれまでの各種農畜林水産業研究機関を統合して設置されたのは，まさにこの時期の1929年である。中試の農業部も，稲作試験は試みるものの成功は絶望視され，当初から農家食料問題としての主食転換のための技術開発に力を入れる。燕麦の食用化を進め，のちにはパン用小麦を選定し，パン食の普及を目指すことになる。副業問題と最も深くかかわっていたのは，畜産部門である。樺太農政は，林業，水産業などの賃労働にかかわりながら生計をたてている兼業の農家に，適切な副業を与えて専業化させることに腐心していた。なぜならば，林業，水産業は地域的盛衰が激しく，農家がこれらの産業への兼業労働で生計を立てている限り，生計は不安定化し，移動性も生じるため，定着が進まないと樺太農政は考えていたからである。中試もこれに同調して，大家畜の酪農製品の製造・加工・消費のための技術開発を行う。これは市場への販売も考慮に入れているが，まずは農家での自家消費が念頭に置かれていた。

中試の林業部門は，樺太庁の財源としての森林資源の管理，保護，更新のための研究に力を入れていた。しかし，一方で農家副業問題にもかかわっていた。それが，簡易な針葉油製造技術の開発である。林業としては廃棄物である枝葉を，農家の副業の中間投入物として有効利用するための技術開発も行っていたのである。水産部門も，島内消費運動を背景とした島産水産物の食用化・製造加工技術の開発を主軸にすえていたものの，鰊粕などの廃棄物を家畜飼料として有効利用するための研究も行っていた。

以上より，次のことがいえる。中試の試験研究は，大農経営や，大プラント生産などの大資本に奉仕するものではなかった。また，増産・増収をはかる一般的

な試験研究も実施されていた。しかし，その一方で試験研究内容を注意深く検証すると，中試の試験研究の特徴として，内地を中心とした帝国内他地域からの移入・消費を極力おさえることによる，帝国の食料・資源問題への消極的貢献を志向していた点がうかがえる。この背景には，島民の大半を米食共同体に属する日本人や朝鮮人が占めていたにも関わらず，樺太の自然環境が，稲作生産を技術的に断念せざるを得なくするものであったという条件があった。有畜小農経営の農家経営モデルを考慮に入れながら，各部門が必ずしも増産のみに視野を狭めず，農畜林水産業が連携する技術の開発を志向していた点は，中試の特徴として特記しておくべき点と思われる。

中試が，決して植民地住民から不可視化された機密研究機関ではなかった点も，改めて述べておくべき点であると思われる。むしろ，中試参観デーや，現地メディアへの寄稿など，中試は積極的に自分たちの開発した技術の普及に努めていたと言ってよいと思われる。しかし，そうした積極性の背景には，自分たちの技術は開発さえすれば単純に普及するものではないという自覚が潜んでいた。主食転換に代表されるように，中試の技術で生活の領域に関わるものは少なくなく，またそのために，それは文化にも関わるものであった。技術の導入実現には，文化の改変が要請されるということを中試は自覚していたのである。そして，文化の改変を是認するためのイデオロギーが必要となったのである。

樺太文化論の結実である樺文振の設立と同年の1939年に，中試が開催した東亜北方開発展覧会は，まさにそのイデオロギーの表明であり，島民への喧伝であった。樺太文化論の第一テーゼ「北進前進根拠地樺太」と同調し，自分たちの技術の最終目標は，樺太の社会や産業の発展にとどまるものではなく，将来の帝国圏たる東亜北方地域の発展のための技術体系を構築することであると明言され，樺太文化論の第二テーゼ「亜寒帯文化建設」の中心を担うのが自分たちであるとも宣言されたのである。特筆すべきは，中試スタッフが樺太文化論の影響を受けたというよりも，樺太文化論の形成過程に一部の中試スタッフはすでに関わっており，樺太文化論の中核を成していたという点である。樺太文化論は，たぶんに技術を意識していたし，中試の技術思想も，たぶんに「文化」を意識していた。

中試スタッフ全体に一般化できるかは別にして，中試の主要技師の間に，科学一般の向上よりも，地域に適応した技術の開発を志向し，それが植民地住民の生活領域にまで関与し，かつ帝国的ビジョンを背景とした総合性を有する技術思想

が形成され共有されていたことが指摘できる。だとすれば，農事試験所をはじめとした戦前期内地農学に対する，「実践と研究との二重の相互関係—たびたびいつたようなフェスカの精神—は破棄され，問題の決定は農業の現実的必要に地盤をおかず，研究成果の普及は考慮されなくな」り，「農業の実態と離れた技術的優劣性の判定，—すべてこれらが試験場の空気を支配した」[94]という評価は，中試にはあてはまらないかもしれない。

　しかし，地域性と総合性を有していたからと言って，それを単純に「農学」の視点から評価することは，拙速に過ぎると思われる。「遠ク樺太ニ來リテ白米ヲ食シ得ルニアラザレバ内地ニ歸ルニ如カズ」という，ある農業移民の言はやはり重いと言わざるを得ないのである。確かに中試の技術体系は，地域性を充分考慮し，総合性を有し，農家の経営・家計の向上を目指した合理的なものと評価することは可能である。しかし，そこでは当の農家の「米を食べたい」という願望は，捨象されるか，あるいは抽象化されてしまっていたのである。農家経営確立のための自己資本捻出に対する樺太農政の「姿勢は農産物市場・労働市場との関係を遮断して，自給自足的農業を実現して資本を捻出する方法」[95]であり，つまり自給自足とは，生産費を低減させその分を資本蓄積に回すための方法であった。中試が開発普及しようとした「技術」とは，世界史的命題を掲げつつも，結局のところは農家食料を農業生産のための一種の中間投入財として抽象化したうえで構想された技術であったとも言える。米と麦の文化的差異を認めつつも最終的には「食料」として抽象化できた中試と，同じ食料でも「米」は「米」であり，「麦」は「麦」であるという具象の中に生の価値基準を見出していた植民地住民，特に農業移民との間の乖離がここにも認められるのである。このことは主食転換に限らない問題と思われるし，そもそも中試の構想した技術体系の前提は，樺太では稲作が不可能であるという自然環境的差異に基づく技術的限界であったことから考えれば，植民地社会にとっての「技術」の意味を考える上で看過できぬことである。

　1937年の盧溝橋事件以降，中試は3部門を新設する。総力戦体制に備えた代用科学の開発をめざす化学工業部，樺太文化論と同調した保健部，そして北方へのさらなる拡大に備えた敷香支所である。このように，総力戦体制への移行にあっ

---

94) 東畑（1956: 604頁）。
95) 竹野（2001: 99頁）。

ても，樺太中央試験所は独自の植民地イデオロギーを反映し続けていた。1940年代の樺太移民社会の総力戦体制への移行過程を考えてみると，それまでの内地食料の消費回避を目的とした農家自給主義は，内地食料の移入途絶に備えての島内自給主義へと変わり，北方への拡大に備えた亜寒帯的生活の確立は，樺太維持という国防に向けての資源総動員のための北方資源の開発を目指すようになったものの，自給・北方志向の拓殖イデオロギーは，そのまま総力戦イデオロギーへと転換しうるものであり，1930年代にすでに拓殖イデオローグとしての地位を確立していた中試技師・菅原道太郎が1940年代には総力戦体制イデオローグへと移行したのもある意味では自然な流れであった。

菅原の示した樺太のビジョンは，樺太移民社会の想像力を刺激し続けた。樺太の自然環境的特性から，樺太移民社会を構築するという発想は広く受け入れられたのである。たとえば，1937年に樺太で創刊された文芸同人誌の誌名は『ポドゾル』とつけられた。「ポドゾル」は樺太を代表する土壌を指す学術用語であり，土壌学を専門としていた菅原の影響がこうした所にも散見されるのである。菅原自身もこの文芸同人誌の1938年1月号に「樺太に於ける文学者の任務」という評論を寄せており，前章でも言及した移民第二世代のジャーナリスト・荒澤によれば，「こうした菅原道太郎の叱咤激励は，多くの文学志向の樺太っ子をいたく刺激した」のであり，その理由は，「人柄から生じた明快な思想に基いた理論だったから」であったという[96]。

菅原に象徴されるように，長期持続と直接的に向き合った植民地エリートである中試スタッフたちも，植民地イデオロギーを内面化し農業技術という領域へもそれを反映させたのである。とりわけ菅原は，拓殖体制，総力戦体制を通じて，樺太移民社会のビジョンを示せる格好の人物であった。これは植民地朝鮮で活躍した育種学の権威・永井威三郎が科学者として総力戦イデオローグの役割を担わされた[97]のと同様であった。

---

96) 荒澤（1987: 126 頁）。
97) 藤原（2012: 97-101 頁）。

第7章

樺太米食撤廃論
周縁的なナショナル・アイデンティティの希求

島産品消費を呼びかけるポスター
(『樺太日日新聞』1940年1月27日号夕刊)

1 植民論的米食撤廃論

1) 帝国の周縁と文化ナショナル・アイデンティティの疎外

　国民国家および植民地を得て形成される国民帝国がナショナル・アイデンティティの再生産を重要な課題として来たことはもはや論を俟たぬことであり，その担い手としてのエリートや知識人の重要性もしばしば指摘されてきた。それでは，樺太ではいかにナショナル・アイデンティティが再生産されたのであろうか。また，樺太に独特のナショナル・アイデンティティの在り様と言うものがあったのであろうか。あったのであれば，それは樺太農業拓殖とどのような関係を有していたのか。すでに述べているように本書では，「亜寒帯」という長期持続から樺太移民社会の形成過程を分析している。樺太で重要となる「亜寒帯」ゆえの自然環境的差異とは，稲作不可能地域という農業地理的特性である。そして，その結果樺太移民社会で生起したのが樺太米食撤廃論であった。粗っぽく言えば植民地エリートの議論の趣旨は「米の作れない樺太で米を食うべきではない」というものであった。ネイションと重ねる形で「米食共同体」[1]なるものを措定するのであれば，米食の否定は「文化ナショナル・アイデンティティ」の疎外となる。こうした自然環境的差異の導く文化ナショナル・アイデンティティの疎外を克服するために「政治ナショナル・アイデンティティ」の昂揚が求められ，新たな規範的文化が創出されようとする。その際，自然環境的差異は重要な要素として取り込まれることとなる。この一連の過程を明らかにすることが本章の第一の課題である。次に，当時の生活実態や政治・社会的実情からこうした植民地エリートの呼びかけの動員力を評価することにより，彼らが植民地住民の代弁者であったのか，それとも中央の代理人であったのかを明らかにすることが第二の課題である。

　第一の課題のために，樺太における主食問題とそれを巡る議論を「植民政策的米食撤廃論期」と「文化論的米食撤廃論期」の二つの時期に分け，政策資料やメディアから，植民地エリートのロジックを明らかにする。第二の課題のために，統計や経済調査，メディアや聞き書きから，生活実態を概略的に明らかにする。

---

1) 岩崎 (2008: 16頁)。

「周縁」という概念は，元来は従属理論や世界システム論などの経済の研究分野で用いられてきた概念である。資本主義に取り込まれながらも疎外される地域に対して周縁という語が用いられてきた。たとえばI・ウォーラーステインの「周縁（peripheries）」に対するきわめて簡潔な解説は「余剰の配分が「中核」地帯への流出という形をとった地帯」[2]というものである。すなわち資本の原理の観点から見た周辺である。一方，政治，社会の研究分野でもこの周縁概念がしばしば援用される。本章では，国家の原理から改めて周縁の概念を定義しておきたい。すなわち，「一民族一国家」という国家の原理に取り込まれながらもナショナル・アイデンティティが疎外される場と定義できる。民族マイノリティや地理的辺境がこうした場の例として挙げられよう。植民地と周縁とは同義ではない。植民地は周縁の一形態である。

　ナショナル・アイデンティティの再生産をめぐって周縁が持つ特異性の一つとしては中央との社会環境的差異がある。この点は多民族地域，特に支配／被支配の関係が明瞭であり，かつ数的に両者が拮抗，ないし被支配民の方が優勢であるような場合に顕著である。しかし本書ではこの社会環境的差異ではなく，自然環境的差異に目を向けてきた。自然環境についてはナショナル・アイデンティティの再生産を巡る議論ではあまり対象とされてこなかった。もちろん，祖国の詩的イメージやヘリテッジ・インダストリーにおいて重要な要素であるかもしれないが[3]，そこで自然環境は一種のシンボル的役割を果たすものと捉えられ，生活上向き合う物や，あるいは差異を生み出すものとしては論じられてはこなかった。しかし，国家や帝国の拡大は本国とはまったく自然環境の異なる地域への自国民の送出を繰り返してきたし，そうした移動を可能にした。特に，支配民が数的にも政治・経済力的にもはるかに優勢で，被支配民の側をあたかも「自然」の一部のごとく扱えてしまうような状況では，彼らに中央との差異を告げるものが，そうした異民族との緊張関係だけではなく，自然環境もそのうちの重要な一つであったと考えることは妥当であろう。なぜならば，社会環境にしろ自然環境にしろ，その中央との差異は共に国民国家の拡大によって国家の原理が生み出してしまう矛盾だからである。

---

2) ウォーラーステイン（1993: 156頁＝Wallerstein 1991: p. 109）。
3) ナショナル・アイデンティティと詩的空間としての風景の関連についてはSmith (1986: pp. 183–190)が，ヘリテッジ・インダストリーについては吉野（1987: 393–395頁）が論じている。

2）農政から見た農業移民の米食問題

　樺太での米食の是非をめぐる議論は，まず農業移民政策の一環として生じることとなった。樺太は 1905 年の領有以来，水産資源，森林資源の開発が産業の主軸となり，それに従事するための多くの労働力が流入するようになった。しかし次第にそうした天然資源は枯渇し 1920 年代の中葉以降，樺太は帝国全体の人口・食料問題の深刻化とも相俟ってその解決地としての立場を自認し，農業移民政策に重点を置くようになる。この状況の中で 1925 年に樺太庁は『樺太の農業』を作製・発行して樺太農業の現況を内外に示した。すでに第 3 章でも言及したように，この『樺太の農業』の中で示されたモデルとしての樺太農家 5 人世帯の米購入費は年間 427.7 円であり，食費の 67％を占めている[4]。さらに，米の購入量は 7.2 石と記され，この世帯の一日当たりの米の消費量は，3.9 合 / 人・日となる。このように，樺太農政も実態としての樺太農家の米食慣行の存在を内外に示し，この背景に副食物の少なさと現金収入の比較的な豊かさを挙げながら，「農民ノ中ニハ遠ク樺太ニ來リテ白米ヲ食シ得ルニアラザレバ内地ニ歸ルニ如カズト豪語スルモノスラアリテ一般ニ組食（原文ママ）ヲ慾セザル有様ナリ」[5]と，農家における米食願望を否定的に記述している。また，第 4 章で論じた樺太篤農家 10 名の中にも，樺太の農業経営で成功するには米食を廃するべきだと明言する者が 2 名[6]いるほか，ほかの篤農家の場合も入殖初期の苦労話には，麦や馬鈴薯でしのいだ話などが織り込まれていることが多い[7]。このように非米食は，入殖農家の一種の精神主義の象徴ともなっていた。

　そして 1934 年には樺太拓殖計画が始まり，これに併せて「樺太農法経営大体標準」が画定される。これは経営モデルであり，簡潔に言えば食料・肥料・飼料

4）　この『樺太の農業』（樺太庁内務部殖産課 1925）の「はしがき」では，「既往二十星霜ノ統計調査ニ基キ」樺太の農畜産業の概況を「蒐集シテ印刷ニ附シタルニ過キ」ないと断り書きしているだけで，具体的なサンプルは明らかにされていない。しかしながら，この記述から観念的な数値ではなく，なんらかの具体的な調査を基にして算出された数値であると確認できる。

5）　樺太庁内務部殖産課（1925: 90 頁）。

6）　興味深いことは，その中のひとり藤本栄吉は，本章第 3 節第 2 項でふれるの稲作試験栽培に成功した牛荷澤の農事実行組合長を務めた経験があるということである。牛荷澤は藤本のような篤農家を輩出し，北大植民学派の視察先にも選ばれ，稲作の試験栽培もするなど，樺太における農業先進地域であったと理解できよう。

7）　樺太庁農林部（1929b）。

を自給する有畜自作農経営を根本的方針とすることが明確にされた。食料について言えば「食糧ハ自給ヲ建前トシ」と明記され，その「食糧作物」としては燕麦や馬鈴薯などが組み込まれていた[8]。樺太の農業移民政策が帝国の人口・食料問題の解決を前提とする以上，農業移民の食料の自給は自明のことであった。なぜならば，内地から食料を移入するのであれば内地の食料事情を逼迫させることになるからである。そしてまた，樺太が稲作不可能地域である以上，米から麦類や馬鈴薯への主食の転換が必要となることもまた自明であった。

3）主食転換とナショナル・アイデンティティの疎外

この主食の転換が非常に困難なものであることを植民地エリートが認識していなかったわけではない。長年，樺太庁殖民課課長の職にあり，また樺太庁殖民事業のスポークスマン的役割を果たしていた正見透も「（引用者註：農業移民が）米に對して極めて深き愛着心を有し，米を食はなければ生きて行かれない如き観念を持つてゐる」[9]という認識を持っていた。正見の課題は主食の転換が可能であるだけではなく義務でもあるのだという認識を広めることであった。すでに前掲した次に引用する言辞はあまりにも象徴的である。

> 我が樺太は天照皇大神様が，豊葦原瑞穂の國を汝行つておさめよと云われた時，其の範囲に入つてゐなかつたかも知れぬ。米は取れないが，馬鈴薯や小麦を食つていく事が，神様の御意圖に合し又かくすることが繁榮の本であらうと思ふ[10]

この「豊葦原瑞穂の國」という日本の「美称」を含む前半部分は，樺太における二つの部分的ナショナル・アイデンティティからの疎外を示している。一つは領域ナショナル・アイデンティティの疎外であり，もう一つは文化ナショナル・アイデンティティの疎外である。この時点で樺太は戦勝による領有よりわずか四半世紀を経過したに過ぎず，「神代」からの歴史を持つ内地と比べれば日本と呼ぶにはあまりにも不安定な領域であった。このことは第5章で詳述した樺太文化論において，しばしばポーツマス条約に基づく樺太領有に対して敢えて「回収」

---

8) 樺太庁殖産部（1934: 4頁）。
9) 正見（1930a: 18頁）。
10) 正見（1930a: 18頁）。

「回隷」という表現を用い虚構の歴史認識が糊塗されることからも見て取れる[11]。また，原田信男は近世までの日本において稲作の可否が日本の領域的境界をはかる指標であったと指摘している[12]。こうした認識がネイションとしての日本に対しても引き継がれているとするならば，稲作が不可能であることは領域ナショナル・アイデンティティの疎外の要素となる。さらに重要なのは，農業移民とは自給的存在であるべきだという小農的植民主義により，植民地エリートにとっては「豊葦原瑞穂の国」の外に住むということと規範としての非米食とが等値となってしまっていたということである[13]。このことは引用の後半部分からも明らかである。したがって，「豊葦原瑞穂の国」の外に住むということは「米食共同体」という文化共同体との断絶を強いられるということであり，文化ナショナル・アイデンティティの疎外が起きるということを意味するのである。この文化ナショナル・アイデンティティの疎外を克服するために，「神様の御意圖に合し」という形で政治ナショナル・アイデンティティを刺激し，規範的文化として非米食を位置づけるのである。もちろん，ここでいう文化ナショナル・アイデンティティの疎外は，あくまで植民地エリート側の認識であり，植民地住民が自身の米食とナショナルな価値を結び付けていたか否かは，別個に検討されるべき課題である。

　技術畑の植民地エリートの言説についても目を向けておこう。当時，燕麦が米に代わる主食物として目されており，すでに述べたとおり樺太庁中央試験所の技師・菅原道太郎は燕麦食料化の研究に携わり，寒帯農業論を展開していた。菅原は樺太の生活様式の確立が必要であると説き，そのためには「温熱帯日本的偏執性を清算し」，「寒帯日本人にまで私等の魂を揚棄」するべきであると論じた[14]。さらに菅原は「寒帯農業」なる概念を提起する。樺太で実現すべき「寒帯農業」とは単に樺太拓殖のみのためのものではなく，最終的には北満やシベリアへの更なる帝国拡大のためのものであるとして政治ナショナル・アイデンティティを喚起しようとした[15]。言うまでもなく，樺太的生活様式も寒帯農業も，規範的文化

---

11) 市川（1939a），上田（1934a）など。
12) 原田（1993）。
13) これとは逆に，樺太の稲作技術開発に尽力していた内地の技術者の小川運平は，昭和の大礼にあわせて「奉祝　樺太米の歌」（『樺太日日新聞』1928年11月11日号）という一文を発表し，樺太は日本の領土である以上，稲作ができなければならないというロジックを展開し，自身の活動の根拠としている。内地の技術エリートと植民地エリートの発想の違いをよく示す例であろう。
14) 菅原（1932: 18-20頁）。
15) 菅原（1933a）および菅原（1934）。

に他ならない。またそれは非米食を前提としなければ成立しないものとして構想されていた。

　植民政策的米食撤廃論期において、植民地官僚は農業移民の主食転換という大きな課題に直面していた。彼らはネイションの一員として農業移民を捉えており、主食の転換は農業移民を米食文化共同体から切り離すことを意味すると認識していた。この文化ナショナル・アイデンティティの疎外を克服すべく、帝国拡大の前線としての周縁的政治ナショナル・アイデンティティの昂揚を図り、改めて規範的文化として非米食を位置づけようと試みたのである。ただ、こうした動きは植民地エリートの中でも植民地官僚に多く見られる傾向であり、ジャーナリストたちの中には農業移民の非米食を貧困の一つの指標として捉え、樺太庁の農業植民政策の失策を批判する姿勢も見られた。たとえば、「樺太農業論争」の嚆矢となった記事が掲載されている雑誌『樺太』の同号には、ある入殖地の現地ルポも載っており、そこでは米食の可否が各農家の貧困や入殖の成功を測るための指標となっていた[16]。この記事は雑誌記者が並川集団移民集落を取材してその窮状を伝えたものである。窮状として米を食えない生活を一部の農家が送っていること、それから北海道出身の農家は比較的成功している一方で内地出身（特に宮城団体）の農家が苦労していることを彼らは強調している。

　北海道根室や後志で農業経験のある「模範移民」の口からは次のような声を拾っている。

> 第一米なんぞあんまり喰はなくてもやれるから、生活はのん氣になると思ふ（中略）宮城の團體が困つてゐるのは、あの人たちは、樺太の百姓のやり方が分らんので、そんなことで、樺太の百姓が見込みがないと思はれては困る。樺太の百姓は北海道よりうんとらくにやれるんだ。よそは知らんが、このへんは北海道より物は良く出來る。北海道の水田をやる思ひをすれば樺太の百姓なんか朝飯前だ！[17]

　また宮城団体のある人物に「今後米を絶對に食はないで、燕麥や、馬鈴薯や蕎麦だけで暮して行けると思ひますか」と問うたところ「どうせ米が出來ないんですから、食ひたくても無ければしようがないでせう。」という答えを得ている。そして「ところが今日、この種の問を數度試みたが、「米を離れて日本人は暮せ

---

16) 皆川 (1932)。
17) 皆川 (1932: 57-58頁)。

ませんよ」といふ言葉は一度も聞かなかつた。稍々意外である」としながら，「何れも，頭から米を食はふなどとは考へてゐないからであると解することが出來た」と記し，米食願望を持つ入殖農家が苦境に陥っていること，そして成功するには米食願望を断ち切らざるを得ないことを描いている[18]。

2　文化論的米食撤廃論

1）帝国の食糧事情の悪化と樺太

　1939年の秋，朝鮮と西日本の米不作のため帝国全体の食料事情が逼迫する。この状況の中で，樺太では再び「米を作れない樺太では米を食うべきではない」というロジックがいろいろな形で現れるようになる。この1939年は，まさに第5章で論じた樺太文化振興会が発足した年でもあり，第6章で論じた東亜北方開発展覧会が開催された年でもある。

　帝国全体の「節米運動」と連動しながらも，樺太では独自の取り組みも行われた。樺文振は「栄養食」，樺太庁は「酪農食」といった対策を掲げ試験実践し宣伝普及に努めていった。これらの事業の根底には樺太文化論の二大テーゼがあり，全島7万世帯に向けて配布された酪農食に関するパンフレットなどにもこれらのテーゼが織り込まれていった。以下はこのパンフレットの前言である。

> 酪農食とは要するに樺太にとれる材料を食糧に用ひることです，本來食糧は自分達が住む土地にとれるものを用ひることが一番自然であつて，經濟上からいつても保健上からいつても理想なのであります内地から移つて來て間もない農民が，まだ米を喰ふ生活を改められないことは習慣上無理もないことですが，これはどうしても改めなければ，がつちりした樺太の拓殖，日本民族の北方發展の土臺となるべき強い樺太をつくり上げることは望めません，今年の米の減作に對するばかりでなく非常といふことが世の中にある限り，くれぐれも心してこの際新しい習慣に一歩を進むるやう切望する所以です[19]。

18）皆川（1932: 59-60頁）。
19）「"節米"も長期戦だ　弾丸・主食改善教科書　七万部を全島へ一斉射出」『樺太日日新聞』1939年12月14日号。

さらに、『樺太日日新聞』は1940年初めに『酪農食』講座の連載記事を掲載しており[20]、官公庁は職員食堂に「酪農食」を導入したりしていた[21]。「酪農食」とは、牛乳やバター、肉といった酪農製品とパンなどの小麦製品からなる食事であった。植民地エリートは、有畜農業こそ樺太にもっとも適応した農業であると考えていたので、農家だけでなく、都市生活者も酪農製品や小麦を消費するべきだと考えていた[22]。このことからも分かるようにこの時期において主食の転換は、農業移民だけの問題ではなく、全島民の問題として拡大されることとなった。

ただし、すべての論者が極端な非米食を支持したわけではなく、米食を続行しつつ代用食などで米を消費量を減らそうとする「節米」の動きももちろんあり、それは全国的な流れをくむものであった。たとえば、1939年11月の『樺太時報』に掲載された医学博士・谷合三代次「白米食廃止の必要性」も、栄養学的に白米よりも精米過程を落とした七分搗米や胚芽米の方が優れており、白米食を撤廃し、そうした類の米を消費すべきと説くものである[23]。また、『樺太時報』の翌号では節米運動推進のための特集記事が掲載される。渡邊好子「島産主食品の栄養と調理法」は、節米を樺太で実現するための具体的な方法を提示している。渡邊は冒頭に「主食品は地方々々の自給自足でやつてゆく事が最も自然であり望ましい事である事は謂ふ迄もないとすれば、米を産しない樺太における食生活は米を餘り用ひない様式を建前としなければならない」とし、稲作不可能地域樺太での米消費に対して否定的な態度が前提となっている。渡邊は陶洗の減少、七分搗米の消費、混食、島産麦類を用いての代用食（うどん、そば、パン）の実践を挙げている[24]。同じ特集の中の岡毅「農村に於ける酪農食について」では、稲作不可能地域樺太での米消費に対する否定的な態度が前提となっている。また農村に対しても、「節米主食改善は農村に於て行ひ易く、且つ自給自足を本質とする立場から、最も他に率先して實施しなければならない境遇にある」[25]として、都市以上の徹底を要求するのである。岡は「酪農食」を亜寒帯に適した食生活様式であるとし

---

20)「酪農食紙上講座」（『樺太日日新聞』1940年1月12日号（夕刊））など。
21)「酪農食　泊居でも節米運動」（『樺太日日新聞』1940年1月11日号）など。
22) なお、中試スタッフであった玉貫は当時のことについて「一部進歩人の間で、米食をパンに切りかえるべき」であるという議論が起きたと記しており（玉貫1984: 11頁）、中試スタッフという身分にあっても、こうした一連の議論に対しての距離の取り方がそれぞれであったことを示す一例である。
23) 谷合 (1939)。
24) 渡邊 (1939: 14-16頁)。
25) 岡 (1939: 23頁)。

て推奨する。岡の言う「酪農食」とは，穀類も含めての酪農経営の生産物を主食物とする「亞寒帯食料」である[26]。こうして，全国的な節米運動が，樺太独自の主食改善運動と結びつく局面もみられた。

しかし，文化長官と謳われた棟居は翌 1940 年 4 月には更迭され，小河正儀が新長官として就任する。小河就任後，樺文振の活動は小河の無関心のため低迷し食料問題への独自の取り組みは姿を潜め，帝国全体の画一的な節米運動に準拠していくことになる。小河は就任後の 5 月に節米訓示を発布する。そこで訴えかけられたのは，帝国臣民として一律的に節米運動に協力すべしという，樺太の独自性を考慮しない一般的政治ナショナル・アイデンティティへの訴えかけであった[27]。たとい考慮するとしてもそれは「米の出来ぬ樺太で鱈ふく米を喰ふといふ事自体が相済まぬわけで，道義的観念からいつても樺太島民は節米を強行しなければならない」[28]という植民地の従属的地位を強調する類のものであった。さらに小河は咀嚼運動を提唱した[29]。しかし，これはよく噛めば従来の半分の量で充分に栄養が取れるという極めて精神論的で，今期の凶作さえ乗り切ればよいという意識が丸出しの短期的な視野しか持たないものであった。

こうした食料問題への無策無能ぶりに痺れをきらした植民地エリートたちはメディアを通じ小河に対して，「節米」ではなく「減食」ではないかという批判を浴びせ始めるようになる。たとえば，米の供給が滞ることは仕方無いにしても，代用食の供給の見込みについて樺太庁が発表を行わないことへの不信感も新聞社説で表明された[30]。その後，小河は「節米といふよりも寧ろ減食によつて現在の苦境を切り抜け今の程度でやる覚悟を持つことが必要だ」[31]という発言を行い，ますます植民地エリートの小河に対する不信感が高まることとなった。なぜならば彼らは全面的な主食転換によるこの問題の解決を構想し，これこそ時局に対応した最良策だと自負していたからである[32]。

---

26) 岡（1939: 25 頁）。
27) 小河（1940）。
28) 「長官,当面の諸問題を語る　節米政策は強行　文振の振興は考へぬ」『樺太日日新聞』1940 年 6 月 12 日。
29) 「噛め，噛め！　運動を小河長官が提唱　全島的に徹底化さん」『樺太日日新聞』1940 年 6 月 2 日。
30) 「社説　米の切符制と節米宣伝」『樺太日日新聞』1940 年 7 月 4 日。
31) 「減食の覚悟必要」『樺太日日新聞』1940 年 7 月 18 日（夕刊）。
32) なお，米食撤廃論者の登場は樺太に限ったことではなかった。戦局の進展により 1939 年よりも帝国の食糧事情が逼迫すると，内地においても米問題は恒常的問題ととらえる見方が表われていた。たとえば，すでに予備役となっていた石原莞爾は，「今や日本國民は，米食に結びつけられた空虚なる誇

たとえば，前述の小河節米訓示の翌々月の雑誌『樺太』に菅原の「樺太食糧問題の特異性と其の基本対策」が掲載される。樺太文化論の二大テーゼを熱烈に信条化した菅原には，こうした一種の危機も「吾々島民をして旧来の陋習を揚棄し，寒帯日本人食生活様式を確立するための天与の啓示と考へざるを得ない」[33]と積極的に受け止められた。主食転換が，二大テーゼ実現のための重要な契機として位置づけられたのである。さらにその数ヵ月後の「新しき樺太の構想」という座談会の中で菅原は樺太の独自文化確立のためにもまず「広義農業」[34]の構築が必要であると発言する。「広義農業」とは，内地の市場と隔絶しようとも樺太のみで衣食住にわたる島民生活が自給自足できるような生産，加工，流通にいたるまでの諸産業連携体のことを指す。

帝国全体の食料事情の逼迫は確かに主食転換の対象を農業移民から島民全般にまで拡大したが，前述の菅原の「広義農業」なる構想にも表れているように，依然として農村は自給体制の物質的かつ精神的核として位置づけられていた[35]。また植民政策的米食撤廃論期には非米食を貧困や植民政策の失敗の指標として扱っていたジャーナリズムの観点も，この頃には変節していた。たとえば，「樺太の農民は白米をくふべきではないといふ堅い信念を持つ」という青年精農家の生活ぶりを取材して称揚するような記事[36]もこの時期には現れるようになる。植民地エリートの間に規範的文化への認識が広く共有されるようになり，最も自然環境的差異に向き合うことの多い農村・農業移民はその格好の舞台・担い手として位置づけられて行ったのである。

りと尊貴の概念を棄て，米食にたいする異常なる嗜好と執着を矯正せねばならぬ。天が日本の國土に無理なく恵む諸種の農畜産物（および水産物）を合理的に選択採用することは，食糧政策の根本原理たるべきである。それは戰時における單なる代用食の意味においてではない。國民の營養と味覺の向上，食糧需給における質と量，安全性と經濟性の確保，農村經濟再建の基底を培ふ意味においてである。」（石原 1976［1944］: 35頁）と述べており，偏重した稲作米食文化は不合理であると批判している。ただし，樺太においては植民地エリート間でこれが共有され，なおかつ総力戦体制に移行する以前から，同様の議論が紡がれていた点で特色がある。

33) 菅原（1940a: 12頁）。
34) 菅原（1940b: 39頁）。
35) このことは第5章で見たように，樺太文化論の二大テーゼの原型を提起していた上田（1934b）にも共通していた。上田の提起していた原型には，文化母胎，移民社会の土台としての農村の位置づけが明確に盛り込まれていたのである。
36) 滑川（1940: 101-102頁）。

2)「亜寒帯」── 特殊樺太的な政治ナショナル・アイデンティティの源泉

　植民地エリートは自分たちが求める規範的文化に「亜寒帯」という名を冠し，帝国の現状レベルで見れば特殊樺太的な文化を，帝国の未来において或いは世界史的レベルにおいては普遍性と必然性を持つ文化として標榜していた。自然環境的差異は文化ナショナル・アイデンティティの断絶を要求するが，同時にそれを克服するための規範的文化にとって，その自然環境的差異は重要な立脚点となったのである。ただし，注意すべきは「樺太の植民地としての特殊性は何かと云へば，周知の如く亜寒帯植民地であると云ふ事である」[37]というように，立脚すべきは，疎外の要因たる個別の差異ではなく，一般化・抽象化された自然環境的差異であったということである。

　文化論的米食撤廃論期において重要なのは樺太を郷土とする移民第二世代の植民地エリートたちの登場である。樺太におけるあらゆる面でのナショナル・アイデンティティの疎外は彼らに特殊樺太的な政治ナショナル・アイデンティティの構築を希求させた。彼らの熱望は彼らを指導してきた移民第一世代をも巻き込んで，樺太文化論二大テーゼを確立させた。彼らは自身の周縁的政治ナショナル・アイデンティティの産物としての規範的文化を構想し，その中心に生活文化をすえた。周縁的政治ナショナル・アイデンティティの確立によって自然環境的差異の克服自体が新たな価値となり，自然環境的差異が周縁的政治ナショナル・アイデンティティの立脚点の一つとなった。このことはこの新たな規範的文化が，自然環境的差異を象徴する「亜寒帯」というような言葉を冠せられていることからも理解できよう。この規範的文化の主要な項目の一つに主食転換があり，1939年以降帝国全体の食料事情が逼迫するに至り，主食転換を巡る議論はこの規範的文化とその背景にある周縁的な政治ナショナル・アイデンティティを強調するための重要な場となった。

---

37) 市川 (1939a: 17頁)。

3 中央の代理人か，住民の代弁者か

1) 帝国エリートと植民地エリート

　文化論的米食撤廃論期の主食問題に対する姿勢について，植民地エリートと小河長官との間に明確な対称性を得ることができる。小河は，主食問題を一時的で国内一般の問題とみなし，その解決をブロック経済の枠組みの中で考え，「減食」という方針を選択し，一般的政治ナショナル・アイデンティティの昂揚によってそれを実現しようとした。これに対し樺太の植民地エリートは，主食問題を恒久的な特殊樺太的な問題と捉え，その解決のために樺太本位的な自給的経済構造を志向し，主食転換を課題とし，特殊樺太的な政治ナショナル・アイデンティティを刺激してその実現を目指した。簡潔に言うならば植民地エリートは，「中央の当事者に相当あるのではないかと思われる（中略）樺太は主として，内地及び東亜建設に犬馬の勞をとるべしとする立場」[38] に反発していた。そのために彼らは特殊樺太的な政治ナショナル・アイデンティティを希求していたのである。この点において，樺太の植民地エリートは中央の代理人としての立場に甘んじてはいなかったと言えよう。しかしだからといって，植民地住民の代弁者であったと即断できるわけではない。

2) 樺太移民社会の米食の実態

　樺太に移住し農業に携わろうとした者にとって，稲作の可否は大きな関心事であった。すでに第6章でも触れたように，樺太農家による稲作の試みは早い時期から行われていた。たとえば，西海岸の本斗郡内幌村では試作を繰り返しており，1933年には大字気生字牛荷澤では「一百餘坪の田地から籾一石餘」を生産した[39]。また留多加郡三郷村多蘭内での10数年にわたる稲作の試験の成功も報じられており，これらの試作で好成績を残したのは北海道の走坊主種であった[40]。

---

38) 市川 (1939b: 19頁)。
39) 中島 (1934: 54-55頁)。
40) 田澤 (1936: 479頁)。

主食転換の実態に目を向けて見ると[41]，統計からの単純な試算では，1人当たりの米消費量は1921-40年にかけての20年間において，約2.0-3.5合/日・人で推移している。また1943年以降の一般的な米の配給量である「2合3勺」を下回るのは上記の期間では最初の2年のみであり，消費量は増加傾向にさえある。前述のとおり，樺太庁が1925年に発行した『樺太の農業』に掲載されている平均的農家の経済状態から試算すると，その消費量は3.9合/日・人である。第3章で論じた1940年に楠山農耕地の調査データから，偶発的な大規模な出費の認められる世帯を除いて試算するとその幅は2.6-5.9合/日・人となる[42]。これらは，上記の時期の島民全体の消費量の推移とも符合している。さらに，移民社会である樺太では夫婦と未成年の子どもによる核家族が比較的に多かったことを加味すると，成人1人当たりの消費量はさらに大きかったと考えられる。

前述のように樺太において林業は重要な産業であり，冬場になれば冬山造材のために島の内外から多くの林業労働者が山林に流入し飯場で生活を送った。しかし，飯場で米が慢性的に不足していたという記録は見当たらない。むしろ不足していたのは蔬菜と肉であった[43]。

主食に限らず島産品を食卓にあげる試みはかなり早くから都市部で起きていた。例えば，1929年には主都・豊原で婦人団体が島産品料理の試食研究会を開いている[44]。文化論的米食撤廃論期には樺太中等学校学術研究会が島産品を利用したレシピ集を発表するなどの活動も現れた[45]。両時期とも，婦人団体，女学校などが研究・実践上の重要な役割を担っていた。しかし，そこで紹介される料理の多くは，小麦とバターの欧米的なものであり，米と味噌になれた庶民には馴染みのないものであった。また島産品が都市部の市場にはなかなか出回らないという流通上の問題とその改善の必要性が当時からしばしば指摘されていた。このように植民地エリートによる主食転換の呼びかけが成功を収めたと評価するための

---

41) 農業移民についてはすでに経済史の分野で，庁農政と実態の乖離の原因のひとつを「生活水準の維持（米食）がまず目標になった」（竹野2001：100頁）とする指摘がある。ここでは，数値的にその実態を再検証すると共に，林業労働者や都市生活者に把握対象を広げることにする。
42) 都地（1941：54-60頁）。
43) 野添（1977）。
44)「『お互に島産料理をおいしく食べませう』と豊原の婦人団体第一声を挙ぐ　島産振興の為に雄々しき婦人の進出」『樺太日日新聞』1929年8月30日。
45) 檜垣（1941）など。この時期になると，こうした活動は島内自給率の向上に焦点がしぼられ，活動のもうひとつの目的である島産品の移出振興という側面は急激に後退していった。

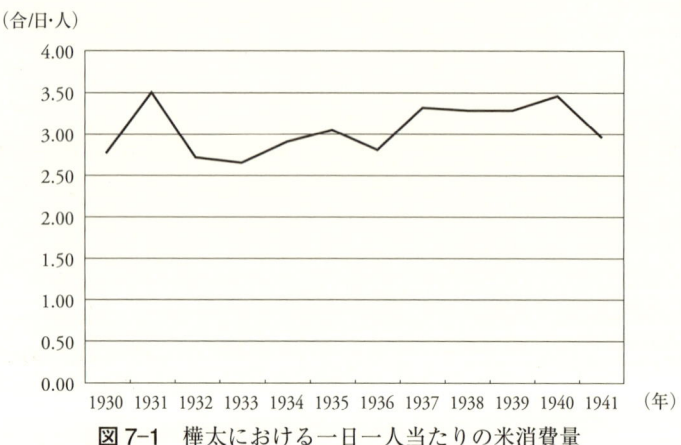

図7-1 樺太における一日一人当たりの米消費量
出所）樺太庁編『樺太庁統計書』各年度版より筆者作成。
注）移輸入出量から求めており、酒造用など加工用分は控除していない。

材料は見当たらない。

　時局生活懸賞作文の入選作「亜寒帯の覇者」は、ある禁欲的な農家の生活ルポである。この農家は非米食を実践しているのであるが、この農家の食生活が周囲から「あのね、今日学校で××（原文ママ）さんが"黒い麦の御飯なんか食べるのは豚だつてうちのお父さん言ひよつたよ"つてわし（引用者註：この農家の子供）のこと皆に悪口言ふの」「まづい麦を手数かけて食ふより麦を売つて米買つて食つた方がずつと得だ」「（引用者註：この農家）の様なもの食つて、よくまあ、子供が肥つてゆくものだな」[46]と揶揄されている場面が描かれている。

　1942年以降、孤島化が進んでなお樺太では終戦時まで、また終戦後も全体としては食料不足には陥らなかった。「樺太では配給統制ということよりも、まずもって物資の調達が樺太庁にとって大きい業務であり、真剣な努力が払われ」[47]、樺太食糧営団は当初米穀15万石だった備蓄計画を米穀50万石および小麦粉10万石に切り替え、島内直轄食料庫と民間の倉庫を合わせて300-400箇所の食料備蓄倉庫を設置しようとした[48]。当時食糧課主要食糧主任であった前出の泉友三郎の回想によれば、1945年8月のソ連軍侵攻直前で、備蓄主食32万石（うち15

46）谷口（1940: 107-109頁）。
47）樺太終戦史刊行会編（1973: 133頁）。
48）樺太終戦史刊行会編（1973: 133頁）。

万石は「農商務省にかくしてある備蓄主食」），8ヵ月分の見積があったという[49]。同僚であった八重樫安太郎もまったく同じ数値をあげている[50]。ソ連軍による占領後の1945年10月8日には，ソ連当局が大津長官および武藤樺太食料営団長あてに，米の配給とそのための輸送・貯蔵能力の整備を要請しており，その際に示された配給量は終戦前の樺太庁の供給計画の数値32,000石に相当している[51]。このように，相当の備蓄に成功していたことが各種資料から確認できる。

　備蓄と同時に食料増産も推し進められており，1943年度には，農家は耕地一割の拡大，食飼料の重点化，自家用食飼料は自給，その後軍需作物を生産するという「割り当て栽培」が強制された。1943年7月の全国経済部長会議では食糧増産計画の要諦を提示した。その要諦は，①島内食糧の積極的増産，②米のみに依存しない郷土食の実行，③企業整備による転廃業者の転農促進，④土地改良による耕地拡張と農業人口増加であった。1943年12月には，樺太農業会と地区農業会，食糧畜産推進本部を設立し，食料確保のための体制構築を進め，「1943年度農産拡充目標」も立てられた[52]。食料増産のために，樺太開発会社にも期待がかけられた。ソ連当局が1946年3月に50ha以上の農場を接収するために作成したリスト[53]によれば，樺太開発会社の農場は9か所で，粗放地と思われるトナカイ飼育ソフホーズに引き渡された分を除くと，総面積は2,948haである[54]。「樺太開発株式会社事業状況」（1943年9月）[55]によると，農場は養狐場を含めて4か所，開墾作付面積は316haであり，2年間で10倍弱の拡大を見せている。

　食料移入途絶の危機感は，食料自給体制の確立を企図し，結果として樺太では「農家も配給米はふつうに受けたためそれだけ余剰食糧を生ずることになったもので，配給米が七分つきから五分つきになり，一升ビンに詰めて棒でついた経験はもっているが，米作絶望の樺太としては，食糧事情は本州の都市に比してきわめて恵まれていた」[56]のであった。

---

49) 泉（1952: 29-30頁）。
50) 八重樫（1980: 32頁）。
51) ГАСО. Ф. 171. Оп. 1. Д. 2.。なお原文は，ГАСО(1997: с. 41)による。
52) 樺太終戦史刊行会（1973: 75-76頁）。
53) ГАСО. Ф. 171. Оп. 1. Д. 26. Л. 1-4. なお，原文は，ГАСО(1997: сс. 85-87)による。
54) 農場面積について，『樺太終戦史』は当時・同社農業課長であった岩本のあげた数値を採用しているが，本稿では具体性のあるソ連側資料の数値を実際の数値とみなしておく。
55) ГАСО. Ф. 1 и. Оп. 1. Д. 159.。
56) 樺太終戦史刊行会編（1973: 134頁）。

農村にしろ，山村にしろ，都市にしろ島民の大半は「米食共同体」にとどまり続け，植民地エリートの提唱する規範的文化の実践には興味を抱かなかった。そもそも，稲作不可能地域という自然環境的差異が文化ナショナル・アイデンティティの疎外を導くというのは，植民地エリート側の理念を前提としての理論的帰結であった。商品市場，労働市場とつながっていられる限り一般の人々は米を購入消費できたのであり，米食共同体に安住し続けることが可能であったし，樺太庁自身が1925年に発行した前掲の『樺太の農業』に書かれている「遠ク樺太ニ來リテ白米ヲ食シ得ルニアラザレバ内地ニ歸ルニ如カズ」[57]という農民の声が示すように，悲願の米食生活を実現するために樺太へ渡ったという人々も少なくはないはずなのである。先述の，1939年以降，樺太の農村・農業問題について多くの記事を執筆したあるジャーナリストによる「樺太の農家で米を食わぬ者は殆ど無い」状態で，移民前は米を食べなかった者も「樺太に来た途端に米を食ふ習慣がつくやうになつた」という記述は樺太の米食状況と移住者にとっての樺太の意義を表わしていよう[58]。15年の時を隔てたこの2つの記述は確かに，植民地エリートが米食共同体にとどまろうとする農業移民を批判するためのものであるから，いささかの誇張はあるかもしれない。しかし，統計や経済調査の客観的データから見てもこの事実を積極的に否定できるような材料は見当たらない。稲作不可能地域である樺太は，逆説的なことに「米食悲願民族」[59]にとっては夢の大地でもあったのである。その意味において，植民地エリートは植民地住民の代弁者ではなかった。植民地エリートの描く「豊かな生活」と，植民地住民の願うそれとには大きな差異があったのである。

4 遊離する二つの樺太 —— 植民地エリートと植民地住民

本章の第一の課題は，樺太農業拓殖において現われた樺太米食撤廃論を通じて，周縁における自然環境的差異が文化ナショナル・アイデンティティの疎外を引き起こし，その克服のために周縁的な政治ナショナル・アイデンティティの昂揚が

---

57) 樺太庁内務部殖産課（1925: 90 頁）。
58) 松尾（1940: 95-97 頁）。
59) 渡部（1990: 75 頁）。

目指され，規範的文化が樺太移民社会の中で生まれる過程を明らかにすることであった。樺太において重要な自然環境的差異は稲作不可能地域という農業地理的特性であった。この条件の上で，1920年中盤から30年代中盤に及ぶ植民政策的米食撤廃論期においては，人口・食糧問題解決地としての樺太の役割を前提とした結果，農業植民政策は自給・専業的自作農を志向することとなる。このため植民地エリートは農業移民に対して主食の転換を要求することとなった。1939年以降の文化論的米食撤廃論期においては，樺太文化論の二大テーゼに基づき，規範的文化である「亜寒帯文化」の一環として主食の転換が要求されることとなった。また，帝国全体の食糧事情の逼迫という状況は樺太における主食の転換が，恒久的な問題であり，島民全体の問題であるという認識を広めることとなった。両時期を通じ植民地エリートは，島民が米食文化共同体に属しかつネイションの一員であるとみなしていたので，米食の否定は「米食共同体」との断絶であり，文化ナショナル・アイデンティティの疎外を意味した。植民地エリートはこの疎外を克服するために，樺太に帝国の前線としての価値を見出し，特殊樺太的な政治ナショナル・アイデンティティの昂揚を目指し，「寒帯農業」「亜寒帯文化」といった特殊樺太的な規範的文化を構想して，主食転換をこの一環に位置づけた。これらの規範的文化の名称が示すように，文化ナショナル・アイデンティティの疎外の要因となった自然環境的差異は，特殊樺太的な政治ナショナル・アイデンティティの昂揚の際には抽象化されることを通じて重要な立脚点となった。

　第二の課題は樺太移民社会において植民地エリートが中央の代理人であったのか，それとも植民地住民の代弁者であったのかを評価することである。植民地エリートは，自然環境的差異がもたらす文化的ナショナル・アイデンティティの疎外を特殊樺太的な政治ナショナル・アイデンティティの昂揚によって克服しようとした。この意味において，植民地エリートは国家一般的な政治ナショナル・アイデンティティの徹底を前提とする中央の代理人とは距離を置く立場にあった。しかし，主食問題に関しては樺太の植民地エリートは植民地住民の代弁者足り得なかった。なぜならば，植民地住民の多くは商品市場や労働市場に結びつくことによって容易に「米食共同体」に安住し続けることができたし，米食共同体に属してはいたが，そのことに文化ナショナル・アイデンティティを認めていたとは限らず，植民地エリートの提起する規範的文化に共感を覚えることは稀であった。植民地エリートの構想する「豊かさ」と一般の植民地住民の願う「豊かさ」の間

には差異があったのである。

　新領土である故に領域ナショナル・アイデンティティが，参政権が与えられていないことによって市民ナショナル・アイデンティティが，経済的に従属的な立場におかれていることによって経済ナショナル・アイデンティティが樺太では疎外されていた。この疎外感は，社会状況を広く見渡し，また樺太の発展への使命感を有する植民地エリートにおいてとみに顕著であったはずである。植民地エリートは，自然環境的差異に起因する文化的ナショナル・アイデンティティの疎外の克服のために規範的文化を提起した。この規範的文化は元々は，彼らが呼びかける相手である植民地住民に自然環境的差異への合理的な適応を促すためのものであった。しかし，この規範的文化は次第に植民地エリート自身が欲求し構築した特殊樺太的な政治ナショナル・アイデンティティを維持するための一要素としての側面が強くなって行った。自然環境的差異は植民地エリート自身が希求した周縁的な政治ナショナル・アイデンティティを生み出すにあたっての数少ない突破口の一つだったのである。

　本章は樺太米食撤廃論を分析することで，樺太移民社会には独特のナショナル・アイデンティティの起伏や傾斜が存在し，それに対する自然環境的差異，つまりは長期持続の与えた影響を示した。しかし，この周縁的なナショナル・アイデンティティの再生産の様式は，植民地エリートに顕著に見られるものであって，植民地住民が全般的にその呼びかけに積極的に応じた形跡は言説面からも，実践面からもみられない。周縁内部にもさらなる起伏や傾斜が存在しているのであり，樺太移民社会は，植民地エリートが「想像」するようには，いまだなお一体化してはいなかったのである。

第8章

亜寒帯植民地樺太における周縁的ナショナル・アイデンティティの軌跡

樺太拓殖学校について報じる記事
(「亜寒帯農業確立の理想に燃える樺太拓殖学校 大農畜林學校目指して邁進」
『樺太日日新聞』1940年3月7日号)

第8章　亜寒帯植民地樺太における周縁的ナショナル・アイデンティティの軌跡

　本書の目的は，亜寒帯植民地樺太の移民社会の形成過程を歴史社会学の観点，とりわけイデオロギーやアイデンティティの視点から明らかにすることであった。そしてまた，長期持続から移民社会という中期持続を位置づけ，そこで生起する短期持続から中期持続を読み解くという手法を試みた。

　ミッシェル・フーコー以降，あるいはエドワード・サイードのポストコロニアル批評研究以降，文学作品，あるいはそれに準じたもの，たとえば記念碑であるとか，神社などのモニュメントなどを研究素材とする手法は勢いを増しており，それはポストコロニアリズム研究も含めての植民地史研究という分野でも同様であると考えられる。本書の読者は，本書が樺太で生み出された文学作品や文芸活動にあまりに無関心であることに不満であったり，あるいは不信感を抱いたのではなかろうか。もちろん，それらを素材にして樺太移民社会史研究を行うことは不可能ではないだろう。しかし，本書ではあえてその手法を選択しなかった。理由は明瞭である。そうした手法によって見落とされるものがあるのではないかという危惧があったからである。とりわけ，そうした手法を用いたモーリス＝スズキの研究が実証的な樺太史研究者から辛辣な批判を浴びた後であれば，なおさら謙虚に自身の研究手法というものを検討しなければならない。

　文学作品や，それに準じる物を素材とする研究とは，再びフェルナン・ブローデルの用語を援用しつつ極端に単純化すれば，それら短期持続から中期持続を読み解くという手法だと言い得るであろう。それはある文学作品であり，それはその背景の植民地主義である。しかしながら，本書では長期持続という地点にまで降り立って樺太移民社会という中期持続を位置づけ，分析するという手法をとった。

　樺太移民社会にとって重要な長期持続は，第一に寒冷な気候であり，第二に北東アジアの大陸部や列島部と地理的に隔絶していたという，サハリン島の備える条件である。これらの気候・地理的条件により，北東アジアに関与した諸王朝国家はいずれもサハリン島を本格的な版図に編入するに及ばなかった。しかし，北東アジアに国民帝国が進出および誕生した時，旧来の世界帝国中華帝国による秩序は崩壊し，代わりに国民帝国間の競存体制が持ち込まれた。この中期持続の変化は，サハリン島をめぐっていた長期持続が作り出した「境界」を打ち破り，サハリン島は北東アジアにおける国民帝国間競存体制に組み込まれることとなったのである。重要なことは，国民国家段階では，サハリン島はいずれの国民国家に

も属せず，国民帝国段階になって組み込まれたということである。言うまでもなく，国民帝国は必然的に内的民族多様性を抱え込む。「無主の地」であるサハリン島を編入したのが国民帝国であり，移住者たちがその国民帝国からやって来る以上，必然的にサハリン島は「多数エスニック社会」の様相を呈するのである。このことは歴史的事実からも明らかである。ロシア帝国下のサハリンには，「ロシア人」は元より，中央アジア系民族やポーランド人などが流刑囚等々の形で収容されていた。日本帝国は，日露戦争という国民帝国間の「外交」の結果，サハリン島南半を帝国版図に編入し，これに植民地という位置づけと「樺太」という名を与え開発を試みる。

　領有当初から，樺太経済および財源と言う意味では政治さえ水産資源や森林資源等の収奪的開発に依存していたものの，理念的中心は農業拓殖にあった。また，農業拓殖は樺太の長期持続，つまりは「亜寒帯」という特性から直接的で甚大な影響を受ける。たとえば，朝鮮，台湾などでは稲作の収量の「多寡」などが問題とされたが，樺太においてはそもそもその「可否」が問われたのである。本書が，樺太移民社会の形成にあたって，農業拓殖に主軸を据えるのはこのためである。街区や，神社，文学作品，映画，歌謡，宗教，エスニック・マイノリティといった諸々のトピックの中に農業拓殖を並べるのではなく，移住者たちが樺太の大地に降り立って，まず感じた土の感触，色，臭い，それらから予感されるこの大地の可能性，そこから樺太移民社会を観察して行くべきではないか，そうすれば，中期持続と短期持続の間の往還では見られなかったものが見えるようになるのではないか，つまりは長期持続，中期持続，短期持続の往還を可能にすることができるはずであると本書では考えた。

　本書ではそのためにまず，農業拓殖の実態をより正確に描くことを試みた。それは植民地住民が構築した中期持続であり，私経済を中心にした農村社会の確認である。樺太農業拓殖における組織的な農業移民団の比重はそれほど大きく評価すべきではないであろう。樺太農政は，こうした集団的移民の質的成績が良いと評価していたし，また優先的に島外から招来しようともしていた。しかしながら，この集団移民制度の量的成績は詳らかではないものの，1930年代には新規入植者の大半は，島外からではなく島内の者が占めており，なおかつ1世帯当たりの世帯員数も後者の方が小規模であった。内地からの集団移民による入殖とそこにおける郷党社会という物は，もちろん多数存在していたであろうが，実態として

は，それに匹敵するだけの，あるいはそれを凌駕する規模で移動性と兼業性を多分に帯びた世帯の入殖・営農・離農という現象が繰り返されていたと想定するべきであろう．近年の樺太農業史研究は竹野学によって拓かれたわけであるが，竹野が論じている樺太農家像は，どちらかと言えば前者に近く，言うなれば専農へのベクトルを持つ農家群であった．そこでは，開拓のための自己資本捻出のための，出稼ぎあるいは商品作物への傾斜と，乳牛の導入による経営の安定と拡大が志向された．一方本書が明らかにした農家群は，後者に近く，農家と言い切るのも留保すべき側面を持つ農村部の私経済群であった．多くは林業労働を主としており，その余剰労働力を活用すると言う側面から土地資本としての農地資源へとアプローチした経緯を持ち，山林労働の単価の向上，かつ農耕用に馬資本の充実が志向された．こうした移民兼業世帯から構成される農村においては，兄弟などの親族間の相互扶助は考えられても，郷党集団による経済的社会的連合というものは望めない状態にあったと言える．すなわち，樺太の農村の大部分は，核家族あるいは直系の拡大家族による世帯の集合体であって，連合体ではなく，私経済の離合集散の場でもあった[1]．言うまでもなく，満洲開拓移民団のような帝国権力と直結した性格は持ち合わせてはいなかった．

　樺太の植民地エリートは，農業拓殖推進に向けて，こうした植民地住民を「島民」へと統合して行く必要性に迫られた．ここに樺太移民社会の形成過程が生じる．植民地エリートと植民地住民の間の相互作用に基づく領域が生成されたのである．

　1925年，のちの昭和天皇が皇太子として樺太に行啓する．この際に，樺太篤農家の数名が功労者として拝謁する．この皇太子行啓を契機として順次，皇族の行啓が重ねられることとなり，この皇太子行啓は皇室という最たるナショナル・シンボルが樺太との間に身体性を伴う繋累を築く「事件」であった．そしてまた，1920年代後半とは樺太庁が自身の植民地としての存在意義を帝国の人口・食料

---

[1] ただし，富内岸澤や楠山農耕地の事例でも確認されたように，世帯間や村落内の社会的関係が絶対的に希薄だったわけではなく，内地のそれと比して相対的に希薄であったということである．たとえば，坂根嘉弘は樺太の産業組合の活動を分析し内地の場合に比してそれが充分に機能しなかったことについて，「日本的な「家」が形成されていなかったため，それに伴う農民倫理の形成は弱く，内地の「家」を基礎とした「村」社会とは違い，流動性の高い農民を構成員とする村落社会だったため，農民間の社会関係が充分に形成されなかった」（坂根 2013: 57頁）と論じている．また，時間の経過とともにこうした社会関係が徐々に築かれつつあったことも両村落の事例から見てとれる．

問題の解決地として再自認し，農業拓殖を再推進する時期でもある。樺太農政は移民の招来から定着に重点を移し，それは移民制度の調整から，経営モデルの模索への移行を意味した。1928年に中央政府は昭和天皇の即位式「昭和の大礼」を執り行い，全国的に関連事業がおこなわれる。樺太からも，樺太篤農家たちが「特別銀杯」授与者，「移植民功労者」顕彰者，「正奉耕者」に選出され，この中のほとんどが1925年の行啓の際に拝謁を許された者たちであった。さらに樺太農政は，1929年にこれら樺太篤農家のうち3名を樺太庁主催の大畜産講演会の講師として樺太を行脚させ，その講演集を発行するとともに，同年これにさらに数名を加えて計10名の篤農家の事例を掲載した『樺太農家の苦心談』を発行する。こうした一連の樺太篤農家事業の中で，天皇と樺太農業との繋累を示し，私的就農の成功者であるはずの樺太篤農家を国家事業としての「拓殖」の功労者として演出し，樺太農家全体の拓殖への動員のロジックを拓いていく。植民地権力によって拓殖への協調が植民地住民へ訴えかけられ，見かけ上の協調者たちの言葉が講演会や政府刊行物，そして民間メディアを通じて発信されていったのである。

　同じく1920年代末には総合雑誌『樺太』が創刊され，その誌面上で，1929年に設立されたばかりの樺太庁中央試験所のスタッフも含めた，樺太農政スタッフら植民地エリートが小農的植民主義に基づく樺太農業像を提示して行く。すなわち，農業拓殖は樺太開発の根幹であり，食料・飼料・肥料を自給できる家族経営体の創出が急務であると植民地住民に呼びかけるようになった。しかしながら，こうした植民地エリートによる拓殖イデオロギーの呼びかけに対して，民間から異を唱える者が現われた。雇用労働を前提とした無畜機械化化学肥料農法での大規模経営を志向する企業家との間で「樺太農業論争」が『樺太』誌面上で展開されたのである。この論争を通じても，樺太農政の態度は揺るがず，むしろ経営モデルの構築は着々と進み，1934年には「樺太経営農法大体標準」が策定されるにいたる。

　この一連の論争で着目すべきは，植民地エリートたちが所属部署の肩書を背負いながらも個人としてメディアへ登場したということである。植民地権力の中で代理人の立場を透徹する顔と名前の無い存在ではなく，代理人の側面を持ちつつも，自らが植民地住民の一員であると自認し植民地権力と植民地住民との間をつなぐ存在としての側面を次第に強めていくのである。このことは植民地住民につ

いても同様で，メディア上に様々な立場の植民地住民の姿が現われるようになるのである。ここに，単に植民地権力と植民地住民との二分法では理解できない領域が見て取れるのである。

　一方その頃，教育現場では樺太生まれの移民第二世代が目立つようになってきた。これら非移住者をどのように「島民」として教育すべきか，また樺太に定着することとなった植民地エリートたちのアイデンティティをめぐる問題が模索されるようになり，教育の現場を中心に植民地エリートの間で樺太文化論が提起されるようになる。こうした一連の樺太文化論の一つの結実が，1939年の「樺太文化振興会」の設立であり，そこで示された樺太文化論の二大テーゼである。「北進前進根拠地樺太」「亜寒帯文化建設」というテーゼが掲げられ，植民地としての樺太の存在意義が帝国の北方への拡大に求める「北進主義」と，自然環境的特性である「亜寒帯」をその立脚点に据える「亜寒帯主義」とが標榜された。さらにここでいう文化とは，詩歌管弦書画文芸の類であるよりも，まずは生活文化が念頭に置かれた。農業拓殖に即した生活文化の構想が志向されたのである。このことは，具体的な強制力を持たなかったものの，植民地エリートが拓殖の推進のために植民地住民の私的領域にまで干渉しようとしていたことを意味している。そして，出版活動やメディアでの発信や応答を通して，植民地エリートは自分たちが提示する拓殖ビジョンへの同意を植民地住民から得ようとした。

　亜寒帯という長期持続と正面から向き合ったのは，農業移民などの植民地住民だけではなく，植民地エリートの中にもそうした一群の人々がいた。それは農業技術者であり，中でも樺太庁中央試験所のスタッフはその最たるものであった。中試の目指した技術体系とは，決して大プラント型の産業科学ではなく，島内の水産資源や森林資源の保続的利用や，産業横断的な島内資源の有効利用，小資本加工技術などであり，何よりも農家世帯経営内の自給的技術の確立が目指されていた。樺太農政の方向性は当然ながら中試にも反映していた。また，中試は決して植民地住民との間に大きな隔たりがあるわけではなく，刊行物や，施設の一般公開，また現地メディアへの登場などによって，植民地住民への技術の普及を促した。さらに，現場での技術指導や技術問題への問い合わせへの対応などを通して植民地住民との相互関係を築いていた。

　着目したいのは，中試自体が樺太移民社会のビジョンを示す役割を進んで担っていたと言う点である。このことは，1939年に中試で行われた「東亜北方開発

展覧会」に象徴されている。この展覧会において，中試は自分たちの技術は帝国のさらなる拡大のための技術であることを表明した。このことからも，樺太の技術エリートたちの間に，樺太文化論同様の「北進主義」と「亜寒帯主義」などの植民地イデオロギーが共有されていたことが明らかになる。拓殖への動員が，帝国のさらなる拡大をその根拠として呼びかけられていった。

　1937年の盧溝橋事件に続く1939年のノモンハン事件以後，樺太にも混成旅団が配備されるなど軍事的緊張が高まりつつあり，拓殖から総力戦体制への転換が起きつつあった。1938年には化学工業部が新設され，これまでの樺太の独自性に主眼を置いた研究とは異なるより一般的な代用科学研究を行う部門が生まれた。1941年には，「亜寒帯文化建設」のテーゼに同調した保健部が新設され，樺太的生活文化の研究が試みられた。同年には，敷香支所も開設され，帝国のさらなる前進を前提とした特殊な研究が推進された。

　しかしながら，実際には帝国全体は北守南進体勢にあり，樺太は配船不足から孤島化が進行する。1943年に樺太は内地編入されるとともに，大津敏男新長官が赴任，大政翼賛会樺太支部の事務局長には，1930年代には樺太移民社会における植民地イデオローグとしての地位を確立し，1939年には東亜北方開発展覧会の企画部長を務め，1941年以降は敷香支所長の任にあった菅原道太郎が抜擢され，樺太の存在意義が「国土防衛」という一点にまで後退していく中で，総力戦イデオローグとしての役割を果たしていく。拓殖イデオロギーと総力戦イデオロギーには大きな相違はなく，むしろ総力戦イデオロギーとは，自給の単位を農家世帯単位から，樺太全体へと拡大純化させたものであった。

　以上が，拓殖から総力戦体制へと向かった樺太移民社会の，とりわけ1920年代後半以降の形成過程であった。これは樺太移民社会における動員のロジックの形成と発展とも言える。長期持続「亜寒帯」によって阻害される農業拓殖の推進を通じて，拓殖イデオロギーを呼びかける側の植民地エリートと，呼びかけられる側の植民地住民という構図が成立する。移民第二世代などの登場により「植民地」という位置づけと「亜寒帯」という環境的特性を立脚点として植民地アイデンティティの模索と植民地イデオロギーの共有が図られ，植民地住民全体，「島民」へと求められていった。文化面で言えば，それは観念的なものではなく，生活文化という物質的な面での独自性が要求された。総力戦体制の進展と孤島化において，拓殖イデオロギーは総力戦イデオロギーへと容易に転化し，自給単位として

第8章　亜寒帯植民地樺太における周縁的ナショナル・アイデンティティの軌跡　255

の樺太の確立をさらに要求していった。

　本書ではさらに，植民地エリートの植民地イデオロギーと，植民地住民の生活，さらに帝国エリートの態度とが正面からぶつかりあった局面の観察を通して，ロジックと実態との相互関係の一端を明らかにすることを試みた。この観察に適しているのが，あまりにも樺太移民社会を象徴し過ぎている「樺太米食撤廃論」である。

　サハリン島の重要な長期持続の一つは「亜寒帯」と称される気候的条件であった。この気候的条件故に，樺太農政も，また住民も樺太における稲作を断念せざるを得なかった。しかしながら，樺太農家も米を消費することができたし，実際そうしていた。それは言うまでもなく，移入される米を購入していたからである。しかし，樺太農政はこのために農業拓殖が阻害されていると判断していた。つまりは，現金収入獲得のために，本来は開墾も含めた農業に割くべき労働力を，水産資源や森林資源開発の労働市場に投入してしまうため，世帯内の農業労働力が不足しているのだと考えていた。このため，樺太農政は非米食推進のためのロジックを，1920年代末から拡充し始めた樺太現地メディア上で展開して行く。樺太農政の植民地エリート自体も，樺太の農家の大半を占める日本人が文化共同体である米食共同体に属していることは充分に承知しており，米食の否定が文化的ナショナル・アイデンティティの疎外に通じることを充分に理解していた。そのために，樺太拓殖と言う国家事業への貢献を促し，そのための新たな食生活，樺太的生活が必要とされるのだと説いた。つまり，米食の否定という文化的ナショナル・アイデンティティの疎外を，拓殖への貢献という政治的ナショナル・アイデンティティの喚起で補完しようと試みたのである。こうしたロジックが，樺太文化論との間に親和性を持つことは明らかであり，1939年秋以降の帝国内の食料事情の逼迫を受けて，それまで対象を農家に限っていた植民論的米食撤廃論は，島民全体を対象とした文化論的米食撤廃論へと拡大した。植民地エリートにより構成されていた樺太文化振興会を中心に，非米食が亜寒帯文化の中心に位置づけられていった。これに対して，小河正儀長官を代表とする樺太の特殊性に関心を払わない植民地権力の代理人そのものである帝国エリートは，こうした米食撤廃論には無関心であり，あくまで「節米」の姿勢を崩さず，にわかに勢いを得た「酪農食」などは，すぐさまその勢いを失ってしまった。しかし，メディア上では植民地エリートと帝国エリートとの対立が繰り広げられた。

このことは，樺太に腰をすえた植民地エリートと，帝国全土を渡り歩き続ける長官のような帝国エリートとの間の関係性を物語っている。植民地エリートは棟居長官の取り込み，あるいは協調には成功したが，小河長官の取り込みには失敗したのである。もちろん，この現象は前任者の影響力をなるべく払拭しようとする素朴な官僚主義の結果ともとれるが，そうであっても植民地エリートがそうした帝国エリートの政治的決定に右顧左眄するわけではなく，ある程度自律的な言論や活動を行い続けていたことの証左ともなる。

小河に限らず，帝国エリートの言動を植民地エリートや植民地住民はメディアを通して知っていた。たとえば，1929年に樺太庁の農林部長に就任した末原貫一郎はわずか1年で高知県学務部長に転任しており，離任に際しての現地紙のインタビューに対し，樺太の気候には慣れたと言いつつも，「高知縣といへば気候もいゝし家族などは喜ぶことであらう」と答えている[2]。また，後任の岡本保三も，「俺は樺太を旅行するのはいやだ。汽車の窓からアノ廣漠たる平野が原始的の儘なのを見るとほんとうに胸が悪くなる」という発言が現地誌に掲載されている[3]。こうした帝国エリートの言動は，植民地エリート，とりわけ荒澤のような移民第二世代には大きな影響を与えたであろう。この岡本にしても着任1年で転任し，その後の農林部長[4]も在任期間は長くて3年に過ぎず[5]，実際の農業拓殖はこれら帝国エリートではなく，現地歴が長く樺太の状況や住民感情を知悉した植民地エリートによって担われたと考えることができる。けれども，植民地エリートが常に植民地住民の代弁者足り得ていたわけでもなかった。

植民地住民は，一部の例外は除いて，ほぼ米食願望を一貫していた。それは米食共同体に属する者として，あまりも当然のことであった。米食は，生活の豊かさを計る一つの指標であり，また文化的価値であり，身体的欲求であった。植民地住民にとっては，樺太の存在意義は北方への拡大だとか，亜寒帯文化の建設だとか，そんなところにはなく，極言すれば，米を食えるということにあった。そのために，内地に比べればはるかに入手が容易な土地資源も含めた各種資本と自

---

2) 「在島満一年　高知は気候が可いから家族は喜ぶことだらう　栄転した末原農林部長談」『樺太日日新聞』1930年1月12日号）。
3) 「談話室」『樺太』第2巻第7号，1930年，26頁。
4) 1937年より殖産部に改組され，その後の1943年には経済部に改組されている。ここでは，それらの部長も含めている。
5) 『職員録』内閣印刷局，各年度版。

己労働力，そして市場経済を動員して，樺太において私経済とその集合を形成したのである。

　樺太米食撤廃論から見えるのは，亜寒帯という長期持続に対して米食文化という中期持続が矛盾を生起した時に現われた二つの対応である。一つは，市場経済を通じて米食文化を続行するという方法であり，これは植民地住民の大半が選んだ方法であった。一方，もう一つは，自給経済を確立し，これにあわせて文化まで改変してしまおうという方法であり，植民地エリートによって志向された方法である。植民地住民—農地に何らかの形でアクセスしていた人々が念頭ではあるが—は，国民共同体への明確な帰属意識があったかは別にして，確実に文化共同体としての米食共同体に属し，帝国圏市場経済にもしっかりと参入していた。それは，宗谷海峡を跨ぐ商品市場であり，労働市場であった。植民地エリートの生み出した植民地イデオロギーは，あまりにも長期持続「亜寒帯」の生み出した境界と中期持続としての国民帝国の要求するナショナル・アイデンティティ，そして競存体制が前提とする植民地争奪戦争とに忠実であろうとした合理性の所産と言える。植民地エリートと植民地住民の間の乖離は，ある見方をすれば「欲望」を捨象した植民地エリート側の合理性に起因するとも言えよう。

　肥大する植民地エリートの植民地イデオロギーと，淡々たる植民地住民の生活構築というのが，樺太移民社会の構図である。それでは，総力戦体制下の皆農運動への植民地住民の動員をどう評価するべきか。総力戦体制下における国家主義的動員力の所産と言うべきか。おそらくは，これは植民地住民の生活経済の論理から説明できよう。樺太の孤島化の進展は，植民地住民にも充分把握されていた事態であり，動員云々というよりも，自身の食料確保のためへのミクロな活動の集積が，皆農運動の成績に結実していると考えるのが妥当であろう。

　植民地住民はそのほとんどが移住者あるいはその家族であり，樺太の意義はまず自身の生活の確立と向上とに求められた。一方で，植民地エリートにとっては，たとえそれが「故郷」と目されても，日本帝国の植民地という位置づけなしには樺太の意義を主張することができなかったのである。個人，世帯や経済活動は，帝国や国民国家とは別個に存立し得るし普遍的なものであるが，近代エリート，とりわけ植民地エリートは，国民帝国を前提としなければ存立し得ないからである。

　拓殖を軸にこれを推進しようとする植民地エリートと植民地住民とを巻き込み

ながら，樺太移民社会が生成され，植民地エリートの合理性と，植民地住民の行動原理とが協調と対立を繰り返した訳であるが，米食問題に目を向ければ植民地エリートが常に協調の道を模索したのに対して，植民地住民は実態という形で対立を続けたのであった。一方で，植民地エリートは帝国エリートとも対立し得る状態にあった。

　しかし，気をつけなければならないのは，米食問題のような個々の問題において，植民地住民が植民地エリートに背を向けても，「拓殖」という大きなプロジェクトそれ自体に背を向けていたわけではないということである。植民地権力は「開拓者」の土地私有権を保障しただけではなく，実際の「開拓者」に限らず移住者である植民地住民にとって樺太という地に定住することに正当性を与える存在であった。この点において両者は常に協調関係にあった。「領有」や「拓殖」自体を否定することは，移住者自身がいまここにいることへの正当性をも否定するという自己矛盾に陥るからである。象徴的であるのは，樺太引揚者団体である全国樺太連盟[6]が主催して，いまだなお毎年「樺太開拓記念祭」を樺太開拓記念碑がある北海道神宮にて執り行い，なおかつ祭詞の中に「わが先達は不屈の精神をもって，峭寒未開の大地に挑み」という文言が見られることである[7]。

　「拓殖」は植民地樺太における多くの移住者たちの立脚点であり，植民地エリートの「呼びかけ」の拡大は植民地住民の同意や協調，「共犯」関係を形成するために大きな役割を果たしたことは否定できない。

　米の穫れない"出稼ぎ地"から米を食べない"故郷"へ—このビジョンは，亜寒帯植民地樺太に対して，植民地エリートが描いたものに過ぎなかった。植民地住民は，樺太移民社会に対して，米が穫れずとも米が食べられる"故郷"を望み続けていたのであった。そして，平時における自由経済と資本主義的開発および戦時における総力戦体制によってこの願望は実現し続けたのである。

　この"故郷"も 1945 年 8 月に日本帝国が国民帝国の競存体制から脱落することによって喪失され，植民地住民は新たな生活圏を模索することになるのであるが，これについてはまた改めて論じることとしたい。

---

6) 全国樺太連盟は樺太引揚者の団体であるが，設立当初から「要人の再結集」という側面があったほか，樺太引揚者の誰しもが認知し参加しているわけではなく，「一般」の樺太引揚者総体を代表しているとは言い切れないことは，すでに別稿でも指摘した通りである（中山 2012a: 108 頁）。

7) 「樺太開拓記念祭挙行」『樺連情報』第 750 号（2012 年 10 月 1 日）。

本書が，樺太を多数エスニック社会と規定している以上，まず各種のエスニック・グループについて詳細に論じるべきであったのではないかという批判もあろう。しかし，この点については以下のように答えることができる。第一に，エスニック・マイノリティを論じるにあたっては，それらエスニック・マイノリティ内部のみを見ていたのでは，マイノリティ性は明らかにならないし，彼らをマイノリティせしめているマジョリティについての充分な検証がなければ，空想のマジョリティをでっち上げることとなり，マイノリティに関する議論も空想的なものに陥ってしまう。第二に，字面上，多数エスニック社会という語は，「エスニック」の部分ばかりが意識されるが，すでに第1章でも論じたように，多民族社会との弁別において重要な点は，大多数の「移住者」によって構成された社会であるということであり，これら移住者を議論の軸に据えることは妥当であるということである。これらの理由により，本書は樺太における農業拓殖に着目したのであった。
　それ故に本書の議論の範囲は移民社会に限定されてしまったが，先住民族，移住者を問わず樺太社会におけるエスニック・マイノリティへも議論の範囲を広げることで，樺太移民社会だけでなく樺太植民地社会全体を論じること，つまりは，サハリン島と日本帝国の関係性全体を明らかにすることが可能となるはずである。
　本書では「長期持続」という概念を用いながらも，わずか40年，しかもその後半の20年ほどを集中的に論じたに過ぎない。しかし，長期持続という概念を分析に用いる意義は，より長い時間の中でサハリン島の歴史を見ること，またより広い地理的範囲を視野に入れることでいっそう増すはずである。植民地エリートの北進主義はいささか空想的な面があったものの，当時の想像力からすれば，それほど空想的ではなかったとも考えられる。明治以来日本の対外拡張の主軸は北進主義であり，満洲国建国以降に長城以南へと軍事的進出の関心が向いたほか，1940年に南進へと転換する[8]ことを考えれば近代日本80年において"積極的北防"としての北進主義は決して傍流の思想ではなかった。その上，日露戦争時や保障占領期にはサハリン島北部を占領し，さらにシベリア出兵時にバイカル湖にまで進軍した「実績」があった。その意味で言えば，樺太植民地エリートの北進主義とは実現はしなかったものの，日本帝国のもう一つのシナリオをローカルな現場で必死に模索する過程でもあったと考えることができる。

---

8) 山本 (2003: 4-5頁)

引用文献

○日本語文献

青野正明，1991，「朝鮮農村の『中堅人物』―京畿道驪州郡の場合」『朝鮮学報』第141号。
赤司政雄，1973，「篤農の実体と意義―その農民指導に果した政策的役割」『東京教育大学農学部紀要』通号19。
秋月俊幸，1999，『日本北辺の探検と地図の歴史』北海道大学図書刊行会。
秋元義親，2004（1910），福富節男校注『樺太残留露国人調査書』福富節男。
秋元義親，1920，『極東西比利亜に於ける自治機関』日露協会。
秋山審五郎，1911，『樺太写真帖』藤本兼吉。
浅田喬二，1993，「戦前日本における植民政策研究の二大潮流について」『歴史評論』第513号。
安孫子孝次，1943，『北方農業の経営』北方文化出版社。
阿部悦郎，1940，「チエーホフの眼（遺稿）」『樺太時報』第40号。
荒澤勝太郎，1939a，「興亜議会と樺太」『樺太』第11巻第5号。
荒澤勝太郎，1939b，「樺太ッ子論」『樺太』第11巻第6号。
荒澤勝太郎，1940a，「樺太革新と青年運動」『樺太』第12巻第6号。
荒澤勝太郎，1940b，「樺太文化の貧相」『樺太』第12巻第8号。
荒澤勝太郎，1986，『樺太文学史　第一巻』岬人舎。
荒澤勝太郎，1987，『樺太文学史　第三巻』岬人舎。
蘭信三編著，2008，『日本帝国をめぐる人口移動の国際社会学』不二出版。
蘭信三編著，2013，『帝国以後の人の移動―ポストコロニアリズムとグローバリズムの交錯点』勉誠出版。
有永明人，1974，「林内殖民制度に関する研究―北大演習林の林内殖民制度」『北海道大学農学部演習林研究報告』第31巻第2号。
アルチュセール　ルイ，1993，「イデオロギーと国家のイデオロギー装置」ルイ・アルチュセール，柳内隆，山本哲士『アルチュセールの「イデオロギー」論』三交社（柳内隆訳）。
アンダーソン　ベネディクト，1997，『増補　想像の共同体』NTT出版（白石さや，白石隆訳）（＝Anderson, B., 1983, *Imagined Communities: Refleciotns on the origin and spread of Nationalism*, London: Verso Editions and New Left Books）。
石井四郎，1940，『樺太庁博物館叢書3　にしん』樺太文化振興会。
石塚喜明，1968，「三宅康次先生を悼んで」『日本土壌肥料學雑誌』第39巻11号。
池田裕子，2009，「樺太庁師範学校における樺太史教育」『日本の教育史学』第52巻。
石原莞爾，1976（1944），「農村改新要綱」石原莞爾全集刊行会『石原莞爾全集第三巻』石原莞爾全集刊行会。
石原莞爾，2001（1940），『最終戦争論』中央公論新社。
泉友三郎，1952，『ソ連南樺太』妙義出版社。

井澗裕，2004，「ウラジミロフカから豊原へ―ユジノ・サハリンスク（旧豊原）における初期市街地の形成過程とその性格」『21世紀COEプログラム「スラブ・ユーラシア学の構築」研究報告集 No. 5　ロシアの中のアジア / アジアの中のロシア (II)』北海道大学スラブ研究センター．
井澗裕，2007，『ユーラシア・ブックレット No. 108　サハリンのなかの日本―都市と建築』東洋書店．
市河三禄，1916，『樺太演習林施業案』京都大学フィールド科学教育センター所蔵．
市河三禄，1926，『第一次検訂樺太演習林施業案』京都大学フィールド科学教育センター所蔵．
市川誠一，1939a，「樺太革新の原理」『樺太』第11巻第1号．
市川誠一，1939b，「皇道北方文化の建設」『樺太』第11巻第4号．
市川誠一，1939c，「皇道北方文化の建設」『樺太』第11巻第4号．
市川誠一，1939d，「北進文化と樺太の人的資源」『樺太』第11巻第6号．
市川誠一，1942，「北方郷土人の成長」『樺太』第14巻第8号．
井手瑞穂，1940，「樺太文化振興会昭和十四年度事業概要」『樺太時報』第36号．
伊藤俊夫編，1958，『北海道における資本と農業―酪農業と甜菜糖業の経済構造』農林省農業総合研究所．
井上晴丸，1972，『井上晴丸著作選集第5巻　日本資本主義の発展と農業および農政』雄渾社．
今井良一，2001，「「満州」農業移民の経営と生活―第一次移民団「弥栄村」を事例として」『土地制度史學』第44巻第1号．
今井良一，2005，「戦時下における「満州」分村開拓団の経営および生活実態―長野県泰阜分村第8次大八浪開拓団を事例として」『村落社会研究』第12巻第1号．
今西一，2008，「国内植民地の「遺産」―サハリンシンポジュウムで考えたこと」『女性史研究ほっかいどう』第3号．
今西一，2009，「国内植民地論・序論」『商学討究』第60巻第1号．
今西一，2012，「樺太・サハリンの朝鮮人」今西一編著『北東アジアのコリアン・ディアスポラ―サハリン・樺太を中心に』小樽商科大学出版会．
岩崎正弥，2008，「悲しみの米食共同体」池上甲一ほか編『食の共同体』ナカニシヤ出版．
ヴィソコフ　M・Sほか，2000，『サハリンの歴史』北海道撮影社（板橋政樹訳）．
上田光曦，1934a，「樺太の開拓と開拓人の養成」『樺太』第6巻第4号．
上田光曦，1934b，「樺太の開拓と開拓人の養成」『樺太』第6巻第5号．
上田光曦，1934c，「樺太の開拓と開拓人の養成」『樺太』第6巻第6号．
上田光曦，1934d，「樺太の開拓と開拓人の養成」『樺太』第6巻第12号．
上田弘一郎，1936，『第二次検訂樺太演習林施業案』京都大学フィールド科学教育センター所蔵．
ウォーラーステイン　イマニュエル，1993，『脱＝社会科学』藤原書店（本多健吉・高橋章監訳）（＝ Wallerstein, I., 1991, *Unthinking social science: the limits of nineteenth-century paradigms*, Cambridge: Polity Press in association with B. Blackwell）．
ウォーラーステイン　イマニュエル，1997，『新版　史的システムとしての資本主義』岩波書店（川北稔訳）（＝ Wallerstein, I., 1995, *Historical capitalism with capitalist civilization*, London:

Verso).
浦雅春, 1994, 「解体する意味, あるいは中心の拡散―チェーホフ」原田卓也監修『ロシア』新潮社.
王柯, 『東トルキスタン共和国研究―中国のイスラムと民族問題』東京大学出版会.
王子製紙樺太分社山林部, 1934, 『樺太山林事業ノ研究』王子製紙樺太分社山林部.
王子製紙山林事業史編集委員会編, 1976, 『王子製紙山林事業史』王子製紙.
王中忱, 2012, 「間宮林蔵は北の大地で何を見たのか」姫田光義編『北・東北アジア地域交流史』有斐閣.
大門正克, 1994, 『近代日本と農村社会―農民世界の変容と国家』日本経済評論社.
太田新五郎, 1932a, 「樺太農業法の理想と見解」『樺太』第4巻第11号.
太田新五郎, 1932b, 「樺太庁農業政策を駁す」『樺太』第4巻第12号.
太田新五郎, 1933, 「再び・樺太庁農業政策を駁す」『樺太』第5巻第2号.
大淀昇一, 1989, 『宮本武之輔と科学技術行政』東海大学出版会.
岡毅, 1939, 「樺太に於ける主食改善と節米運動「島産主食品の栄養と調理法」」『樺太時報』第32号.
岡田精司, 1970, 『古代王権の祭祀と神話』塙書房.
尾形芳秀, 2008, 「旧市街の先住者「白系ロシア人」達の長い旅路―オーシップ家をめぐるポーランド人たちの物語」『鈴谷』第24号.
小河正儀, 1940, 「節米徹底に協力を求む」『樺太時報』第38号.
海保嶺夫, 1976, 「北海道の「開拓」と経営」朝尾直弘ほか編『岩波講座　日本歴史16 近代3』岩波書店.
外務省, 1956, 『樺太庁職員録』外務省.
学生実習計画班, 1928, 『昭和三年樺太演習林実習報告』京都大学フィールド科学教育センター所蔵.
樺太終戦史刊行会編, 1973, 『樺太終戦史』全国樺太連盟.
樺太拓殖調査委員会, 1933, 『樺太拓殖調査委員会答申及説明書第一部（農業, 牧畜業, 植民）』北海道大学図書館北方資料室所蔵.
樺太庁, 1921, 『露領樺太産業視察復命書（林業）』樺太庁.
樺太庁拓殖部, 1923, 『樺太之産業』樺太庁.
樺太庁内務部殖産課, 1925, 『樺太の農業』樺太庁内務部殖産課.
樺太庁農林部, 1929a, 『篤農家講演集』樺太庁農林部.
樺太庁農林部, 1929b, 『樺太農家の苦心談』樺太庁農林部.
樺太庁殖民課, 1933, 『農家経済調査』樺太庁.
樺太庁殖産部, 1934, 『樺太農法経営大体標準』北海学園大学図書館所蔵.
樺太庁, 1936, 『樺太庁施政三十年史』樺太庁.
樺太庁長官官房秘書課, 1938, 『職員録』樺太庁.
樺太庁, 1939, 『樺太農家ノ経済調査』北海道大学図書館北方資料室所蔵.
樺太庁殖民課, 1941, 『殖民政策に就て』北海道大学図書館北方資料室所蔵.
樺太庁, 1943, 『樺太開発計画（案）』全国樺太連盟所蔵.

樺太庁長官官房秘書課，1944，『職員録』樺太庁．
樺太庁中央試験所，1931，『樺太庁中央試験所一覧』樺太庁中央試験所．
樺太庁中央試験所，1936，『特別彙報第2号　質疑応答録"農業編"』樺太庁中央試験所．
樺太庁中央試験所，1941，『樺太庁中央試験所創立十年記念集』樺太庁中央試験所．
樺太真岡郡蘭泊村大字蘭泊字富内岸澤，1932，『沿革誌』平和祈念展示資料館所蔵．
樺太林業史編纂会編，1960，『樺太林業史』農林出版．
河合和男，1986，『朝鮮における産米増殖計画』未来社．
川瀬逝二，1933a，「大農か小農か・有畜か無畜か」『樺太』第5巻第3号．
川瀬逝二，1933b，「本島に於ける重要作物として見た薹苔」『樺太』第5巻第8号．
川瀬逝二，1937，「早春に芽生える食用野生植物とその食べ方」『樺太庁報』第1号．
川瀬逝二，1938，「樺太産小麦の特質と新品種『暁』の育成」『樺太庁報』第12号．
菊池一隆，2011，『戦争と華僑—日本・国民政府公館・傀儡政権・華僑間の政治力学』汲古書院．
木原直彦，1994a，『樺太文学の旅（上）』共同文化社．
木原直彦，1994b，『樺太文学の旅（下）』共同文化社．
木村健二，1990，「近代日本の移民・植民活動と中間層」『歴史学研究』第613号．
木村健二，2003，「植民地移住史研究の新たな方向」『歴史地理学』第212号．
キムリッカ　ウィル，1998，『多文化時代の市民権：マイノリティの権利と自由主義』晃洋書房（角田猛之，石山文彦，山崎康仕監訳）（= Will Kymlicka, 1995, *Multicultural citizenship: a liberal theory of minority rights*, Oxford: Clarendon Press）．
工藤儀三郎，1940，『弥栄開拓十年誌』満洲事情案内所．
桑原真人・川畑恵，2001，「解説」桑原真人・我部真人編『幕末維新論集9　蝦夷地と北海道』吉川弘文館．
桑原真人，2009，「北海道移民の展開—北海道移民史研究の現状から」『北海道大学地域文化研究』第1号．
ゲルナー　アーネスト，2000，『民族とナショナリズム』岩波書店（加藤節監訳）（= Gellner, E, 1983, *Nations and Nationalism*, Oxford: Basil Blackwell）．
纐纈厚，2010，『総力戦体制研究』社会評論社．
駒込武，1993，「異民族支配の〈教義〉」大江志乃夫ほか編『近代日本と植民地4　統合と支配の論理』岩波書店．
小松義雄，1990，「現段階の辺境・内地植民地論についての考察（上）」『オホーツク産業経営論集』第1巻1号．
小松義雄，1991，「現段階の辺境・内地植民地論についての考察（中）」『オホーツク産業経営論集』第2巻1号．
小松義雄，1992，「現段階の辺境・内地植民地論についての考察（下）」『オホーツク産業経営論集』第3巻1号．
小森陽一，2001，『ポストコロニアル』岩波書店．
蔡焜燦，2000，『台湾人と日本精神』日本教文社．
坂根嘉弘，1990，『戦間期農地政策史研究』九州大学出版会．

坂根嘉弘，2013，「日本帝国圏における農林資源開発組織」野田公夫編『農林資源開発史論 II 日本帝国圏の農林資源開発―「資源化」と総力戦体制の東アジア』京都大学学術出版会。
佐久間喜四郎，1931，「篤農家として表彰される迄―佐久間喜四郎氏の苦心物語」『樺太』第 3 巻第 4 号。
塩出浩之，2006，「戦前期樺太における日本人の政治的アイデンティティについて―参政権獲得運動と本国編入問題」『21 世紀 COE プログラム「スラブ・ユーラシア学の構築」研究報告集 No. 11　日本とロシアの研究者の目から見るサハリン・樺太の歴史（I）』北海道大学スラブ研究センター。
塩出浩之，2011，「日本領樺太の形成―属領統治と移民社会」原暉之編『日露戦争とサハリン島』北海道大学出版会。
四宮俊之，1997，『近代日本製紙業における競争と調和』日本経済評論社。
白井八州雄，1937，「非常時の備へ防空演習と島民の覚悟」『樺太庁報』第 3 号。
菅原道太郎，1930，「島産燕麦の栄養価値」『樺太』第 2 巻第 7 号。
菅原道太郎，1932，「寒帯に於ける日本人生活の創造」『樺太』第 4 巻第 7 号。
菅原道太郎，1933a，「寒帯農業の創造」『樺太』第 5 巻第 7 号。
菅原道太郎，1933b，「寒帯農業の創造」『樺太』第 5 巻第 10 号。
菅原道太郎，1934，「寒帯農業の創造」『樺太』第 6 巻第 1 号。
菅原道太郎，1935a，「樺太農業青年に送るの書」『樺太』第 7 巻第 1 号。
菅原道太郎，1935b，『樺太農業の將來と農村青年』樺太社。
菅原道太郎，1940a，「樺太食糧問題の特異性と其の基本対策」『樺太』第 12 巻第 7 号。
菅原道太郎，1940b，「新しき樺太の構想」『樺太』第 12 巻第 9 号。
菅原道太郎・寒川光太郎，1943，「大東亜の北方南方を語る」『北方日本』第 15 巻第 4 巻。
菅原道太郎，1944a，「敗戦思想断じて許さじ」『北方日本』第 16 巻第 1 号。
菅原道太郎，1944b，「推進員各位に寄す」『北方日本』第 16 巻第 3 号。
菅原道太郎，1945，「目標は三つ，州民よ奮起せよ―昭和二十年の翼賛運動展開について」『北方日本』第 17 巻第 1 号。
杉本健，1940，「鰊はうまい」『樺太時報』第 37 号。
鈴木康生，1987，『樺太防衛の思い出』鈴木康生。
須田政美，2008［1957］，『辺境農業の記録〈部分復刻版〉』北海道農山漁村文化協会。
ステファン　ジョン・J，1973，『サハリン―日・中・ソ抗争の歴史』原書房（安川一夫訳）（= Stephan John J., 1971, *Sakhalin: a history*, Oxford: Oxford University Press）。
スミス　アントニー・D，1998，『ナショナリズムの生命力』晶文社（高柳先男訳）（= Smith Antony D., 1991, *National Identity*, London: Penguin Books）。
スミス　アントニー・D，1999，『ネイションとエスニシティ』名古屋大学出版会（巣山靖司，高城和義訳）（= Smith Antony D., 1986, *The Ethnic Origins of Nations*, Oxford: Basil Blackwell）。
関根政美，1994，「脱工業社会とエスニシティ―「遠隔地ナショナリスト」と新人種差別」『社会学評論』第 44 巻第 4 号。
千徳太郎治，1929，『樺太アイヌ叢話』市光堂。
大日本農会，2001，『大日本農会百二十年史』大日本農会。

大日本聯合青年団，1932，『第一回全国青年篤農家大会記録』大日本聯合青年団．
台北州農会，1937，『青年篤農家講習録』台北州農会．
高岡熊雄，1935，『樺太農業植民問題』西ケ原刊行会．
高倉新一郎，1947，『北海道拓殖史』柏葉書院．
高橋是清，2008，『絵で見る樺太史』太陽出版．
高橋紘，1994，「解説　創られた宮中祭祀」河井弥八著・高橋紘ほか編『昭和初期の天皇と宮中　第6巻』岩波書店．
竹野学，2000，「人口問題と植民地—1920・30年代の樺太を中心に」『経済学研究』第50巻第3号．
竹野学，2001，「植民地樺太農業の実体—1928〜1940年の集団移民期を中心として」『社会経済史学』第66巻第5号．
竹野学，2003，「植民地開拓と「北海道の経験」—植民学における「北大学派」」北海道大学百二十五年史編集室編集『北大百二十五年史　論文・資料編』北海道大学．
竹野学，2005a，「戦時期樺太における製糖業の展開—日本製糖業の「地域的発展」と農業移民の関連について」『歴史と経済』第189号．
竹野学，2005b，『樺太農業と植民学』札幌大学経済学部附属地域経済研究所．
竹野学，2006a，「戦前期樺太における商工業者の活動—樺太農業開拓との関係を中心に」蘭信三編『日本帝国をめぐる人口移動（移民）の諸相研究序説』京都大学国際交流センター蘭研究室．
竹野学，2006b，「日本統治下南樺太経済史研究における近年の動向」『21世紀COEプログラム「スラブ・ユーラシア学の構築」研究報告集第11号　日本とロシアの研究者の目から見るサハリン・樺太の歴史（I）』北海道大学スラブ研究センター．
竹野学，2008，「樺太」日本植民地研究会編『日本植民地研究の現状と課題』アテネ社．
竹野学，2009，「1940年代における樺太農業移民政策の転換」『農業史研究』第43号．
田澤博，1936，「樺太の稲作」『農業及園芸』第11巻第1号．
田澤博，1945a，『北方気象と寒地農業』北方出版社．
田澤博，1945b，『寒地農業の研究』北方出版社．
田中修，1967，「いわゆる辺境概念をめぐる諸問題」『開発論集』第5号．
田中耕司・今井良一，2006，「植民地経営と農業技術—台湾・南方・満洲」田中耕司ほか編『岩波講座「帝国」日本の学知　第7巻』岩波書店．
谷合三次，1939，「白米食廃止の必要性」『樺太時報』第31号．
谷口庄吉，1940，「時局生活実話発表「亜寒帯の覇者」」『樺太時報』第44号．
玉貫光一，1984，『樺太風土記』国書刊行会．
田村将人，2008，「樺太アイヌの〈引揚〉」蘭信三編著『日本帝国をめぐる人口移動の国際社会学』不二出版．
チェーホフ　アントン，1925，『サガレン紀行』大日本文明協会（三宅賢訳）．
チェーホフ　アントン，1939，『サガレン紀行抄』樺太庁（太宰俊夫訳）．
チェーホフ　アントン，1940，「サガレン島」『樺太』第12巻第5号（太宰俊夫訳）．
チェーホフ　アントン，1941，『サガレン島』樺太庁（太宰俊夫訳）．

チェーホフ　アントン，1953a,『サハリン島　上巻』岩波書店（中村融訳）．
チェーホフ　アントン，1953b,『サハリン島　下巻』岩波書店（中村融訳）．
遅塚忠躬，2010,『史学概論』東京大学出版会．
趙景達，2008,『植民地期朝鮮の知識人と民衆』有志舎．
都地龍雄，1941,「京都帝大樺太演習林農耕地調査概要―特ニ北方農業展開ノ過程トシテ」京都帝国大学農学部卒業論文．
東畑精一，1956,「日本農業発展の担い手―歴史的スケッチ」農業発達史調査会『日本農業発達史第 12 巻』中央公論社．
轟博志，2007,「朝鮮における日本人農業移民―東洋拓殖と不二農村の事例を中心として」米山裕，河原典史編『日系人の経験と国際移動―在外日本人・移民の近現代史』人文書院．
轟博志，2008,「朝鮮における日本人農業移住の空間展開―東洋拓殖の『移住者名簿』を中心として」蘭信三編『日本帝国をめぐる人口移動の国際社会学』不二出版．
富田晶子，1981a,「農村振興運動下の中堅人物の養成―準戦時体制期を中心に」『朝鮮史研究会論文集』第 18 号．
富田晶子，1981b,「準戦時下朝鮮の農村振興運動」『歴史評論』第 377 号．
内閣大礼記念編纂委員会編，1931,『昭和大礼要録』内閣印刷局．
永井秀夫，1966,「北海道と「辺境」論」『北大史学』第 11 号．
永井秀夫，1996,「辺境の位置づけについて―北海道と沖縄」『北海学園大学人文論集』第 6 号．
永井秀夫，1998,「序　日本近代化における北海道の位置」永井秀夫編『近代日本と北海道―「開拓」をめぐる虚像と実像』河出書房新社．
中島九郎，1934,「樺太の拓殖及農業に就て」『法経会論叢』第 2 輯．
中谷猛，2003,「ナショナル・アイデンティティとは何か」中谷猛編『ナショナル・アイデンティティ論の現在』晃洋書房．
中林真幸，2006,「日本資本主義論争―制度と構造の発見」山本武利ほか編『「帝国」日本の学知第 2 巻　「帝国」の経済学』岩波書店．
仲摩照久，1930,『日本地理風俗体系 14 巻　北海道および樺太』新光社．
中山大将，2008,「周縁におけるナショナル・アイデンティティの再生産と自然環境的差異―樺太米食撤廃論の展開と政治・文化エリート」『ソシオロジ』第 53 巻第 2 号．
中山大将，2009,「樺太植民地農政の中の近代天皇制―樺太篤農家事業と昭和の大礼の関係を中心にして」『村落社会研究ジャーナル』第 16 巻第 1 号．
中山大将，2011,「二つの帝国，四つの祖国―樺太／サハリンと千島／クリル」蘭信三編『アジア遊学 145　帝国崩壊とひとの再移動―引揚げ，送還，そして残留』勉誠出版．
中山大将，2012a,「樺太移民社会の解体と変容―戦後サハリンをめぐる移動と運動から」『移民研究年報』第 18 号．
中山大将，2012b,「韓国永住帰国サハリン朝鮮人―韓国安山市「故郷の村」の韓人」今西一編著『北東アジアのコリアン・ディアスポラ―サハリン・樺太を中心に』小樽商科大学出版会．
中山大将，2013a,「総力戦体制と樺太庁中央試験所―1937 年以降の樺太植民地社会における帝国の科学」『農業史研究』第 47 号．

中山大将，2013b,「サハリン残留日本人—東アジアの国民帝国と国民国家そして家族」蘭信三編著『帝国以後の人の移動—ポスト植民地主義とグローバリズムの交錯点』勉誠出版．
滑川一郎，1940,「起ち上がりつつある古牧」『樺太』第12号第10号．
西川長夫，2001,『増補 国境の越え方』平凡社．
西川長夫，2003,「グローバル化時代のナショナル・アイデンティティ」中谷猛編『ナショナル・アイデンティティ論の現在』晃洋書房．
西川長夫，2006,『〈新〉植民地主義論』平凡社．
西川長夫，2008,「欧化と回帰—ナショナルな表象をめぐる闘争について」『쌀・삶・문명연구』창간호．
野添憲治，1977,『樺太の出稼ぎ〈林業編〉』秋田書房．
ハウ スティーブン，2003,『帝国』岩波書店（見市雅俊訳）（= Howe, Stephen, 2002, *Empire: A Very Short Introduction*, Oxford: Oxford University Press.）．
萩野敏雄，1957,『北洋材経済史論』林野共済会．
朴享柱，1990,『サハリンからのレポート』御茶の水書房．
服部希信，1928,『樺太演習林泊岸村楠山農耕地現況ニ就テ』京都大学フィールド科学教育センター所蔵．
浜田陽太郎，1977,「農本主義のはばたき」世界教育史研究会編『世界教育史大系 35 農民教育史』講談社．
原武史，2001,『可視化された帝国』みすず書房．
原暉之，1989,『シベリア出兵—革命と干渉 1917-1922』筑摩書房．
原暉之，2006,「日本におけるサハリン島民，1905年」原暉之編『日本とロシアの研究者の目から見るサハリン・樺太の歴性（I）』北海道大学スラブ研究センター．
原暉之編著，2011,『日露戦争とサハリン島』北海道大学出版会．
原暉之，2011a,「日露戦争後ロシア領サハリンの定義——九〇五〜一九〇九年」原暉之編『日露戦争とサハリン島』北海道大学出版会．
原暉之，2011b,「ロシア革命とシベリア出兵」和田春樹ほか編『岩波講座 東アジア近現代通史 第4巻 社会主義とナショナリズム 1920年代』岩波書店．
原田信男，1993,『歴史のなかの米と肉』平凡社．
坂野潤治，2008,『日本憲政史』東京大学出版会．
檜垣逸代，渡邊芳子，堀江静，1941,「島産食品の調理法」『樺太時報』第55号．
平井廣一，1994,「樺太植民地財政の成立—日露戦争〜第一次大戦」『経済学研究』第43巻第4号．
平井廣一，1995,「戦間期の樺太財政と森林払下」北海道大学経済学部『経済学研究』第45巻第3号．
平井廣一，1997,『日本植民地財政研究史』ミネルヴァ書房．
廣瀬國康，1940,『樺太庁博物館叢書1 となかい』樺太文化振興会．
福山惟吉・根津仙之助，1942,『樺太庁博物館叢書7 樺太の食用野草』樺太庁．
藤井尚治，1931,『樺太人物大観』敷香時報社．
藤井尚治，1938,「チェホフから視た樺太」『樺太』第10巻第7号．

フジタニ　T, 1994,『天皇のページェント』日本放送出版協会。
藤巻啓森, 2004,「何故「満洲林業移民」は失敗したか—青森県における満洲林業移民から考察」『青森明の星短期大学研究紀要』第30号。
藤巻啓森, 2005,「青森県における満洲林業移民」,『日本植民地研究』第17号。
藤原辰史, 2007,「稲も亦大和民族なり」池田浩士編『大東亜共栄圏の文化建設』人文書院。
藤原辰史, 2012,『稲の大東亜共栄圏—帝国日本の〈緑の革命〉』吉川弘文館。
ブローデル　フェルナン, 2005,『ブローデル歴史集成II　歴史学の野心』藤原書店（尾河直哉ほか訳）(= Braudel F., 1997, Les écrits de Fernand Braudel, Tome 2, Les Ambitions de l'Histoire, Paris: Éditions de Fallois)。
不破和彦, 1978,「日露戦後における農村振興と農民教化 (II) —福島県南会津郡旧伊北村の地方改良運動—」『東北大学教育学部研究年報』第26集。
朴埈相, 2003,『天皇制国家形成と朝鮮植民地支配』人間の科学新社。
保志恂, 1958,「第一次大戦後の拓殖農業情勢（上）」『北海道農業研究』第15号。
堀和生, 1976,「日本帝国主義の朝鮮における農業政策—1920年代植民地主の形成—」『日本史研究』第171号。
正見透, 1930a,「堅実なる農村の建設」『樺太』第2巻第6号。
正見透, 1930b,「樺太移民に就て」『樺太』第2巻第7号。
正見透, 1932,「庁政策に抗する二つの農業経営」『樺太』第4巻第11号。
正見透, 1933,「太田新五郎氏の駁論を駁す」『樺太』第5巻第1号。
松尾毅, 1939,「拓殖道場をのぞく」『樺太』第11巻第12号。
松尾毅, 1940,「酪農と大谷地集団移民地」『樺太』第12巻第10号。
松島春海, 1975,「戦時経済体制成立期における民間研究団体の動向—国策研究会の活動と"電力国策"の背景」『埼玉大学経済研究室　社会科学論集』第36号。
松田臥牛, 1930,「サガレン紀行から」『樺太』第2巻第5号。
松田静偲（勝義）, 2007,『サハリン残留七百九十八日』文芸社。
松田吉郎, 2000,「日本統治時代台湾の農業講習所について」『現代台湾研究』第20号。
松野朔雄, 1940,「荒栗のロシア人達」『樺太時報』第42号。
松本武祝, 1998,『植民地権力と朝鮮農民』社会評論社。
三木理史, 1999,「移住型植民地樺太と豊原の市街地形成」『人文地理』第51巻第3号。
三木理史, 2003a,「戦間期樺太における朝鮮人社会の形成—「在日」朝鮮人史研究の空間性をめぐって」『社会経済史学』第68巻第5号。
三木理史, 2003b,「農業移民に見る樺太と北海道—外地の実質性と形式性をめぐって」『歴史地理学』第212号。
三木理史, 2006,『国境の植民地・樺太』塙書房。
三木理史, 2008a,「明治末期岩手県からの樺太出稼—建築技能集団の短期回帰型渡航の分析を中心に」蘭信三編『日本帝国をめぐる人口移動の国際社会学』不二出版。
三木理史, 2008b,「20世紀日本における樺太論の展開」『地理学評論』第81巻第4号。
三木理史, 2012,『移住型植民地樺太の形成』塙書房。
皆川雅之助, 1932,「理想的農村部落にすると樺太庁植民課の御自慢の並川集団移民地拝見記」

『樺太』第 4 巻第 11 号．
皆川雅之介，1938，『農家必携樺太農業宝典』樺太社．
南鷹次郎先生伝記編纂委員会，1958，『南鷹次郎』南鷹次郎先生伝記編纂委員会．
三宅康次，1931，「農業の現在と将来」『樺太』第 3 巻第 4 号．
宮武恵ほか，1939，『楠山農耕地農家経済状態調査』京都大学フィールド科学教育センター所蔵．
宮本武之輔，1941，『科學の動員』改造社．
棟居俊一，1939，「樺太の進路」『樺太』第 11 巻第 1 号．
村岡重夫，1953，「ある林内移民の歴史」『北海道農業研究』第 3 号．
モーリス＝スズキ　テッサ，2002，「植民地思想と移民―豊原の眺望から」『岩波講座　近代日本の文化史 6　拡大するモダニティ』岩波書店．
盛永俊太郎，1956，「育種の発展」農業発達史調査会『日本農業発達史第 11 巻』中央公論社．
森武麿，2005，『戦間期の日本農村社会―農民運動と産業組合』日本経済評論社．
森本豊富，2008，「日本における移民研究の動向と展望―『移住研究』と『移民研究年報』の分析を中心に」『移民研究年報』第 14 号．
八重樫安太郎，1980，『一個のリュックサック』坂根印刷所．
安丸良夫，2001，『近代天皇像の形成』岩波書店．
山口清周，1933，「樺太農業に対する私見」『樺太』第 5 巻第 7 号．
山口辰三郎，1940，「農村の子弟は何を考へる」『樺太』第 12 巻第 10 号．
山科三郎，2004，「総力戦体制と日本のナショナリズム―1930 年代の「国体」イデオロギーを中心に」後藤道夫ほか編『講座　戦争と現代 4　ナショナリズムと戦争』大月書店．
大和和明，1982，「1920 年代前半期の朝鮮農民運動―全羅南道順天郡の事例を中心に―」『歴史学研究』第 502 号．
山室信一，2003，「「国民帝国」論の射程」山本有造編『帝国の研究』名古屋大学出版会．
山本熊太郎，1937，『新日本地誌 II　樺太・北海道』古今書院．
山本有造，2003，『「満洲国」経済史研究』名古屋大学出版会．
ヤンタ＝ポウチンスキ　アレクサンデル，2013 (1936)，「樺太のポーランド人たち」井上紘一編『ポーランドのアイヌ研究者　ピウスツキの仕事―白老における記念碑の除幕に寄せて』北海道ポーランド協会・北海道スラブ研究センター（佐光伸一訳）．
吉野耕作，1987，「民族理論の展開と課題―『民族の復活』に直面して」『社会学評論』第 37 巻第 4 号．
吉野耕作，1997，『文化ナショナリズムの社会学―現代日本のアイデンティティの行方』名古屋大学出版会．
レーニン　V，1956 (1917)，『帝国主義』岩波書店．
若林正丈，1992，「一九二三年東宮台湾行啓と「内地延長主義」」大江志乃夫ほか編『近代日本と植民地 2　帝国統治の構造』岩波書店．
渡邊好子，1939，「樺太に於ける主食改善と節米運動「農村に於ける酪農食に就て」」『樺太時報』第 32 号．
渡部忠世，1990，『日本のコメはどこから来たのか―稲の地平線を歩く』PHP 研究所．

○欧文文献

Fujitani, T., 1998, *Splendid Monarchy: Power and Pageantry in Moderrn Japan*, Berkeley and Los Angeles: University of Calfornia Press.
ГАСО, 1997, *Исторические Чтения No. 2*, Южно‐Сахалинск：ГАСО．
Hechter, Michael, 1975, *Internal Colonialism: The Celtic Fringe in British National Development, 1536-1966*, Berkeley and Los Angeles: University of California Press.
Meissner Hans-Otto, 1958, *Völker, Länder und Regenten*, Brühlscher Verlag: Giessen.
Nakayama Taisho, 2010, Agriculture and Rural Community in a Social and Familial Crisis: The Case of Abandoned Rural Community and Invisible People in the Postwar Settlement in Shin-Nopporo, Japan, *Asian Rural Sociology*, IV-II.

○中文文献

王輔羊，2012，「我們的失地―廟街，海參崴，伯力，江東六十四屯，庫頁島」『中國邊政』192期。
王鉞，1993，「俄國和日本對庫頁島的爭奪」『國立政治大學民族學報』20期。
張素玢，2001，『台灣的日本農業移民（1909-1945）―以官營移民為中心』國史館。

○ハングル文献

친일반민족행위진상규명위원회，2009，『친일반민족행위진상규명 보고서 VI-6』 친일반민족행위진상규명위원회。

○無記名雑誌会誌記事

「談話室」『樺太』第 2 巻第 7 号，1930 年。
「樺太の農業法を変革する完成した太田農場の展望」『樺太』第 4 巻第 11 号，1932 年。
「農耕適地五万町歩　敷香奥地の産業観察」『樺太』第 6 巻第 11 号，1934 年。
「樺太産業革新の原理（農業篇）」『樺太』第 8 巻第 7 号，1936 年。
「時評　文化振興会の誕生」『樺太』第 11 巻第 7 号，1939 年。
「編集後記」『樺太』第 13 巻第 6 号，1941 年。
「樺太開拓記念祭挙行」『樺連情報』第 750 号，2012 年。

○『樺太日日新聞』記事

「補助が鈔な過ぎる為め開墾が出来ない　本斗の朝鮮人大挙して支庁長に陳情」1928 年 2 月 14 日号。
「本斗支庁に於て紀元節を卜し管内篤農家を表彰　農事組合にも感状を贈る」1928 年 2 月 16 日号。

「飯場の親方無体にも鮮人の目を潰す　鮮人鄭豊原署へ告訴」1928年8月3日号。
「須賀氏奉耕馬鈴薯収穫祭執行」1928年10月7日号。
「模範農村富内岸　一戸一年の収益百六十五円　けれども成績は良好」1928年10月31日号。
「奉祝　樺太米の歌」1928年11月11日号。
「御大典に表彰された篤農家が講演　全島農村を行脚する　豊原からも二人参加して」1929年1月11日号。
「樺太中央試験所　位置建物の一切設計は三宅博士に一任されん」1929年5月10日号。
「敷地選定難に陥つた樺太中央試験所いよいよ決定を見て官舎などは直に着工する模様」1929年7月5日号。
「表彰の価値充分なる篤農家の苦心談　赤手空拳で渡島せる（二）」1929年8月25日号。
「樺太中央試験所の位置　愈よ小沼と決定　三宅博士住民に感謝　水産試験場も充実する」1929年8月29日号。
「試験所の小沼行きは町民が冷淡の為　町長の選定にも注意を要する　豊原の某有力者憤慨して語る」1929年8月29日号。
「『お互に島産料理をおいしく食べませう』と豊原の婦人団体第一声を挙ぐ　島産振興の為に雄々しき婦人の進出」1929年8月30日号。
「豊原陳情委員会連名で中央試験所位置の問題に就て釈明す」1929年9月1日号。
「社説　豊原と小沼」1929年9月1日号。
「在島満一年　高知は気候が可いから家族は喜ぶことだらう　栄転した末原農林部長談」1930年1月12日号。
「樺太は研究すれば水稲作にもなる　品種撰定と耕作施設の種々な研究とが必要だ　来島中の矢島拓務省技師の談」1930年8月14日号。
「ジヤガ諸と燕麦とが常食　真岡郡富内岸澤の農民連　健康状態も頗る良好」1932年3月5日号。
「島産愛用の見地から燕麦食の奨励　中央試験所発表」1934年6月14,19日号。
「中試参観デーの開催に際り　樺太産業開発と科学的研究」1934年8月16～18日号。
「「すけとう鱈」の漁業と其加工利用法に就て　将来有望にして着業者激増の傾向　中央試験所水産部発表」1935年1月22,29日,2月5,13日号。
「本島重要水産業の鱈製品の造り方　塩蔵，素乾，凍乾，塩乾，肝油等々　中試水産部発表」1935年3月12日号。
「第二回参観デーの開催に際り　樺太産業開発と科学的研究」1935年8月10～19日号。
「林利増進の方途『針葉油』の製造法　経費低廉，操作容易なる好副業　中試，農山村に奨励」1935年11月12,19日号。
「研究後直に実行に移し"住よい樺太"建設に邁進"文振"勢揃ひで長官挨拶」1939年6月3日号（夕刊）。
「"節米"も長期戦だ　弾丸・主食改善教科書　七万部を全島へ一斉射出」1939年12月14日号。
「酪農食　泊居でも節米運動」1940年1月11日号。
「酪農食紙上講座」1940年1月12日号（夕刊）。

「亜寒帯農業確立の理想に燃える樺太拓殖学校　大農畜林学校目指して邁進」1940年3月7日号。
「噛め，噛め！　運動を小河長官が提唱　全島的に徹底化さん」1940年6月2日号。
「長官，当面の諸問題を語る　節米政策は強行　文振の振興は考へぬ」1940年6月12日号。
「社説　米の切符制と節米宣伝」1940年7月4日号。
「減食の覚悟必要」1940年7月18日号（夕刊）。
「敷香は北進拠点　開拓は自主的に　内務部長敷香で語る」1941年7月30日号。
「ツンドラに芽生える寄生植物の食用化　科学の夢・実現へ　菅原技師画期的研究」1941年9月27日号。
「荊の道を克服して農村に挙るこの凱歌　全島篤農家建設の声　巡回座談会その一」1941年10月21日号。

〇統計類

『樺太庁治一斑』1908～1927年度。
『樺太庁統計書』1928～1941年度。
『樺太森林統計』1923～1941年度。
『第一回国勢調査結果表』1922年。
『昭和五年国勢調査結果表』1934年。

〇樺太中央試験所定期・不定期刊行物

『業務概要（農業部）』1930～42年度。
『業務概要（宇遠泊支所）』1930～41年度。
『業務概要（恵須取支所）』1937～41年度。
『業務概要（林業部）』1930～42年度。
『業務概要（水産部）』1930～42年度。
『業務概要（畜産部）』1930～42年度。
『業務概要（化学工業部）』1938～42年度。
『業務概要（保健部）』1941～42年度。
『業務概要（敷香支所）』1941年度。
『樺太庁中央試験所報告（第一類）』1～8号（1931～37年）。
『樺太庁中央試験所報告（第二類）』1～14号（1932～43年）。
『樺太庁中央試験所報告（第三類）』1号（1933年）。
『樺太庁中央試験所報告（第四類）』1号（1939年）。
『樺太庁中央試験所彙報（第一類）』1～14号（1932～42年）。
『樺太庁中央試験所彙報（第二類）』1～16号（1932～43年）。
『樺太庁中央試験所彙報（第三類）』1号（1932年）。
『樺太庁中央試験所彙報（第四類）』1～15号（1932～42年）。

『樺太庁中央試験所彙報（保健部）』1～2号（1943年）。
『樺太庁中央試験所時報（第一類）』1～25号（1930～37年）。
『樺太庁中央試験所時報（第二類）』1～9号（1939～43年）。
『樺太庁中央試験所時報（第三類）』1～13号（1930～35年）。
『樺太庁中央試験所時報（第四類）』1～9号（1932～41年）。

○政府定期刊行物

『官報』1924年4月17日，1928年11月22日号外，23，29，30日，12月10，29日。
『職員録』（内閣印刷局）1930～43年度。

○文書館等所蔵資料

「大学演習林地域内農牧適地移管ニ関スル件」（政秘第（別）1号 1944年3月20日　樺太庁長官大津敏男発　内務大臣安藤純三郎宛）『帝国官制関係雑件　樺太庁官制ノ部』外交史料館所蔵（茗荷谷記録［M357］）。
"IPS Doc. No. 1954: Typewritten Affidavit of OTSU. Toshio. Japanese subject. on KOKUSAKU-KENKYU-KAI. 14 Feb. 1946" 国立国会図書館憲政資料室所蔵日本占領関係資料（GHQ/SCAP Records, International Prosecution Section; Entry No. 329 Numerical Evidentiary Documents Assembled as Evidence by the Prosecution for Use before the IMTFE, 1945-47）。
『沿革誌』1916-1936年度，京都大学フィールド科学教育センター所蔵。
『樺太古丹岸演習林調査復命書』1926年，京都大学フィールド科学教育センター所蔵。
『施業年報』1928年度-1941年度，京都大学フィールド科学教育センター所蔵。
「旅居蘇聯華僑帰国（一）」『外交部（020-021608-0029）』中華民国国史館所蔵。
「駐俄領館轄區」『外交部（110.12/0001）』中華民國中央研究院近代史研究所檔案館所蔵。
「蘇聯輿偽蒙」『外交部檔案（119.2/90001）』中華民國中央研究院近代史研究所檔案館所蔵。
ГАСО．Ф．1 и．Оп．1．Д．159.（「樺太開発株式会社事業状況」1943年9月）
ГАСО．Ф．1 и．Оп．1．Д．159.（「石炭ノ滞貨状況ニ関スル件」経保秘第1959号 1943年10月8日，樺太庁警察部長発，内務省警保局経済保安課長・北海地方行政協議会参事官（管下各支庁長）宛）
ГАСО．Ф．1 и．Оп．1．Д．159.（「パルプノ生産抑制ト滞貨状況ニ関スル件」経保秘第2195号 1943年11月10日，樺太庁警察部長発，内務省警保局経済保安課長・北海地方行政協議会参事官・北海道庁東北各県警察部長（管下各支庁長）宛）
ГАСО．Ф．1 и．Оп．1．Д．159.（「本島産石炭ノ増産計画トソノ対策ニ関スル件」経保秘第2303号 1943年11月23日，樺太庁警察部長発，内務省警保局経済保安課長・北海地方行政協議会参事官（管下各支庁長，警察署長）宛）
ГАСО．Ф．2 и．Оп．3．Д．12.（「甲倶楽部内苗圃」王子製紙株式会社樺太分社）
ГАСО．Ф．3 ис．Оп．1．Д．27.（「地方課註復書簡 1945年」
ГАСО．Ф．171．Оп．1．Д．2.（原文はГАСО［1997: c. 41］による）

ГАСО. Ф. 171. Оп. 1. Д. 26.（原文はГАСО［1997：сс. 85-87］による）

*京都帝国大学樺太演習林の『施業案』については，京都大学フィールド科学教育センター以外にも図書としての所蔵例が見られるので，日本語文献に列した。
*ГАСО: Государственный Архив Сахалинской Овласти(現・ГИАСО: Государственный Исторический Архив Сахалинской Области)，国立サハリン州文書館（現・国立サハリン州歴史文書館）。

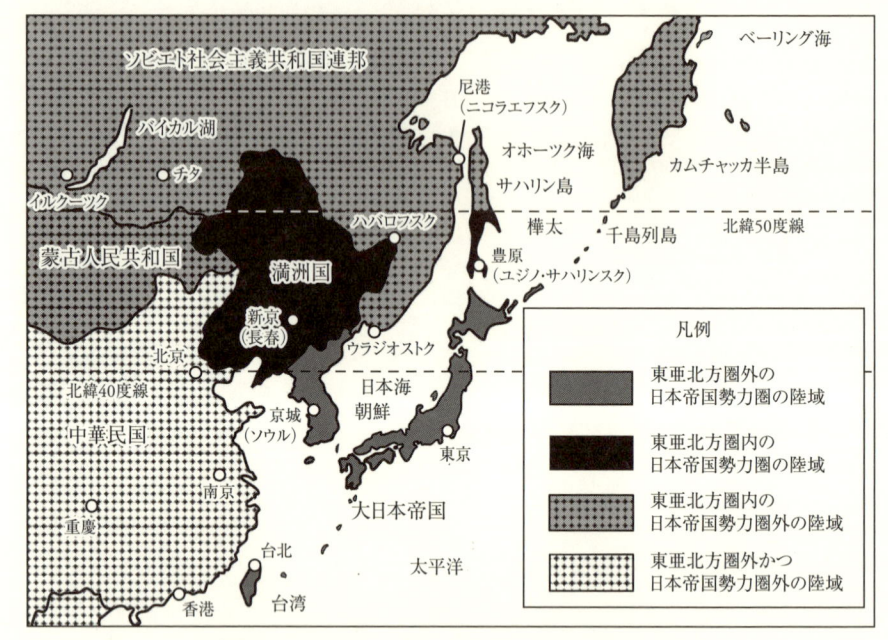

附図 1　東亜北方と日本帝国勢力圏（1940 年前後）

出典）樺太庁中央試験所（1941）を基に筆者作成。

注 1）「東亜北方」は，大まかに長城（北緯 40 度）以北，バイカル湖（東経 100 度）以東を指す。詳細は，本書第 6 章を参照。「日本帝国勢力圏」とは，明瞭な境界を有する内地および植民地，これに満洲国を加えた地域をここでは指しており，軍事占領地は含んでいない。

注 2）本図は上辺北緯 60 度，下辺北緯 20 度，右辺東経 180 度，左辺東経 100 度である。

注 3）地名，国名については樺太庁中央試験所（1941）の記述を優先した。括弧内は現在の地名である。

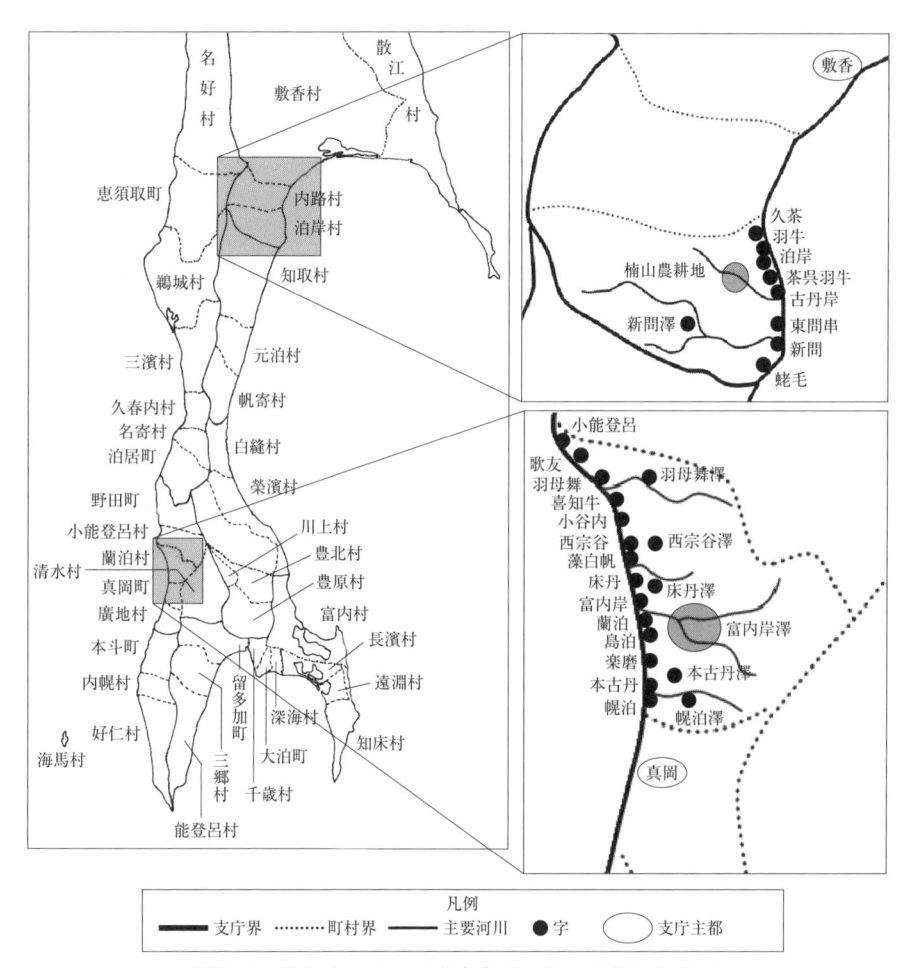

附図2　樺太略図および富内岸澤・楠山農耕地位置図

出所）筆者作成。

あとがき

　北海道生まれ北海道育ちのためか，郷土教育の結果か，いつからか"移民の子"という意識を持つようになった。"内地"というものを強く意識したのは，高校生の時分に母方の祖母の郷里である山陽地方のある山村へ祖母を伴って訪れたときであった。母方の実家はかつての湿地帯に造成された方形の囲場を持つ戦後開拓農家であり，私にとってはそれが"日本"の農村風景であった。しかし，祖母が幼少時まで暮らしていたというその山村で見た風景は一筆一筆が不規則な形をした小さな囲場が地形の起伏に沿うようにはりついている姿であった。また瓦屋根の家々も当時の私には物珍しかった。飛行場から市内までの車中，最初私はやたらに寺ばかりあると思っていた。当時の私は瓦屋根の建物は寺社などの宗教施設だという認識があり，瓦屋根の民家があるなどとは知らなかったからである。

　こうした意識は京都へ進学して以降さらに強まった。関西に残る父方の祖母の親族に会った時，ある老齢の親族から，「お前たちの祖先はわけあって北海道へと渡ったわけだが，今はこうして立派に京大に入って戻ってきたのだから，このままこちらで暮せばよい」というようなことを言われて驚いた。進学のために離れたものの，私にとって北海道は生まれ故郷であり，嫌々ながら暮らしていた場所などではない。しかし，その親族にしてみれば，私の京都への進学は，数世代にわたり風雪に耐え，ようやくそこから抜け出す機会のように見えたのであろう。先ほど，「関西に残る父方の親族」と書いたが，これも私の立場の見方に過ぎないことは明白である。移民からみれば故地の人々は"残った人々"であり，故地の人々からみれば移民は"出て行った人々"なのである。

　やがて，日本という国民国家の北辺に生きることがどのような意味を持つことなのか，ということを私は考えるようになった。三回生時の芦生演習林実習の折に，そんな関心があることを話したところ，川村誠助教授（当時）から京大がかつて樺太にも演習林を持っていたことを知らされた。北海道よりさらに北に樺太があったことを改めて気付かされ，同助教授の紹介で実際に樺太演習林の資料にアクセスするようになり，これがその後の研究生活につながることとなる。

　本書につながる明確な問題意識が現れたのはその後の北海道での一連の農林家見学の中であった。"陸の孤島"とも呼ばれる地域のある農林家のお宅にお邪魔

した際に，居間に皇室カレンダーが飾ってあるのを見つけた。また，他の農林家のお宅でも今上天皇がその土地を訪れ植樹した際の写真が大切に飾られていた。なぜ北辺の地にこのように皇室に所縁のある写真が恭しく飾られているのか，と当時の私は疑問に思った。しかし，その問いはすぐに反転し，北辺の地であるからこそ，こうしたナショナル・シンボルが大切にされているのではないかと考えるようになった。

　私の第1論文は，こうした周縁におけるナショナル・アイデンティティの再生産の様式を，樺太米食撤廃論を舞台に考えたものである。また第2論文も，植樹祭ではないものの皇太子樺太行啓や即位礼などの皇室儀礼が，農業拓殖という分野にどのように関係したのかを樺太篤農家顕彰事業から考えたものである。中央試験所に関する研究は樺太米食撤廃論を技術史的側面から補完するために始めたものであったが，次第にそのイデオロギー的側面が見えるようになり，一農学の徒として大きな関心を持って取り組むようになった。本書はこうした研究の成果である博士論文を書籍化したものである。書籍化のために再構成はしたものの，元となる博士論文および学会誌論文は以下の通りである。

『植民地樺太の農業拓殖および移民社会における特殊周縁的ナショナル・アイデンティティの研究』京都大学大学院農学研究科博士論文，2010年3月23日。
「周縁におけるナショナル・アイデンティティの再生産と自然環境的差異―樺太米食撤廃論の展開と政治・文化エリート」『ソシオロジ』第53巻第2号（通号163号），2008年10月31日，55-72頁。
「樺太植民地農政の中の近代天皇制―樺太篤農家事業と昭和の大礼の関係を中心にして」『村落社会研究ジャーナル』第16巻第1号（通号31号），2009年10月31日，1-12頁。
「樺太庁中央試験所の技術と思想―1930年代樺太拓殖における帝国の科学」『農業史研究』第45号，2011年3月，53-64頁。
「総力戦体制と樺太庁中央試験所―1937年以降の樺太植民地社会における帝国の科学」『農業史研究』第47号，2013年3月，70-81頁。

　博士号取得後2年以上を経てもなかなか書籍化に至らない私の原稿の書籍化のために奔走してくださった院生時代の指導教員・末原達郎教授と私の原稿に温か

い評価を与えてくださった京都大学学術出版会の鈴木哲也氏には心より感謝している。また，本書執筆にあたる再構成においては，2012年春より日本学術振興会特別研究員として身を置いている北海道大学スラブ研究センター，とりわけ受け入れ教員でもある岩下明裕教授が代表を務めるGCOE「境界研究の拠点形成」の枠組みや議論から多くを学ばせていただいた。本書と博士論文そのものとを比べるとものの見方が大きく変わっており自分でも驚くほどである。

　博士号取得後に2年間研究員として身を置かせていただいた京都大学大学院文学研究科GCOE「親密圏と公共圏の再編成をめざすアジア拠点」（落合恵美子教授代表）からも多くの支援を受けた。また，本書の研究に直接関係する共同研究や研究資金を以下に列記しておく。資料収集のための研究費支給だけでなく，研究会などを通じた議論や出会いなどで大きく成長することができたことにも深い感謝の念を抱かずにはいられない。

「農林資源開発の比較史研究」（代表：野田公夫［京都大学］）科学研究費補助金（基盤研究B），2007-2009年度。

「日本帝国崩壊後の人口移動と社会統合に関する国際社会学的研究」（代表：蘭信三［上智大学］）科学研究費補助金（基盤研究B），2008-2011年度。

「19～20世紀北東アジア史のなかのサハリン・樺太」（代表：今西一［小樽商科大学］）科学研究費補助金（基盤研究B），2009-2012年度。

「農林資源問題と農林資源管理主体の比較史的研究―国家・地域社会・個人の相互関係―」（代表：野田公夫［京都大学］）科学研究費補助金（基盤研究B），2010-2012年度。

「国境の植民地サハリン（樺太）島の近代史：戦争・国家・地域」（代表：原暉之［北海道情報大学］）科学研究費補助金（基盤研究B），2010-2012年度。

「戦後開拓の経験からの「農」の再考」（代表：中山大将［京都大学］）トヨタ財団2009年度研究助成プログラム，2009年度。

「日本帝国崩壊後の樺太植民地社会の変容解体過程の研究」（代表：中山大将［京都大学］）科学研究費補助金（研究活動スタート支援），2010-2011年度。

「20世紀樺太・サハリンの移動・運動・交渉史研究のための資料・インフォーマント整備」（代表：中山大将［京都大学］）京都大学若手研究者ステップアップ研究費，2011年度。

資料収集にあたってお世話になった主な機関・団体は，北海道立図書館，北海道大学附属図書館，小樽商科大学図書館，国立国会図書館，外交史料館，全国樺太連盟，京都大学附属図書館，京都大学農学部図書館，京都大学農学研究科生物資源経済学専攻司書室，京都大学フィールド科学教育センター，旧国立サハリン州文書館，Государственный Архив Сахалинской Овласти（ロシア連邦），安山市故郷の村永住帰国者老人会（大韓民国），國史館（中華民國）である。これらの機関や団体の資料整理や公開，調査協力がなければ，当然ながら本書は成らなかったのである。また，数多くの樺太引揚者，サハリン残留・帰国者の皆様にも快くインタビューに応じていただいたり，資料をご教示いただいたりしただけでなく，温かい励ましをいただきながら研究を進めることができた。一学究の徒として感謝を述べておきたい。

院生時代および京大研究員時代にお世話になった京都大学大学院農学研究科生物資源経済学専攻の農学原論，農史そして「ボケン」の皆様にも御礼申し上げる。とりわけ，農史の野田公夫先生（現・京都大学名誉教授）には博士論文の副査を務めていただいただけでなく，学部時代より農史ゼミの一員であるかのように扱っていただき多くの薫陶を受けた。また，坂梨健太君（現・日本学術振興会特別研究員，同志社大学グローバル・スタディーズ研究科所属）は，専門分野は違えども学部時代からの同期であり，研究者としての成長の歩調を確認し合える得難い友であった。

博士号取得後の京都エラスムス計画（京都大学大学院経済学研究科・文学研究科）による南京大学派遣は私の視野を大きく広げるものであったが，とりわけそこで知り合った福谷彬君（現・京都大学大学院文学研究科），巫靚君（現・京都大学大学院人間・環境学研究科）とは，今でも頻繁に"アジア"や"近代"をめぐって分野を越えて忌憚なく議論を交わし，得難い知的刺激となっているとともに，中国という東アジアのもう一つの大国を常に意識する機会ともなっている。

学部時代からお世話になっている竹野学准教授（北海商科大学）は，樺太史研究の大先達であり，私の樺太史研究は氏の研究の落ち穂拾いとも言えるかもしれない。しかし，事あるごとに私の研究が少しでも前進するようにご配慮くださり，さまざまな指導や機会を与えてくださった氏の温かいご高配がなければ，本書を成すどころか，研究の道へ進むことさえできなかったはずである。この大恩人に対する感謝の言葉は尽くせないものがある。

他にも感謝の辞を述べたい方々がいるのだが，きりがなくなるので最後に家族・親族への感謝を改めて述べておきたい。3年間という任期ではあるが，運よく再び北海道で暮せるようになり，家族・親族とも頻繁に顔を合わせ，さまざまな形で支援を受けながら本書を執筆できたことは何よりの僥倖であった。
　博士課程に進学し論文を書いたり学会報告をしたり，共同研究に参加するようになって，峠をひとつ越えてはまた峠をひとつ越えてという日々であったように思う。無限に峠が続くかと思われる日々の中で，初期からの研究テーマであった樺太農業社会史研究がこのような形に結実したのはうれしい限りである。一方で，現在の私の中心的な研究は，サハリン島における境界変動と人口移動に移りつつあり，先日上梓されたばかりの「サハリン残留日本人―樺太・サハリンからみる東アジアの国民帝国と国民国家そして家族」(蘭信三編『帝国以後の人の移動』勉誠出版，2013年)もここ5年程の研究の成果を集約したものである。境界変動と人口移動というのは私にとって魅力的なテーマである。境界は動くものであり，人間も動くものであるという前提から，領土問題のような政治・外交史的な側面ではなく，そこに暮らす人々にとって境界変動とそれに伴う移動/残留が何をもたらしたのかを検証することで，東アジアの歴史を再検証したいと考えている。農業社会史研究もサハリン島のみならず，東アジアにおけるその他の辺境地帯の農業拓殖へと視野を広げてみたいと考えている。研究するからにはまずは現地を見てみたいと思い，初めてサハリンの地を踏んでからすでに10年が経った。この節目に，こうして研究成果をまとめ上げる機会をいただけたのは，やはり周囲の人々の温かいご支援とご理解の故である。改めて感謝の意を表したい。
　この二つのテーマは遠くない将来において自分の中で統合されると私は見込んでいる。農業というと移動性の乏しい領域に思えるが，辺境地帯を見れば決してそうではないことは本書が明らかにしたとおりである。農業を歴史研究として取り組むことの最大の魅力は，農業が最も自然環境の影響を受ける産業だということである。こうした農業や移動に対する関心の背景には，戦後開拓農家として定着したものの，それまでは夏は農業労働者，冬は林業労働者として移動を繰り返していたため，戦後農地改革においても小作地の払い下げを受けることのできなかった祖父の人生があるのかもしれない。定着以前に暮らしていた戦後開拓集落では，土地なし農業労働者であったため，集落の記録には現れず，それらを基にした郷土史家の研究の中でもその存在はまったく顧みられていない。この事実は，

歴史を研究する者として大きな戒めとなっている。

　札幌へ帰って来て二年が経とうとしている。自分で決めた一日の作業量が終わらぬと帰らないという悪い癖があり，大学から深夜に帰ることもしばしばで，大雪の日には歩いているうちに振り積もる歩道の雪に膝まで埋まって身動きがとれなくなるのではと焦ることもある。そんな深夜でも，道路工事現場の名も知らぬ誘導員に紳士的に会釈されると，こんな時間でも己の職務に忠実であるのは自分だけではないと励まされたものである。深雪の深夜は京都では経験できぬ静けさがある。その静けさの中で時折思い浮かべるのは，冒頭にも書いた"移民の子"ということである。

　学部生の頃に，父方の家系の故地を訪ねたことがある。故地に残った親族とはおそらく何代も前に交流が途絶えていたが，偶然にもその付近に父の元同僚が赴任していたことがあり，その親族を探し出してくれていた。何代ぶりかもわからぬほどの時を隔て，私は故地と親族を訪ねたのである。北海道へ移民する直前まで暮らしていたという屋敷跡地も案内してもらった。谷に張り付くような集落のさらに奥の谷のまたその奥にわずかながら石垣が残っていた。そこでの話によると，どうやら明治初期に私の祖先はこの谷で水害に遭い，北海道へ移民したようである。

　私は"災害移民"の末裔とも言えるかもしれない。現代においても，災害，そしてその後の人災によって住み慣れた故郷から離れることを余儀無くされた人々が大勢いる。そういう人々に私のような災害移民の末裔はどう映るのか。移民の原因となった水害のことなど語り継がれもせず，言葉も風習も故地に縁のあるものは何ひとつ私の生活には残ってはいない。私はただ"道産子"として育ち"道民"として今を生きている。身近な親族の中では母方の祖母だけが，故郷としての内地の記憶を持っている。その祖母が北海道へ来たばかりの頃，学校へ行ってみたら言葉が全く通じなかったので，びっくりして学校へ行かなくなったと聞かされたことがある。これは西日本出身だったので，東北出身者中心の北海道とは言語環境が大きく違ったためということもあるのだろう。その後，祖母はなるべく訛りなどを隠しながら生きたそうであるが，端々には残っていたのか，私が最も親しみを感じる方言は北海道を除けば，祖母の出身県の方言である。

　夭逝した中国文学者の高橋和巳は，革新的であろうとする者は最も鋭い批判の刃を自らに向けねばならぬ，というようなことを晩期に書き残している。自らが

"災害移民"の末裔であると本書を執筆しながらようやく気付いたことは，己の不明を恥じ入るばかりである。己を顧みぬ者には，歴史を顧みることもできなければ，学問をすることもできない。

人文社会科学者として，もとより自由・平等・公正を求める一人間として何ができるのかを常に考えながらときに足元の氷雪を見つめ，ときに天を仰ぎながら峠道を歩む日々である。

本書は京都大学から「平成 25 年度　総長裁量経費　若手研究者に係る出版助成事業」による助成を受けて「プリミエ・コレクション」として刊行された。私の 20 代そのものである母校・京都大学に感謝の辞を述べて筆をおきたい。

2014 年 2 月 11 日　札幌

中山　大将

索 引

LSE（London School of Economics）学派　35-36, 38

亜寒帯　33, 49-50, 163, 189, 207, 212, 229, 239, 250, 254-255, 257　→"寒帯"も参照
　亜寒帯主義　176, 209, 221, 253-254,
　亜寒帯文化　171, 176, 180-181, 184, 224, 245, 253-255
浅野辰之助　121
アメリカ　61, 196
荒澤勝太郎　2, 4-5, 181-182, 226
移住型植民地　26, 147, 175
市川誠一　179-181
イデオロギー　→"植民地イデオロギー"，"総力戦イデオロギー"，"拓殖イデオロギー"を参照
稲作　53, 74, 125, 153, 196, 231, 233, 240, 255
移民　25-27　→"農業移民"，"満洲移民"，"林業移民"も参照
　移民兼業世帯　98, 122, 125-127, 129, 132-134, 251
　移民社会　26-27, 50
　移民第二世代　173, 174, 182, 253
異民族支配型植民地　18
上田光曦　174-176
牛　78, 80, 84, 107, 122, 132, 150, 167, 196, 198-199
　牛乳　164, 236

乳牛　107, 199, 201, 204, 251
馬　73, 107-108, 112, 122-124, 132-133, 167, 196, 198-199, 251
蘿苔　103, 109
栄養食　178, 185, 235
エスニック・マイノリティ　24, 250, 259
燕麦　74, 79, 109, 124, 164-165, 167-168, 205, 232-233
　燕麦食　165, 197, 205
王子製紙　129-130, 200, 219
太田新五郎　162, 166-169
大津敏男　115, 219-220, 243, 254
小河正儀　178, 237, 256
沖縄　12-13, 19, 22

皆農運動　221-222, 257
華僑　4, 67
カナダ中央試験所　197
樺太　2, 9-11, 16, 18-23, 25-28, 30, 33-34, 43, 49, 57-58, 63
『樺太』（雑誌）　2-4, 162, 169, 179, 191, 252
樺太アイヌ　22, 27, 42, 59, 64, 68, 98
樺太移民社会　27, 44, 66, 68, 186, 226, 246, 249, 251, 257-259
樺太開発株式会社　82, 216, 243
『樺太時報』（公報誌『樺太庁報』の後継誌）　4, 191, 211
樺太人　5, 172, 177, 180
樺太製糖　81, 120

樺太籍　63, 104
『樺太叢書』　3-4, 183
樺太拓殖調査委員会　81, 155
樺太千島交換条約　10, 50, 59
樺太中等学校学術研究会　179, 241
樺太庁　3-4, 52, 57-58, 60, 63, 73, 81-83, 107, 112, 165-166, 184, 194-195, 200, 216-218, 221, 235, 237
樺太庁財政　72, 82, 99, 192
樺太庁中央試験所（中試）　155, 161-163, 166, 189-191, 193-208, 211-212, 215, 218, 223-225, 253-254
『樺太庁博物館叢書』　214
『樺太庁報』　→『樺太時報』
樺太篤農家　102, 146-157, 251
　樺太篤農家顕彰事業　137, 145, 147, 156-157, 252
『樺太日日新聞』（日刊紙）　2, 149, 191, 203
樺太農業　70, 73-87, 97, 149, 150-155, 165, 170, 231, 252
　樺太農業史　77, 85-87, 107, 251
　樺太農業論争　62, 149, 162-163, 166, 170, 252
樺太農政　74, 80-87, 94-95, 141, 147-157, 162, 185, 222-223, 231, 252, 255
樺太農法経営大体標準　79, 149-150, 231
樺太引揚者　20, 258
樺太文化振興会　176, 178-179, 183, 209-210, 214, 253
樺太文化論　69, 176, 186, 209, 235, 253
樺太米食撤廃論　17, 47, 74, 229, 246, 255, 257
樺文振　→樺太文化振興会
川瀬逝二　170, 194, 210
寒帯　→"亜寒帯"も参照
　寒帯農業論　171
　寒帯文化　177, 207

関東大震災　192
北樺太　10, 60-61, 64, 180, 220
規範的文化　184, 229, 233-234, 238-239, 244-246
行啓　144, 151-152, 251
京都帝国大学樺太演習林　112
漁業　63, 73-75, 171, 173, 192, 201
　漁業者　21, 75-76, 105, 124, 131, 192
　漁業料収入　63, 82, 192
　漁業労働　75, 124, 201
　漁業労働者　58
極東共和国　6
近代天皇制　137, 139-142, 151, 154, 156
クルーゼンシュテルン，イヴァン・フェドロヴィッチ　3
楠山農耕地　101, 112-118, 121-122, 124-128, 131, 133, 241
広義農業　219, 238
皇太子（昭和天皇）　143-144, 152
興農会　94, 120, 155
国内植民地論　18-19, 22
国民国家　13, 16, 18, 23-24, 38, 44-46, 154, 230
国民帝国　15-16, 249-250, 257
孤島化　216, 242
小麦　165, 196-197, 236
米（コメ）　46-47, 116, 241, 243
　米食　46, 74, 79, 124-126, 164, 171, 231, 233-234, 236, 244, 256-257

『サガレン島』，『サガレン紀行抄』　→『サハリン島』
佐久間喜四郎　102-103, 105, 107-110, 148, 154
札幌農学校　162, 195
サハリン島　1, 9, 17, 22, 49, 59-60, 174,

249-250
『サハリン島』(小説)　2-5, 59, 183,
サハリン州　2, 17, 20, 61
寒川光太郎　31, 219
参政権　184, 246
残留ロシア人　68, 196
シベリア　2, 61, 173, 180, 208, 214, 233
　シベリア出兵　6, 10, 259
島産品　201, 241
周縁　48, 230
集団移民制度　78, 81, 91, 93, 149
商業的農業　80-81, 83, 85
　商業的農業世帯　125, 132-133
小農的植民主義　161-162, 166, 185, 252
昭和の大礼　144
植民　25-26
植民地　17-18, 20　→ "移住型植民地", "異民族支配型植民地", "投資型植民地"も参照
　植民地イデオロギー　49, 257
　植民地エリート　41-43, 240, 256-257
　植民地近代化論　14, 21, 43
　植民地近代性論　43
　植民地住民　42, 44, 257
　植民地性　30
女性比　62, 128-129
人口食糧問題調査会　192
清帝国　9, 59
針葉油　200, 205, 218
森林収入　63, 82, 99, 192
菅原道太郎　31, 165, 171-173, 206, 210, 213, 215, 219-222, 226, 233, 238, 254
政治的ナショナル・アイデンティティ　→ナショナル・アイデンテイテイィ
世界帝国　15-16, 59, 249
石炭　30, 216
節米運動　235-236

節米訓示　237
先住民族　9, 25, 49-50, 57, 68-69, 72, 146, 214
専農　73, 76-77, 80, 85, 133, 154, 251
総力戦イデオロギー　49, 226, 254
総力戦体制　48, 211, 216
ソ連　6, 10, 17, 61, 171-173, 220, 243

第一次世界大戦　99, 163, 192
大政翼賛会樺太支部　219, 222
大日本帝国憲法　20, 137-138
代用科学　212
代用食　236
大礼事業　144-146
台湾　21, 143-144, 147, 189
高岡熊雄　70-72, 172
高倉新一郎　11, 70-71, 76-77, 150
拓殖　30, 71, 86, 157, 258
　拓殖イデオロギー　49, 226
　拓殖学校　94, 180, 194
　拓殖計画　80
太宰俊夫　3-4
田澤博　196
多数エスニック国家　24-25, 42
多数エスニック社会　25-27, 50, 63, 259
多民族国家　23-25
多民族社会　25
チェーホフ，アントン　1, 5
地方改良運動　139-140
中華民国　6, 66
　中華民国人　66
中試　→樺太庁中央試験所
　中試参観デー　203
長期持続　32, 49, 249, 259
朝鮮　12, 14, 18, 21, 25, 33, 42-43, 72, 95, 141-144, 147, 182, 189, 208, 217, 226,

235
朝鮮人　10, 25-26, 50, 61, 64-66, 68, 72,
　　　121, 127, 219
朝鮮半島　6, 27, 34, 42, 64,
ツンドラ　201, 211-212, 213
帝国エリート　43, 255-256
転業入殖　119
　転業入殖者　103, 105, 109, 131
甜菜　74, 81, 198
ドイツ人　68
東亜北方　207-209
東亜北方開発展覧会　206-209, 212, 224,
　　　253-254
投資型植民地　14, 147
島産品　87, 185, 201, 208, 241
島民　20, 153, 155, 172, 177-178, 221,
　　　237-238
東洋拓殖株式会社　95
ドクチャイエフ，ワシリ・ワシリヴィチ
　　　171
篤農家　140-143
栃内壬五郎　162
富内岸澤　101-102, 104, 107, 112, 131, 133

内国植民地論　12-13
内地編入　19, 82, 184, 216, 254
中島九郎　70-75
ナショナリズム　28, 37, 39
ナショナル・アイデンティティ　34-36, 39,
　　　45, 47, 183-185, 229-230, 232-234,
　　　239-240, 244-246, 255, 257
奈良部都義　194, 207, 209
ニシン（鰊）　174, 201
日中戦争　62
日本植民地史研究　13-15, 18, 33, 41
日本帝国　6, 10, 16, 24, 57, 59, 95, 220

ネイション　36-38
農学　168, 189, 196, 225
農業　48, 50, 57-58, 62-63, 72-77, 83,
　　　116-117, 122, 130, 152, 196 →"樺太農
　　　業"も参照
農業拓殖　32, 51, 58, 91, 94-95, 98,
　　　250-256
農業移民　31, 57-58, 71, 81-82, 91, 93,
　　　95-97, 151, 163-164
農業史　→樺太農業史
農業社会史　54
農村経済更生運動　139-140
農村振興運動　142
ノモンハン事件　6, 211

白米食　→米食
白系ロシア人　4
馬鈴薯　81, 198
飯場　65, 116, 127-129, 241
東トルキスタン共和国　6
副業　74, 199, 200
ブローデル歴史学　32
文化　39-40, 47, 175, 207
　文化エリート　37, 41
　文化的ナショナル・アイデンティティ　→
　　　ナショナル・アイデンティティ
文化農業　169
米食　→米（コメ）
米食撤廃論　→樺太米食撤廃論
辺境論　12-13, 19, 190
ポーツマス条約　10, 21, 60, 179
ポーランド人　68
北進主義　173, 176, 209, 221, 213-214, 219,
　　　221, 253, 259
北大植民学派　70-71, 77
北満　173, 180, 233

ポストコロニアル国家　14, 16
北海道　11, 19, 71, 74, 76, 80, 94, 96-97, 114, 117, 168, 170-171, 175-176, 178, 180, 190, 196, 216, 222, 240
　北海道農業　194
北海道帝国大学　12, 91, 194-195
ポドゾル　171, 226

マイノリティ　3, 22-23, 60, 68-69, 259　→"エスニック・マイノリティ"も参照
正見透　163-165, 167, 168, 232
間宮林蔵　9, 50
満洲　6, 96, 114, 144
　満洲移民　172
　満洲開拓　180-181
　満洲開拓移民団　251
　満洲国　5-6
南鷹次郎　162
三宅康次　161, 165, 194-195, 203, 206-207
棟居俊一　176-178, 182, 208

蒙古　6, 180, 220
モンゴル人民共和国　5-6, 208

山田桂輔　194, 212

酪農食　235-237
林業　51, 57, 63, 71, 73-76, 98-99, 110, 128, 171, 173, 185, 192-193, 199-200, 223, 241,
　林業移民　114, 117
　林業労働　108, 122-124, 127, 130-133, 198, 251
　林業労働者　116-117, 119, 121, 128-130
林内殖民地　114, 116-118
ロシア人　5, 22, 42, 50, 57, 59-60, 192, 196, 222, 250　→"残留ロシア人"、"白系ロシア人"も参照
ロシア帝国　9, 17, 20-22, 59, 250
　ロシア帝国臣民　50, 60

著者紹介

中山大将（なかやま・たいしょう）

北海道大学スラブ研究センター所属，日本学術振興会特別研究員PD。京都大学博士（農学）。専門は農業社会史，歴史社会学，境界研究。1980年北海道生まれ，札幌開成高等学校卒業（2000年3月），京都大学農学部食料・環境経済学科入学（2001年4月），京都大学大学院農学研究科生物資源経済学専攻博士課程修了（2010年3月），京都大学大学院文学研究科GCOE研究員を経て現職（2012年4月より）。

主な研究業績

『植民地樺太の農業拓殖および移民社会における特殊周縁的ナショナル・アイデンティティの研究』京都大学大学院農学研究科博士学位論文，2010年。「植民地樺太の農林資源開発と樺太の農学—樺太庁中央試験所の技術と思想」野田公夫編『日本帝国圏の農林資源開発—「資源化」と総力戦体制の東アジア』京都大学学術出版会，2013年。「サハリン残留日本人—樺太・サハリンからみる東アジアの国民帝国と国民国家そして家族」蘭信三編著『帝国以後の人の移動—ポストコロニアルとグローバリズムの交錯点』勉誠出版，2013年。「樺太への人の移動」吉原和男ほか編『人の移動事典—日本からアジアへ・アジアから日本へ』丸善出版，2013年。
その他の研究業績・活動については，http://nakayamataisho.wordpress.com/ に掲載。

（プリミエ・コレクション 46）
亜寒帯植民地樺太の移民社会形成
——周縁的ナショナル・アイデンティティと植民地イデオロギー　©Taisho Nakayama 2014

2014年3月31日　初版第一刷発行

著　者	中 山 大 将	
発行人	檜 山 爲 次 郎	
発行所	京都大学学術出版会	

京都市左京区吉田近衛町69番地
京都大学吉田南構内（〒606-8315）
電　話（075）761-6182
FAX（075）761-6190
URL http://www.kyoto-up.or.jp
振　替 01000-8-64677

ISBN978-4-87698-482-4
Printed in Japan

印刷・製本　㈱クイックス
定価はカバーに表示してあります

本書のコピー，スキャン，デジタル化等の無断複製は著作権法上での例外を除き禁じられています。本書を代行業者等の第三者に依頼してスキャンやデジタル化することは，たとえ個人や家庭内での利用でも著作権法違反です。